Elibron Classics series.

ISBN 0-543-84112-X (paperback)
ISBN 0-543-84111-1 (hardcover)

This Elibron Classics Replica Edition is an unabridged facsimile of the edition published in 1872 by Hector Manceaux, Mons.

ÉTUDES

SUR

LES FACULTÉS MENTALES

DES ANIMAUX

COMPARÉES A CELLES DE L'HOMME

PAR

UN VOYAGEUR NATURALISTE

—

TOME PREMIER

MONS

HECTOR MANCEAUX, IMPRIMEUR-ÉDITEUR

PARIS. — HACHETTE ET Cie, LIBRAIRES

BRUXELLES. — HENRI MANCEAUX, LIBRAIRE

1872

Ce livre a été écrit en voyage, au milieu des difficultés qui résultent de déplacements continuels. Il aurait exigé dans les auteurs, des recherches plus complètes que celles qu'il m'a été permis de faire. C'est seulement pendant un séjour à Philadelphie, en 1864, que je me suis trouvé à portée de quelques bibliothèques. Mais alors même j'ai dû me contenter, dans beaucoup de circonstances, de traductions et de compilations, sans avoir sous la main les autorités elles-mêmes. J'ai surtout à exprimer ce regret pour ce qui concerne les ouvrages en langue allemande. On s'expliquera ainsi pourquoi je n'ai pas toujours cité, dans les notes au bas des pages, les sources originales.

Il y a un autre point sur lequel je dois solliciter l'indulgence du lecteur. L'impression s'est faite loin de moi ; or quiconque a l'expérience de l'art typographique, appréciera les difficultés qui en sont résultées. Il est pratiquement impossible d'obtenir, en l'absence de l'auteur, une reproduction absolument conforme à un manuscrit d'une telle étendue, surtout lorsqu'il s'agit d'un travail où fourmillent les expressions techniques et les noms propres. Cette difficulté est telle que j'aurais hésité à publier cet ouvrage, si mon frère professeur à l'école des Mines du Hainaut, à Mons, ne m'avait offert d'en diriger l'impression. Je ne puis trop reconnaître la valeur des soins qu'il a bien voulu prendre ; et c'est seulement justice de mentionner ici l'importance des observations qu'il m'a communiquées sur diverses parties de mon travail.

J'ai eu quelque peine à faire parvenir en Europe le manuscrit complet. Malgré la sûreté des communications et l'arrivée régulière de tous les steamers qui portaient mes envois, un certain nombre des paquets dans lesquels je renfermais la copie ne sont pas parvenus. Ces grosses lettres éveillaient apparemment le soupçon ou la cupidité.

Mes occupations, mes déplacements et les difficultés dont je viens de parler ont retardé la publication de ce travail, qui était prêt depuis plusieurs années. Bien que quelques-unes des questions qui s'y trouvent abordées ne soient plus aussi neuves qu'en 1866, je crois cependant que les vues générales qui résultent de l'ensemble n'ont jamais été plus nettement dégagées. Mais c'est à mes lecteurs d'en juger.

Kingston (Jamaïque(, janvier 1872.

Toute communication destinée à l'auteur devra lui être adressée par l'intermédiaire de l'Éditeur, M. Manceaux, 7, rue Grande, à Mons (Belgique).

ÉTUDES

SUR LES FACULTÉS MENTALES DES ANIMAUX

COMPARÉES A CELLES DE L'HOMME.

INTRODUCTION.

ORIGINE & OBJET DE CES ÉTUDES.

Pendant un séjour de cinq ans dans les parties les moins habitées du Texas et dans les régions pastorales du nord du Mexique, mon attention fut attirée vers l'étude des facultés mentales des animaux. Je vivais à l'air libre, au milieu de la nature, et j'avais sans cesse sous les yeux le spectacle des actes divers qu'exécutent différentes espèces de mammifères, d'oiseaux, de reptiles et d'insectes. Je voyais les animaux dans un état d'indépendance et de liberté qu'ils ne peuvent point conserver dans les pays civilisés. J'avais en même temps autour de moi des spécimens de la société humaine, dans ses différents degrés de développement, depuis le sauvage cruel, qui n'a pas de demeure fixe, pas d'agriculture, presque pas d'outils, pas d'histoire et à peine des traditions, jusqu'à l'homme de la civilisation moderne, construisant le télégraphe et le chemin de fer.

« Dans l'Amérique Septentrionale, dit Talleyrand, un voyageur qui part d'une ville principale où l'état social est perfectionné, traverse successivement tous les degrés de civilisation et d'industrie, qui vont toujours en s'affaiblissant jusqu'à ce qu'il arrive en très peu de jours, à la cabane informe et grossière construite de troncs d'arbres nouvellement abattus. Un tel voyage, continue le même auteur, est une sorte d'analyse pratique de l'origine des peuples et des états. On part de l'ensemble le plus composé pour arriver aux données les plus simples; on voyage en arrière dans l'histoire des progrès de l'esprit humain; on retrouve dans l'espace ce qui n'est dû qu'à la succession du temps[1]. »

J'avais donc sous les yeux, autour de moi, et comme dans un même tableau, la série entière des degrés. Commençant aux espèces inférieures, je pouvais étudier en même temps les classes plus élevées du règne animal, et comparer dans leurs manifestations de l'instinct et de l'intelligence l'homme à l'état sauvage, à l'état barbare et dans la civilisation.

Je m'aperçus alors qu'il faut vivre auprès des différentes sociétés, soit d'hommes soit d'animaux, pour les bien connaître. Je fus étonné de la variété d'actions, concourant à un but déterminé, que certains animaux exécutent. Je compris pour la première fois l'étendue du rôle des facultés mentales dans l'existence des différentes espèces. Mais après avoir consacré beaucoup de temps à cet examen, je reconnus aussi que mes observations étaient insuffisantes, pour tracer un tableau complet des facultés mentales des principales espèces d'animaux, et de l'homme pris dans ses différents degrés de progrès social. J'avais en quelque façon la clef de ces études, mais

1. *De Talleyrand*, Essai sur les colonies nouvelles.

ombien d'espèces sont demeurées en dehors du champ qui n'était accessible? Combien d'autres n'ont jamais été suivies l'une manière spéciale, par d'habiles et patients observateurs? 'essayai donc de réunir à mes propres observations les maté-iaux acquis précédemment, et c'est ce travail que je vais me asarder de présenter ici.

Je n'ai pas pour but principal de rapporter ce que certains nimaux peuvent faire, soit dans le cours naturel de leurs ctions, soit dans certaines circonstances particulières. Je ne rocède pas animal par animal, mais faculté par faculté. J'es-aie de faire pour les fonctions de l'ordre mental, ce que la hysiologie comparée fait pour les fonctions de l'ordre pure-nent physique. Je cherche l'origine de chaque espèce de mani-estation ; j'en suis le développement dans la série ascendante les animaux; et j'examine les analogies chez l'homme, dans es divers états de société et de progrès, comme aussi aux livers âges de sa vie individuelle.

On sait, en effet, que les caractères proprement physiolo-iques de l'espèce humaine ne lui sont point particuliers. Il i'y a pas un seul de nos sens que de nombreuses espèces l'animaux n'aient en commun avec nous. Les radiaires sont ensibles au toucher. Une foule d'animalcules ont le sens du oût, puisqu'ils exercent un choix en s'emparant de leur nour-iture. L'odorat existe déjà chez les mollusques. La vue appar-ient à un nombre immense d'espèces, non seulement de ertébrés, mais aussi d'animaux mous et d'articulés. Enfin la éunion de la voix et de l'ouïe est l'apanage des mammifères, les oiseaux et des reptiles.

Si nous passons en revue les grandes fonctions du corps umain, et les organes qui les exécutent, nous trouvons que 'homme ne possède rien qui soit exclusivement à lui. La res-iration pulmonaire existe dans des milliers d'animaux. En emontant la série des espèces zoologiques, nous voyons les oumons paraître dans les arachnides, de la grande division les annelés, et par conséquent dans un type physiologique bien éloigné encore de celui de l'homme. Nous trouvons le sang chaud dans les oiseaux et dans les mammifères, le sang rouge dans les poissons.

Si nous considérons la circulation intérieure, et l'existence de glandes distinctes, placées dans le trajet du fluide pour en tirer les sécrétions, nous reconnaissons que ce caractère s'étend à presque toute la série animale, à l'exception seulement des ordres inférieurs. Déjà les mollusques acéphales ont un foie, qui remplit les mêmes fonctions que celui de l'homme. Les mâchoires, l'estomac, le tube intestinal, nous sont communs avec un nombre immense d'animaux. Nous différons sans doute de beaucoup d'espèces par les particularités de la structure. Mais en revanche d'autres espèces se rapprochent de nous, au point que tel caractère considéré devienne commun. Ainsi les singes à queue prenante ont trente-huit dents; mais ceux de l'Ancien Continent, au museau pointu, à queue non préhensile ou sans queue, en ont seulement trente-deux, comme notre espèce.

Quand on examine les fonctions de reproduction, qui comptent parmi les plus importantes, on ne trouve rien non plus qui nous distingue exclusivement. Le développement du fœtus dans la matrice jusqu'à l'état parfait, et l'allaitement par des mammelles, sont communs à l'espèce humaine et à tous les mammifères supérieurs. Les traits de ressemblance se poursuivent jusque dans les détails. Ainsi, dans la matrice de la femme, le fœtus adhère par un placenta qui s'épanouit comme un champignon. Or, s'il est vrai que le placenta soit filiforme dans les carnassiers, il est discoïde chez les singes, aussi bien que dans l'espèce humaine. Il ne devient possible de distinguer le fœtus de l'homme de celui du quadrumane que vers la fin de la gestation. Le parallélisme anatomique subsiste os pour os, muscle pour muscle et nerf pour nerf. Les analogies sont si étroites que le naturaliste Owen s'écrie : « je ne puis fermer les yeux à l'importance de cette similitude universelle de structure, qui rend chaque dent, chaque os exactement homologue, et qui met l'anatomiste aux abois pour assigner la différence des genres *Homo* et *Pithecus* [1]. »

Le système nerveux est presque universel parmi les animaux. On le distingue nettement dans les mollusques, dans les crustacés et dans les insectes. Les plus élevés des articulés ont déjà des combinaisons de cordes nerveuses, telles que celles qui dirigent les fonctions de la déglutition et de la respiration. C'est le commencement des centres fonctionnels. Le cerveau, il est vrai, n'apparaît que vers la partie supérieure de la série zoologique, et par degrés seulement. L'encéphale des animaux est longtemps avant de se rapprocher du nôtre. Mais dans les espèces les plus élevées des quadrumanes, le cerveau ne diffère plus de celui de l'homme que par le volume, c'est-à-dire la quantité. A mesure que l'animal est plus avancé dans la série, ce volume va sans cesse en augmentant par rapport à celui de la moëlle épinière. Dans les poissons, aucun des lobes ou segments de la masse cérébrale ne prédomine suffisamment pour couvrir ou cacher les autres. Dans les reptiles et dans les oiseaux, les hémisphères cérébraux commencent à prendre un plus grand développement relatif. Dès les mammifères inférieurs, ces hémisphères recouvrent les lobes optiques. Avec les rongeurs et les insectivores paraît le corps calleux qui lie les hémisphères entre eux. Ces hémisphères et le cervelet continuent ensuite à prendre une prépondérance croissante. Avec les singes arctopithéciens ou marmousets paraît l'hippocampe. Avec les singes cébides, à queue prenante, paraissent les circonvolutions proprement dites ; et lorsque celles-ci ont paru, elles continuent sur un même patron jusqu'à l'homme.

Non seulement tous les grands caractères physiologiques dont nous jouissons peuvent être observés dans des animaux qui nous sont inférieurs dans l'échelle et qui souvent se

1. *Owen*, dans Journal of the proceedings of the Linnean Society of London ; 1857.

trouvent à des degrés peu élevés, mais ces caractères ont existé, dans la série chronologique, longtemps avant qu'il y eût des hommes. Ainsi dès les plus anciens temps de la période silurienne il y avait dans les poissons des animaux à sang rouge ; dès la période carbonifère il y avait, sous la forme de scorpions [1], des animaux pulmonés. Durant la période du trias, les animaux à sang chaud existaient déjà, sous le double type de mammifères et d'oiseaux. Chez les trilobites des temps paléozoïques, certains organes des sens étaient plus compliqués, plus parfaits que ceux de notre espèce. La respiration aérienne des oiseaux est plus complète que la nôtre, puisque le sang, après avoir traversé les poumons, passe dans les cavités des os, où il se trouve en contact une seconde fois avec l'oxygène. Ainsi non seulement les fonctions de notre organisme n'ont rien qui nous soit particulier ; mais l'homme n'en a pas présenté le premier modèle : il n'en a pas montré l'initiative, si j'ose m'exprimer ainsi. Il n'est pas toujours non plus celui qui possède telle fonction ou tel organe dans son plus haut degré de perfection.

Il faut donc reconnaître que tous les caractères physiologiques de l'espèce humaine ont leur origine dans la structure des animaux. On se demande alors s'il en serait encore de même des caractères de l'ordre mental. Les facultés psychologiques qui brillent en nous, et dont nos arts, nos sciences, nos sociétés sont les fruits, n'ont-elles pas leurs germes parmi les espèces animales? Comme les pièces diverses de ce bel organisme dont nous sommes doués, ne paraissent-elles pas successivement, insensiblement, les unes après les autres, dans la série des animaux ? Et dans cette dernière hypothèse ne pourrait-on pas étendre, par un genre particulier de culture, les services et l'utilité des espèces domestiques que nous employons ?

Telles sont les questions que j'ai essayé d'aborder dans ces

1. Tels que le *Cyclophtalmus Bucklandii*.

études. Je me sers du terme « fonctions de l'ordre *mental*, » où l'adjectif est dérivé du *mens* des latins, sans rien préjuger sur le siége ni sur la cause des manifestations. J'étudierai simplement un ordre donné de phénomènes dans leur expression extérieure.

J'aborde cet examen sans idée préconçue, sans avoir d'opinion à défendre, ni de système à proposer. Ainsi que le remarque un éloquent professeur, le véritable investigateur de la nature ne signe point d'articles de foi ; il n'y a pas de notion si invétérée à laquelle il ne soit prêt à renoncer, sans regret et sans effort, lorsqu'un simple et unique fait bien constaté vient le contredire.

Ce sont, par conséquent, les faits que je vais interroger. Il n'est pas aussi facile qu'on le penserait d'abord de les recueillir dans leur ensemble et de les présenter avec vérité. Pour étudier les facultés mentales des animaux, il faut vivre en quelque sorte au milieu d'eux. Il y a même beaucoup de caractères qui, dans la domesticité, passent à l'état latent, parce que l'homme satisfait les besoins ou comprime les passions de ces animaux. Mais il serait absurde d'en inférer que ces facultés n'existent point. C'est ce qu'une analogie très-simple rend évident. Qui ne sait, par exemple, qu'un grand nombre d'espèces demeurent stériles en captivité? L'éléphant lui-même, si bien identifié qu'il nous paraisse avec l'existence domestique, ne se reproduit pas, même sous le ciel du climat natal, après qu'il a perdu sa liberté. Personne ne proposera pourtant d'en conclure que l'éléphant ne soit pas susceptible d'engendrer.

C'est donc dans leur état de nature qu'il faut examiner les animaux. Mais cette étude est d'autant plus difficile que la plupart des espèces sauvages se dérobent avec soin à l'observation. Il est à peu près impossible de les suivre d'une manière constante. Nous ne les apercevons que pendant de courts instants ; il n'y a qu'une faible probabilité de rencontrer ainsi des manifestations saillantes, qui dévoilent tout le pouvoir des facultés. L'homme lui-même, malgré sa haute intelligence et la véhémence de ses passions, est un être très-inégal. Les traits les plus remarquables de ses facultés psychologiques brillent seulement comme des éclairs, qu'il nous faut saisir en passant.

Dans des observations si entre-coupées, les preuves négatives sont évidemment sans valeur. Quel argument voudrait-on tirer du silence des observateurs sur certaines facultés d'un animal, quand ces observateurs sont restés de nombreuses années sans découvrir l'existence même de l'espèce ? Buffon, en terminant son histoire naturelle des oiseaux, annonçait qu'elle était à peu près complète, et que l'avenir fournirait à peine quelques additions aux huit cents espèces qu'il énumérait. Il se doutait peu qu'un siècle plus tard les monographies contiendraient la description de douze ou quinze mille oiseaux. Basil Hall rapporte qu'il a parcouru en tous sens les États-Unis, sans rencontrer une seule fois le crotale ou serpent à sonnettes [1].

Même s'il s'agit d'un observateur assidu, nous ne pouvons pas trop invoquer son silence. Beaucoup de phénomènes échappent, parce que notre attention est dirigée vers un autre objet ; et plus souvent encore parce que nous ne prenons pas la peine de les enregistrer [2]. Or, jusqu'ici, presque toutes les descriptions sérieuses et bien faites de la zoologie, ne portent que sur les caractères physiques. Les auteurs ne se croyaient pas tenus d'aller au-delà, et c'est presque toujours de parti pris qu'ils ont négligé d'aborder le point de vue des mœurs, des habitudes, des instincts, des facultés de l'espèce. Leur silence sur ces différents sujets ne permet donc de rien inférer.

1. *Basil Hal*, Travels in North America, 2nd ed.; vol. III, p. 250.

2. Humboldt a cité trois exemples remarquables du silence des historiens ou des documents : celui de Marco Polo au sujet de la muraille de la Chine, celui des archives de Portugal sur les voyages d'Améric Vespuce, et celui des archives de Barcelone sur l'entrée triomphale de Colomb. (*Al. de Humboldt*, Histoire de la Géographie du Nouveau Continent ; Part. IV, p. 160.)

Personne d'ailleurs n'a encore entrepris de tracer une esquisse analytique des facultés mentales, envisagées dans les animaux. Les ouvrages les plus généraux de Hume [1], de Reimar [2] et de Frédéric Cuvier [3], sont des dissertations appuyées d'exemples choisis, plutôt qu'un tableau général des données. Pour tracer ce tableau ce n'est pas seulement le désordre des documents qui nous embarrasse, c'est aussi l'exagération et l'inexactitude des faits.

Il est vrai qu'il existe un certain nombre de phénomènes vulgaires, que chacun peut constater par les plus simples observations ; un petit nombre d'expériences que l'on répète à volonté. Ces faits communs, si l'on me permet de les appeler ainsi, n'offrent aucune espèce de difficulté. Mais aussitôt qu'on dépasse les limites de ce cercle étroit, il faut recourir aux témoignages ; et comme dans toutes les recherches encore peu avancées, le fabuleux se mêle ici à la réalité.

Il y a, en effet, deux périodes distinctes dans l'histoire de chacune des branches des connaissances humaines: l'âge de la fable et l'âge de la vérité. Lorsqu'il s'agit d'un champ encore peu exploré, lorsque l'étude des phénomènes n'est pas encore complète et que la théorie n'est pas fixée, le merveilleux prend la place des faits positifs. C'est seulement plus tard que la rigueur s'introduit dans les observations et la vraisemblance dans les hypothèses. Or en ce qui touche les facultés mentales des animaux, nous ne sommes pas encore sortis complétement de la première période. Les sources accessibles abondent en récits fantastiques, allant jusqu'au surnaturel et au miraculeux. Les témoignages qui émanent des autorités les plus respectables sont souvent empreints de négligence, d'exagération ou d'erreur. Entourés de maté-

1. *Hume*, Essay on the reason of animals — formant la IXme section de son Enquiry concerning human understanding ; 1752.

2. *Reimar*, Ueber die Kunstriebe der Thiere ; Hambourg, 1800, in-8o

3. *Frédéric Cuvier*, De l'instinct des animaux. dans le Dictionnaire des sciences naturelles ; tom. XXIII, 1822.

riaux abondants, mais à la fois bruts et recueillis sans choix, nous sommes forcés de commencer par trier. Il n'est donc pas inutile de présenter ici certaines considérations de critique générale, qui feront connaître avec quelles précautions et d'après quels principes nous avons accueilli ou rejeté ces matériaux.

LA SCIENCE DANS SES TEMPS FABULEUX.

Si le lecteur avait parcouru comme nous les nombreux ouvrages où se rencontrent soit des observations soit des commentaires sur l'instinct et sur l'intelligence des animaux, il serait bien près de conclure que la science sur ce point est encore à faire, et qu'il faut tout recommencer à nouveau. Il serait injuste d'envelopper dans le même dédain les fables et les exagérations que tant d'auteurs ont débitées, et les observations exactes et consciencieuses d'hommes comme Réaumur, Bonnet, De Geer, Blumenbach, Huber, Bechstein, Cuvier. D'ailleurs on ne peut pas rétablir en un jour les vérités, fussent-elles même en petit nombre, recueillies pendant une longue suite de générations. En effet, il y a des déductions auxquelles on n'arrive que lentement, et des faits qu'on a seulement l'occasion d'observer une fois durant une longue période d'années. Il serait donc peu sage de tout rejeter sans examen. N'a-t-on pas distingué les vérités astronomiques des erreurs de l'astrologie ? Eût-il été convenable de tout repousser à la fois, et de reprendre l'édifice depuis sa base même, au XVIme et au XVIIme siècle, sans tenir compte de ce qu'Hipparque, Ptolémée, Albatignius, et d'autres grands observateurs nous avaient transmis? Même dans les temps fabuleux d'une science, il y a des vérités de fait qui méritent d'être recueillies. Le seul point est de savoir les discerner.

Nous admettrons toutefois que dans les branches de la science où règne la fable, le renom d'un livre ni la réputation un auteur ne peuvent servir de garantie. Ce n'est pas parce qu'une observation sur l'instinct ou l'intelligence d'un animal se trouve rapportée dans Plutarque, dans Pline, ni même dans Aristote, que nous pouvons l'admettre sans autre examen. Il en fut longtemps de l'étude des animaux comme de celle des pays lointains, sur lesquels on débitait tant de fables et de folies. Que serait la géographie si l'on continuait à enregistrer ce tissu d'erreurs, d'absurdités et de mensonges? En acceptant sans critique et dans leur ensemble les récits des anciens, et ceux même de certains modernes, nous ne tarderions pas à arriver sur le terrain le plus fabuleux. Nous parlerions de Cyclopes, de Lestrigons et de Géants. Nous décririons les Pygmées [1]. Nous mettrions dans le nord de l'Europe ces Arimaspes à un œil, qui dérobaient l'or aux Griffons [2].

Que de fois, depuis les temps de Pausanias et de Pline jusqu'au siècle même où nous vivons, n'avons-nous pas vu renouveler le conte ridicule des hommes qui sont pourvus de queue [3] ! Les anciens les plaçaient dans l'Inde, ce pays de fables et de merveilles. Les modernes les ont fait voyager à mesure des progrès de leurs découvertes. Gemelli Carreri avait appris aux îles Philippines que certains indigènes à peau noire de Mindoro et de Nundos, dans cet archipel, portaient des queues de quatre ou cinq pouces de long [4]. Paul Venète les transportait dans le royaume de Lambri [5]; pour Aldrovandre, ils

1. Ceux-ci sont aussi anciens qu'Homère. On les plaçait d'abord soit en Éthiopie, soit au fond de l'Orient. Pomponius Mela les transportait en Arabie, et Jovius les reléguait dans les régions du Septentrion. Toute l'antiquité s'amusait des prétendues guerres de ces petits hommes avec les grues. (*Hérodote*, Historia; lib. II, cap. 32. *Oppien*, Halieutica ; lib. I. — *Juvénal*, Satyra XIII. *Ovide*, Fastorum lib. VI.)

2. *Hérodote*, Historia; lib. III, cap. 116.

3. *Pausanias*, Descriptio Graeciae; lib. I, cap. 23. — *Pline*, Historia naturalis; lib. VII, cap. 2.

4. *Carreri*, Voyage autour du monde (Giro del Mondo); éd. Paris, 1719 ; tom. V, p. 68 et 92. — Les pères jésuites qui les avaient vus, avaient assuré à Carreri que plusieurs s'étaient convertis à la foi chrétienne.

5. *Venète*, Voyages ; liv. III, chap.. 18.

étaient en Chine [1] ; pour Struys, à Formose [2] ; et Harvey, sur la foi d'un médecin des Indes Orientales, les croyait dans l'intérieur de l'île de Bornéo [3]. De nos jours Castelnau a enregistré une tradition qui place chez les Nègres, au sud-ouest du lac Tschad, la nation des Niamniams, qui sont pourvus de queue ; et Du Couret, un grave voyageur, qui nomme ce peuple Ghilanes, et qui le place près de Gondar, en Abyssinie, aurait, à l'en croire, vu l'un de ces individus à la Mecque [4].

S'il fallait prendre au sérieux ces illusions, ces méprises, ces fables, dont les relations des pays mal connus sont toujours remplies, ou discuterait les récits de Pline sur les peuples sans nez, sans lèvres ou sans langue [5]. On croirait aux Blemmies du même auteur, qui n'avaient pas de tête, mais dont la bouche ainsi que les yeux étaient placés dans la poitrine [6]. On trouverait, dans les temps modernes, des témoins pour corroborer cette étrange conformation. Walter Raleigh nous fournirait la description des Ewapainoma. « Après l'Arvi, nous dit cet écrivain d'ailleurs si distingué, sont deux rivières (affluents de l'Orénoque), l'Atoica et le Caora; et sur cette dernière branche habitent des hommes dont la tête ne dépasse pas le tronc.... On assure qu'ils ont les yeux aux épaules, la bouche au milieu de la poitrine, et qu'une longue mèche de cheveux qui touche par derrière leur sort de la région supérieure du dos [7]. » Hackluyt n'avait pas fait difficulté d'adopter ce récit. Le père Lafitau avait entendu par-

1. *Aldrovandre*, De quadrupedibus, éd. 1645; vol. II, p. 249.

2. *Struys*, Voyages; Rouen, 1719; tom. I, p. 101.

3. *Harvey*, De generatione animalium; exercit. 4.

4. L'assertion que les Ghlianes doivent faire des trous dans les bancs sur lesquels ils s'asseient, afin d'avoir place pour leur queue, nous porte à douter que l'auteur ait jamais observé un singe ou un chien assis sur un plancher.

5. *Pline*, Historia naturalis; lib. VI, cap. 35.

6. *Pline*, Historia naturalis; lib. V, cap. 8. — Comparez les Acéphales d'*Hérodote* (Historia; lib. IV, cap. 191).

7. *Raleigh*, Discovery of Guiana; 1595.

r d'une nation toute semblable [1]. Et lorsque le grand Linné
ıi-même publia l'édition princeps de son «Systema Naturae»,
admit, dans le genre Homme, à la suite de l'*Homo sapiens*,
n *Homo nocturnus*, fondé sur une description fictive de Bon-
us, et, avec quelque réserve, l'*Homo caudatus* d'Aldrovandre.

A l'époque où la description de l'homme est l'objet de tant
e méprises et de mensonges, on ne s'étonnera pas des
lusions et des erreurs qui portent sur le règne animal.
'histoire des animaux fabuleux remplirait un volume On y
errait figurer le taureau carnivore d'Agatarchides, qui réu-
issait le sabot à des dents tranchantes; le tragopan, un
rand aigle dont le front portait des cornes; le gryphon, le
égase, la sirène. Il n'y a pas si longtemps que Bélon, Paré,
ldrovandre, Jonston, décrivaient et figuraient de prétendus
erpents ailés, qu'on voyait voler d'Arabie en Afrique. Bientôt
es êtres fictifs ne seraient plus seulement le résultat d'obser-
ations mal faites; nous arriverions à de véritables mythes,
omme celui du phénix qui servait d'allégorie à la période
othiaque [2], ou celui du dragon qui personnifie l'influence
estilentielle des marais [3]. Viendraient enfin les personnages
urement légendaires, qui se lient non-seulement à la tradi-
ion historique, mais aux enseignements du moraliste, et aux
ictions du poète et de l'écrivain.

Dans ces temps fabuleux et légendaires, les fonctions des
nimaux ne sont pas mieux connues que leurs caractères ex-
térieurs. Quels modes étranges de génération et de gestation
n'a-t-on pas décrits, par exemple? La belette, au dire de
Plutarque, concevait par l'oreille, et faisait ses jeunes
par la bouche [4]. Selon Gesner, le rhinocéros essayait d'a-
battre des arbres [5]. Buffon lui-même, malgré le témoignage

1. *Lafitau*, Mœurs des sauvages du Canada; tom. I, p. 68.
2. Description de l'Egypte; Antiquités; chap. V, p. 29,
3. *Thompson*, History of Boston (England), 1856; p. 639.
4. *Plutarque*, De Iside et Osiride; cap. 74.
5. *Gesner*, Historia animalium; art. Leo.

contraire et catégorique de Le Vaillant, soutenait encore que le jeune éléphant tette non pas avec la bouche, mais avec la trompe [1]. Quand la science est si peu fixée sur les fonctions physiologiques, quelle n'est pas l'incertitude qu'elle doit présenter au sujet des fonctions mentales ?

L'expérience vient prouver que les plus grands hommes s'y trompent. La renommée justement méritée d'un auteur, ses découvertes dans d'autres branches des connaissances humaines, son talent incontestable, son génie même, ne sont donc point des garanties quand on sort du champ des recherches positives. Newton, qui a écrit le livre des Principes, ne nous a-t-il pas laissé un commentaire sur l'Apocalypse ? Il y a des opinions courantes, des préjugés d'école et de tradition — les *idola theatri* de Bacon — qui pénètrent à leur insu des esprits d'ailleurs rigoureux. Il y a des effets de surprise, dont les plus habiles ont peine à se défendre quand ils voient se produire des faits nouveaux.

Ainsi lorsque Muschenbroek eut reçu la première secousse de sa bouteille de Leyde, il écrivit à Réaumur « qu'il s'était senti frappé dans les bras, les épaules et la poitrine, au point d'en perdre la respiration, et qu'il était resté deux jours avant de revenir des effets du coup et de la peur. » Il déclara « qu'il n'eût pas voulu recevoir un second choc pour tout le royaume de France. » Le savant astronome Riccioli s'est porté garant que la liquéfaction du sang de Saint Janvier, qui s'opérait périodiquement le 19 septembre sous l'ancien calendrier, a sauté de dix jours l'année de la réforme, si bien que le miracle put se mettre d'accord avec le nouveau style, et se conformer aux ordonnances pontificales sur le compte du temps. Cardan [2] et Jean Bodin [3] nous assurent qu'ils avaient des esprits familiers. Enfin un membre de la Société Royale de Londres ne s'est-il pas présenté comme témoin oculaire des faits de

1. *Buffon*, Histoire naturelle ; quadrupèdes, art. Éléphant.
2. *Cardan*, De vita propria.
3. *Bodin*, Démonomanie ou traité des sorciers, Paris, 1587, in-4°.

sorcellerie, et n'a-t-il pas affirmé qu'il avait vu le diable parler à l'oreille aux sorcières de Salem, sur leur échafaud [1] ? Après de tels exemples, qui peut douter encore que nous n'ayons besoin de leçons de prudence ? Ne rien repousser systématiquement, c'est notre devoir ; mais ne rien accepter légèrement, c'est notre droit incontestable.

Le lecteur ne se fait probablement aucune idée des actes étranges ni des propriétés imaginaires qu'on a attribuées aux animaux. « Quand le rouge-gorge *(Sylvia rubecola)*, nous dit un vieil auteur, aperçoit le cadavre d'un homme ou d'une femme, il couvre la figure avec de la mousse, et quelques-uns pensent que si l'on n'enterrait pas le corps, l'oiseau le recouvrirait tout entier [2]. » Le martin-pêcheur *(Alcedo ispida)* avait des attributs surprenants. Heureux celui qui le conservait dans sa maison. L'oiseau, disait-on, continuait à muer, aux époques réglées, longtemps après sa mort. Suspendu par un fil, il se tournait du côté du vent dans la chambre la mieux fermée. Il avait le pouvoir de détourner la foudre, et d'augmenter les trésors cachés. Enfin il suffisait de le porter sur soi pour voir disparaître les défauts corporels, et acquérir la grâce et la beauté [3].

Mais c'est surtout en fait de matière médicale, terrain encore passablement fabuleux de nos jours, que les erreurs les plus étranges se sont le plus longtemps propagées. On avait cru trouver dans des oiseaux, des quadrupèdes, des reptiles, des poissons, des remèdes pour ainsi dire miraculeux aux maux dont notre espèce est affligée. On croyait pour les animaux, comme pour certains hommes, à la puissance du re-

1. *Cotton Mather*, Discourse, Boston, 1689 ; p. 40 ; aussi The wonders of the invisible world, Boston, 1692.

2. Cornucopia, Divers secrets ; 1596, in-4°.

3. *Aldrovandre*, Ornithologia ; id. Bologne, 1646 ; tom. III, p. 621. — Physicae curiosae ; tom. II, p. 1367. — Les paysans russes croient encore que le poisson appelé tête de bœuf ou pouce de meunier (*Cottus gobio*), étant suspendu à un fil, dans une chambre fermée, prend la direction du vent.

gard, à celle de l'attouchement. Ce pouvoir n'était d'ailleurs qu'une extension par analogie de celui que l'on attribuait, dans l'espèce humaine, à certains personnages ou à certaines classes d'individus. Les maîtres du monde romain n'admettaient-ils pas les malades et les infirmes en leur présence, pour les débarrasser de leurs maux ? Vespasien étant à Alexandrie en Egypte, avait guéri un boiteux par l'attouchement de son pied, et un aveugle en lui mouillant les yeux avec sa salive[1]. Magellan s'était engagé sur sa tête à enlever, par les ablutions du baptême, les infirmités dont était affligé le chef indigène de Zébou, dans l'archipel des Philippines[2]. En Orient, la poussière des pieds des Brahmines a la vertu de guérir d'une foule de maux[3].

Le temps n'est pas encore si loin de nous, où Jacques II d'Angleterre touchait plusieurs milliers de scrofuleux par an. Les médecins se demandaient gravement si le don de guérir les écrouelles réside dans une propriété pharmaceutique de la personne royale, ou dans la vertu seule de l'attouchement. Carte était arrivé à la conclusion que la propriété curative est une vertu médicinale, qui se transmet héréditairement, dans les familles régnantes, par ordre de primogéniture[4]. Il fallut le sens pratique de Guillaume d'Orange pour mettre un terme à ces absurdités. Lorsqu'on lui amena le premier scrofuleux, « Dieu t'accorde, brave

1. *Suétone*, Vita Vespasiani; cap. 7. — *Tacite* (Historia; lib. V, cap. 8) dit un aveugle et un homme paralysé de la jambe. *Hume* (Essay on miracles; part. II) regarde ce miracle comme l'un des mieux certifiés de l'histoire. Les faits avaient été publics; les témoins étaient des personnages respectables, qui confirmaient encore leurs dires après que la famille des Flavius avait perdu le pouvoir; les détails sont circonstanciés. Vespasien était un homme grave et honorable; et Tacite, qui s'est fait l'historien du miracle, ne sera pas accusé de bassesse ni de superstition.

2. *Collander*, Collection of voyages; vol. I, p. 91.

3. *Ward*, History of the Hindoos'; Part. I, ch. 2, sect. j.

4. *Carte*, History of England; Londres, 1747; vol. I, p. 291.

omme, dit-il à ce misérable, une santé meilleure et un peu lus de bon sens »[1].

Mais ce n'étaient pas les rois seuls qui guérissaient les crouelles. En fait de propriétés curatives, les animaux rivalisaient avec les plus grands princes ; ils les surpassaient même bien souvent. Le loriot *(Oriolus galbula)* guérissait la aunisse par la seule action de son regard ; malheureusement en mourait[2]. Des milliers de personnes avaient confiance ans la vertu de l'anguille, de la sarigue, de la corne de cerf. es larmes que ce dernier animal *(Cervus elaphus)* verse au moment de mourir étaient fort recherchées, à cause de leurs usages médicaux[3]. En plein dix-huitième siècle, un Anglais ettré, sir Kenelm Digby, recommandait à ses amis le remède uivant, qu'il disait excellent, contre les fièvres intermittentes : « Coupez les ongles du malade, mettez les rognures dans un petit sac que vous attacherez au cou d'une anguille *(Anguilla)* vivante, et placez ensuite l'anguille dans un baquet d'eau. L'animal en meurt, mais le malade guérit[4] ».

Une sarigue du Brésil *(Didelphis nudicaudata)* avait des vertus réellement extraordinaires. Sa queue, appliquée sur les chairs, extrayait les épines ; ce même organe réduit en poudre fine et mêlé à la boisson, guérissait l'inflammation des reins, expulsait les calculs, relevait les facultés aphrodisiaques, faisait venir le lait, apaisait les coliques, donnait de bonnes couches, poussait les règles et relâchait le ventre ; tellement que le savant Marcgrave s'écrie : « Je ne crois pas

1. *Macaulay*, History of England ; ch. XIV. En France, l'usage s'est conservé plus longtemps. Dans l'année 1776, Louis XVI avait encore touché 2400 scrofuleux.

2. *Plutarque*, Symposiaca ; lib. V, quaest. 7. — *Pline*, Historia naturalis ; lib. X, cap. 50 ; lib. XXX, cap. 28 ; lib. XXXVI, cap. 61.

3. *Drayton*, Polyolbion ; Song. XIII, note.

4. Ce remède est indiqué dans une lettre de sir *Kenelm Digby* au gouverneur Winthrop (le second) du Massachusetts.

qu'il y ait dans toute la Nouvelle Espagne un remède si utile dans autant de cas[1]. »

On ne s'arrêtera donc devant aucune autorité, s'appelât elle Marcgrave, Muschenbroek, ou même Buffon ou Newton lorsqu'il s'agit de matières peu connues. Il y a un temps, dans les différentes branches des connaissances humaines, où les plus illustres maîtres sont victimes d'opinions mal fondées et d'observations faites trop légèrement et entachées d'erreur Ces légendes et ces fables acquièrent ainsi une notoriété regrettable. Chaque génération vient puiser à l'école certaines notions fallacieuses qui ne reposent que sur des illusions, et des corps entiers de doctrine qui, comme l'alchimie et l'astrologie, manquent de base réelle. Comment cependant ne pas admettre ce qui est enseigné de bonne foi par ces maîtres qui nous ont initié à tant de vérités utiles ? C'est notre sort à tous, tour à tour, d'être en certaines matières les dupes de l'enseignement, les dupes de l'autorité dans les sciences. Il y a donc des circonstances dans lesquelles cette autorité est trompeuse, et où il importe de discuter et de vérifier.

Ne soyons pas trop prompts toutefois à blâmer les maîtres qui propagent les « sciences incertaines ». Les hommes d'étude sont enclins à penser que toute personne qui mentionne un fait, le rapporte comme ils le décriraient eux-mêmes — c'est-à-dire dans sa simplicité, tel qu'il est, sans exagération, sans réticence, sans fausses couleurs. Or il est loin d'en être ainsi en pratique. Ce sont les témoignages imparfaits, les faits dénaturés, qui servent à élever l'édifice mensonger des « erreurs savantes ». C'est par ces fausses observations que les hommes de bonne foi se laissent tromper. Il y a donc un point important à examiner : quelles sont les conditions à exiger pour que l'observation soit *positive ?*

1. *Marcgrave*, Historia curiositatum naturalium brasiliensium ; lib. VI, p. 22

FAILLIBILITÉ DES TÉMOIGNAGES.

Observer est un art, et ce n'est pas sans préparations ni sans études, ce n'est pas sans la connaissance des précautions nécessaires, qu'on improvise, en matière de science, un témoin dont le récit mérite d'être pris en considération. La bonne foi, la candeur, la fidélité de mémoire, ne suffisent même pas pour faire un observateur. L'expérience le prouve tous les jours. Ceux qui suivent les variations involontaires des témoins, dans les procès criminels, peuvent juger de la fragilité des témoignages. Et parmi les historiens que de contradictions ! Quelles difficultés d'arriver à l'exactitude des relations ! Quelques années seulement après la mort de Charles II, le roi Jacques et sa femme ne s'accordaient plus sur les circonstances de cette mort, qui pourtant était arrivée sous leurs yeux [1].

Les phénomènes les plus extraordinaires, et l'on peut dire les plus faux, sont ceux en faveur desquels on pourrait réunir les attestations les plus absolues et les plus nombreuses. Que de témoignages ne pourrait-on pas apporter, par exemple, pour prouver que les lampes sépulcrales des anciens brûlaient d'une lumière éternelle ! Saint-Augustin parle d'une lampe inépuisable et inextinguible, trouvée dans un temple qui avait été dédié à Vénus [2]. Son commentateur, Ludovicus Vives, en mentionne une autre qui, suivant son calcul, avait brûlé 1050 ans. Quand le sépulcre de Tullie, fille de Cicéron, fut ouvert, du temps du pape Paul III, la lampe, disent les témoins, était encore allumée, et par conséquent avait continué de brûler pendant 1550 ans [3]. Dans un tombeau que l'inscription désignait comme celui de Pallas, fils d'Évandre [4],

1. *Macaulay*, History of England ; Ch. IV.
2. *Augustin*, De civitate Dei ; lib. XXI, cap. 6.
3. *Pancirollus*, De mirabilibus ab antiquis notis.
4. Mentionné par *Virgile*, Æneis ; lib. X.

ouvert dans les environs de Rome en 1401, on avait trouvé une lampe dont le feu n'était pas éteint, et dont la flamme résista, nous dit-on, au souffle du vent, et à l'eau même qu'on répandit sur la mèche [1]. Le célèbre physicien Porta décrit l'ouverture d'un sépulcre romain, opérée vers le milieu du XVIme siècle, dans l'île de Nesis, près de Naples, et par les attestations qu'il rapporte il croyait trancher à jamais la question. Les témoins les plus respectables, entre autres un magistrat justement honoré, déclaraient par écrit qu'ils avaient vu la lampe encore allumée, brûlant dans un bocal fermé [2]. Quelle serait la conclusion à tirer de ces affirmations publiques, répétées, contemporaines des faits, si l'on ne discutait pas les témoignages? Il n'y aurait évidemment qu'à admettre le miracle chimique : une combustion sans alimentation de combustible. Mais quand on nous dit que le vent et l'eau même ne pouvaient éteindre la flamme, et que le feu se conservait pendant des siècles dans un vase fermé, on nous découvre que l'imagination, l'exagération, le goût du merveilleux, avaient pris la place des qualités froides nécessaires à l'observation positive. Nous ne pouvons donc pas compter sur ces témoins.

La question des lampes sépulcrales est bien loin d'ailleurs d'être la seule dans laquelle les observateurs manquaient de sang-froid. Il y eut un temps où l'existence des sorciers, des génies et des fées, était attestée non seulement par le vulgaire, mais par des hommes de science et des esprits distingués. Les observations de revenants abondent dans les auteurs de toutes les époques. Pline-le-jeune nous a transmis l'anecdote du philosophe Athénodore, qui ne craignait point de prendre à bail une maison d'Athènes, hantée par l'esprit d'un mort [3]. Curtius Rufus avait rencontré un grand fan-

1. *Licetus*, De lucernis antiquorum.
2. *Porta*, Magia naturalis.
3. *Pline*, Epistolae ; lib. VII, ep. 27.

tôme[1]. Apion le grammairien avait forcé l'ombre d'Homère à comparaître devant lui, et l'avait interrogée sur ses parents et sa patrie [2]. Phlegmon cite des faits qui tendraient à établir non seulement que les morts reviennent, parlent et connaissent l'avenir, mais aussi qu'une morte peut manifester son amour pour un homme vivant[3].

Depuis la dernière partie de la période romaine jusqu'à la fin du moyen-âge, on eût trouvé des milliers de témoins pour attester la puissance merveilleuse des enchanteurs. C'était chose vulgaire de voir ceux-ci transporter les personnages par les airs, donner des aîles aux chevaux, et amortir la puissance des traits ou la force des coups [4]. Olympiodore, dans les fragments conservés par Photius, rapporte que le magicien Libanius avait promis d'arrêter à lui tout seul, et par la puissance de ses enchantements, une invasion de barbares qui menaçait l'empire d'Orient. Il allait être mis en demeure d'en faire l'expérience, quand l'impératrice Placidie le fit mettre à mort, et lui sauva ainsi sa réputation.

Anastase le Sinaïte et Clément Romain rapportent du magicien oriental Simon Magus des prodiges auxquels ils croyaient fermement. Il se rendait invisible, prenait les traits d'autres personnes, se transformait en animal, volait par les airs, passait au travers des montagnes, se posait au milieu des flammes, animait des statues, faisait pousser des arbres, et mille autres choses tout aussi incroyables que celles-ci [5]. C'était sous les yeux du peuple, qui en portait témoignage, que les extatiques de la période chrétienne, tels que Saint-Joseph de Copertina, accomplissaient des prodiges semblables. Ils avaient le pouvoir de s'élever dans les airs, de passer à travers les obstacles, de se faire porter de place en place, et

1. *Tacite*, Annales ; lib. XI, cap. 21,
2. *Pline*, Historia naturalis ; lib. XXX, cap. 6.
3. *Phlegmon*, De mirabilibus ; cap. 1-3.
4. *Chrysostôme*, De sacerdocio.
5. *Draper*, Intellectual development of Europe ; p. 409

de se dérober aux regards. Ils ouvraient les portes devant les saints, et les refermaient après eux. Ils acquéraient tout à coup le don de prêcher, de jouer des instruments sacrés, de guérir les maladies; et parfois ils remplissaient d'une lumière éblouissante tout l'espace où ils se trouvaient [1]. Apollonius de Tyane, qui avait ressuscité un mort, et dans des temps plus récents l'alchimiste Pierre d'Apono, qui tenait sept esprits dans des bouteilles hermétiquement bouchées, n'ont jamais rien fait de si grand, rien surtout de si solidement attesté par les contemporains.

L'antiquité était la grande époque du surnaturel. La moindre illusion des sens, le moindre essor de l'imagination, suffisaient pour exercer sur les témoins des déceptions irrésistibles. Trompés par divers appareils d'optique, les adeptes du paganisme étaient persuadés que leurs prêtres évoquaient les dieux dans les temples. Tantôt, suivant la description de Damascius, les figures divines se peignaient sur la muraille; mais le plus souvent, au rapport de Jamblique, elles apparaissaient au milieu des fumées mobiles de l'autel [2]. Nous ne sommes pas bien loin du temps où les spectateurs cédaient encore sans résistance à cette classe d'illusions des sens. Benvenuto Cellini [3] nous a laissé la description pittoresque et animée d'une magnifique séance de nécromancie, à laquelle il avait assisté. Les milliers de diablotins flottants, la forme fugitive des images, leurs variations rapides de grandeur, leurs mouvements comme pour se précipiter sur les assistants, sont rendus avec vivacité et bonheur. Tout tient à la fois du prodige et de la réalité, jusqu'à ces images fantastiques qui suivent le spectateur dans la rue, et qui courant pardessus les maisons le reconduisent chez lui. On reste en doute entre l'illusion et le féerique effet que Shakspeare ne

1. Voyez les sources dans *Görres*, Christliche Mystik.
2. *Brewster*, Letters on natural magic ; let. IV.
3. *Benvenuto Cellini*, Vita e memorie ; cap. XIII.

réussit point à produire dans sa grande scène de Henri VI, où ne paraît que le surnaturel [1].

Il ne nous serait que trop facile d'étendre le tableau des erreurs et des illusions dans lesquelles les observateurs se laissent entraîner. Quand l'homme est sans guide, rien n'égale la fragilité des témoignages. Or, dans les branches encore peu avancées des connaissances humaines, c'est précisément le guide, c'est-à-dire la théorie générale des phénomènes, qui nous fait défaut. Mais lorsque la science passe enfin dans sa seconde période, l'aspect change subitement. L'illusion n'a plus de prise sur le témoin, l'imagination ne revêt plus les faits d'une apparence fictive, car on connaît les limites dans lesquelles ces faits doivent se renfermer. On peut répéter alors, avec Draper : « Toutes ces fantasmagories qui frappaient nos ancêtres, sans en excepter les sages et les puissants, ont complétement disparu. Le clair de lune n'a plus de fées; la solitude, plus de génies ; l'obscurité, plus de revenants ni de lutins. Il n'y a plus de magicien qui puisse rappeler les morts de leurs tombeaux, personne qui ait vendu son âme au Diable en signant le contrat de son sang, plus d'apparition vengeresse qui fasse repentir la sorcière des malheurs qu'elle a causés. La divination, l'agromancie, la pyromancie, l'hydromancie, la chiromancie, les augures, l'interprétation des songes, les oracles, la sorcellerie, l'astrologie, ont tous disparu. Voilà trois cent cinquante ans qu'on a trouvé la dernière lampe sépulcrale; et c'était près de Rome. Il n'y a plus de gorgones, d'hydres ni de chimères; il n'y a plus d'esprits familiers; il n'y a plus d'incubes ni de succubes. Les ménagères de Hollande n'engendrent plus des diablotins en se réchauffant sur leurs chauffe-pieds allumés. Le temps est passé où les capitaines de navire achetaient des vents favorables des sorcières de la Laponie. Nos églises ont cessé de retentir des prières destinées à conjurer l'influence funeste

1. *Shakspeare*, Second part of king Henry VI ; act. I, sc. 4.

des comètes. Nos vieux et nobles rituels ne conservent qu
des formes de supplication pour les temps de sécheresse
de pluie, réminiscence inutile, mais non sans charme, d'u
passé maintenant disparu. Le pharmacien [1] ne dit plus d
prières sur le mortier en pilant ses drogues, pour leur com
muniquer une divine vertu. Qui maintenant paie tribut à un
relique, ou va toucher la châsse d'un saint, pour se fair
guérir? Ces illusions se sont évanouies avec les temps d
ténèbres auxquels elles appartenaient. Pourtant c'étaient de
illusions de quinze siècles. Elles sont appuyées par u
ensemble plus imposant d'attestations qu'on ne pourrait e
produire sur tout autre point de croyance, dans la durée entièr
de l'histoire. Et nous voici arrivés, au dix-neuvième siècle
à la conclusion que tout cela, depuis le commencement jus
qu'à la fin, n'était que de la déception! Que celui qui se sen
disposé à mettre en balance le témoignage des siècles et le
enseignements de sa raison, pèse maintenant cette étrang
histoire. Que celui qui se base sur l'autorité des témoins pou
former son opinion, nous dise à présent ce que cette auto
rité vaut [2]. »

On voit donc combien l'esprit de critique est nécessaire
lorsqu'on se propose d'extraire les faits sérieux, contenus dan
les observations nombreuses relatives aux instincts et au
facultés des animaux. Le moment nous semble arrivé de clore
la phase légendaire dans laquelle cette branche des connais
sances humaines est restée jusqu'ici pour les masses instruites
Il est temps que la distinction entre ce qui est possible et ce
qui ne l'est point, pénètre les intelligences. L'ignorance à ce
endroit facilite les exagérations et les erreurs, que tant d'ob
servateurs n'ont pas su éviter. Aucun sujet n'exige peut-être
des soins plus minutieux dans l'examen critique des témoi-
gnages. C'était par conséquent notre devoir, au début, de

1. Pharmacien vient du grec φαρμακίς, sorcière.

2. *Draper*, Intellectual development of Europe; p. 412.

montrer que nous avions compris cette nécessité, et que par une étude générale des *temps fabuleux*, en matière de science, nous étions préparés à faire un triage sévère des matériaux.

PRINCIPES A SUIVRE DANS LA DISCUSSION DES TÉMOIGNAGES.

Le premier point à considérer dans la discussion des témoignages, c'est évidemment la compétence du témoin. Puisque l'art d'observer correctement exige certaines qualités particulières et des soins tout spéciaux, il faut d'abord examiner si l'auteur qui rapporte une observation nouvelle était doué de ces qualités, et s'il y avait employé ces soins. C'est seulement sur le témoignage d'un observateur scrupuleux, exercé, éclairé, pénétré de l'importance de sa relation, qu'il convient d'admettre un fait entièrement nouveau. Aussi longtemps que ce témoignage nous manque, les rapports du vulgaire appellent notre attention vers quelques points douteux ; mais les observations ne prennent pas place dans la science. Aucun naturaliste, aucun physicien, n'ajoute foi aux pluies de grenouilles ou de crapauds, parce qu'il n'existe pas un témoignage sérieux qui pèse en faveur de ces phénomènes [1]. Mais quand Cavallo affirme qu'il a entendu le bruit de l'aurore boréale, nous sommes fondés à regarder cette crépitation comme un fait réel, du moins dans certaines circonstances données, quelque ait été l'insuccès de tant d'observateurs sur ce point litigieux.

1. Je n'appelle pas un témoignage sérieux celui du naturaliste *Ælien* (Natura animalium ; lib. II, cap. 56), qui prétend avoir vu de ses propres yeux une pluie mêlée de têtards, un jour qu'il était sur la route de Naples à Dicéarque. Ce serait une rude tâche d'expliquer et de défendre toutes les assertions d'Ælien. On peut juger combien il est difficile de dépouiller les témoignages de ce qu'ils ont d'inexact ou de fabuleux, par la discussion sur les pluies de grenouilles qui se trouve dans *White*, Natural history of Selborne ; Londres, 1830, in-12.

Il est donc prudent de n'accepter que des autorités scient. fiques, ou des témoins dont nous sommes à même d'apprécie le soin et la fidélité. Nous ne nions pas que quelques bonne observations ne puissent être par là écartées, mais l'introduc tion de plusieurs milliers de notions fallacieuses serai incontestablement un mal plus grand.

La tendance à sortir des limites de l'exacte vérité se prc duit partout, lorsqu'il s'agit de matières qui se rattachent une partie encore peu explorée du champ des connaissances Le plus simple particulier y succombe, aussi bien qu l'homme professionnel. Qui n'a remarqué, par exemple, qu le propriétaire d'un animal en exagère presque constammen les talents ? Son cheval ou son chien sont le premier cheva ou le premier chien du monde : ils ont des pouvoirs prodigieux.

Lorsque le témoignage n'est plus direct, mais qu'il nou est transmis sur la foi d'un autre, nous devons avant d l'adopter, prendre encore de plus grandes précautions. Quell que soit la bonne foi du dernier narrateur, quelque positive et circonstanciée que soit la relation de ceux qui l'ont renseignée, il arrive bien souvent que la base même de l'observation est fausse. Les voyageurs ont cessé, avec raison, de s'en rapporter aux témoignages d'autrui. Les opinions populaires ne sont pas non plus des guides plus surs que les observations individuelles. Nos fourmis, bien qu'elles soient depuis un temps immémorial, l'emblême de la prévoyance [1], ne font pas de provisions d'hiver, puisqu'elles passent cette saison dans l'état de torpeur. Le serpent ne tette pas les vaches, puisqu'après avoir engagé ses crocs, il ne pourrait pas les retirer [2] ; et l'engoulevent ne tette pas les chèvres, malgré tout ce qu'en dit Aristote, par la raison que son bec

1. Proverbia ; cap. VI. v. 8 ; cap. XXX, v. 25.
2. *Duméril* et *Bibron*, Erpétologie ; tom. I.

ne lui permet pas de faire le vide, ni par conséquent de sucer [1].

Il semble parfois que l'erreur populaire repose sur l'observation directe, et cependant le prétendu fait n'a rien de réel. Ainsi les Tahitiens répétaient de la meilleure foi du monde, que les habitants de Borabora, une île située pour eux au couchant, avaient quelquefois entendu le sifflement de la mer, quand le soleil s'y plonge comme un fer rouge, après avoir fini son trajet quotidien [2]. Et sans aller si loin, les Siciliens n'affirmaient-ils pas que leur compatriote Colas, un des plus habiles plongeurs qu'on eût connus, restait plusieurs jours sous l'eau sans remonter à la surface, et qu'il passait de l'île dans la terre ferme en marchant au fond de la mer [3]?

Avec quelle défiance ne faut-il donc pas accueillir les assertions du vulgaire? Lorsqu'il s'agit, en particulier, des facultés des animaux, quelle foi pouvons-nous mettre dans les opinions courantes, quand la masse des individus se montre incapable de distinguer un homme, d'un autre homme, d'après ses caractères mentaux. Si j'avais besoin de preuves sur ce point, l'histoire des imposteurs m'en fournirait une longue série, depuis le faux Smerdis, prétenduement fils de Cyrus, jusqu'à ce faux duc de Moscovie qui fut sacré au Kremlin en présence de la noblesse et du peuple, et jusqu'à ce faux duc de Monmouth qui, en plein dix-septième siècle, put tromper sur son identité des milliers de paysans anglais.

Je suis loin de nier qu'on ne rencontre parmi les fermiers, les garde-bois, les pasteurs, des observateurs habiles et fidèles. Mais pour la plupart des faits recueillis par divers auteurs et à des époques différentes, nous ignorons le caractère et la

1. *Montagu*, Ornithological dictionary, 2nd. ed.; art Nightjar.

2. *Ellis*, Polysian researches, 2nd ed.; vol. III, p. 170.

3. La distance est d'un peu plus de 2 kilomètres. Voyez sur les prétendus hauts faits de ce plongeur, surnommé *pesce* (le poisson), qui poursuivait le poisson sous l'eau et le prenait à la main, les récits rapportés par *Brydone*, Travels in Sicily.

valeur du témoin. Dans cette circonstance nous ne sommes pas pourtant absolument dépourvus de guides. Nous pouvons recourir à trois principes différents, pour juger sinon de l'exactitude au moins de la probabilité de l'observation.

A. *Principe des analogies.*

Le premier principe est celui des analogies. Comparons d'abord chaque fait nouveau avec les faits analogues les mieux établis. Si l'analogie est évidente, et qu'il n'existe qu'une différence dans les circonstances ou le degré, on n'est point fondé à rejeter légèrement l'observation nouvelle. Cette marche est constamment suivie dans les sciences. Il est bien constaté, par exemple, que dans les nuits obscures, les gouttes de pluie deviennent parfois lumineuses en touchant le sol. Il est également constaté qu'on a vu des brouillards et des nuages phosphorescents. Partant de ces analogies, l'observation d'une pluie dont les gouttes étaient lumineuses en l'air, pendant leur chute, ne doit pas être rejetée parce qu'elle est unique jusqu'ici[1]. Les manifestations qui sont rares ne sont pas confirmées aisément.

Mais quand les analogies contredisent l'observation nouvelle, celle-ci ne mérite pas d'être admise sur un témoignage vulgaire, ne fut-ce même que provisoirement. La science se trouverait surchargée d'une multitude de faits dont la probabilité serait à peu près nulle. Tout ce que nous connaissons des habitudes du chien, milite, par exemple, contre l'observation mentionnée dans Plutarque, de l'art employé par un de ces animaux pour arriver à l'huile contenue dans un vase. Présentons à un chien, jeune ou vieux, un vaisseau dont l'ouverture est trop étroite pour sa tête, et dans le fond duquel on a mis quelques pouces d'un liquide gras, l'animal

1. *Arago*, Notice sur le tonnerre.

.versera le vase et fera ainsi couler le liquide vers la gorge, il lui sera possible de l'atteindre. Il ne fait pas monter le eau en apportant dans sa gueule des cailloux qu'il laisse nber dans le vase, ainsi qu'on l'avait rapporté à Plutarque. tte observation, contraire à toutes les analogies, ne peut nc être admise, même à titre de fait exceptionnel, sur la foi n témoin inconnu.

Il en est de même du chien qui, le soir, tirait sa tête de n collier, et l'y repassait le matin avant le lever de son ître [1]. Les analogies nous apprennent il est vrai que le ien se détache souvent quand il le peut, et qu'il revient rfois à l'endroit où il était attaché, après avoir joui d'une erté de quelques heures. Mais alors loin de faire aucun ort pour reprendre sa chaîne, toute son activité est, après 'on l'a rattaché, dirigée de nouveau à la briser.

Lorsque les déductions plausibles viennent à nous maner, et que nous ne découvrons pas d'analogies, nous ne archons plus qu'avec défiance, sur la simple foi des téoins. Il arrive à ceux-ci d'employer des expressions figurées incorrectes sans que le fond pourtant de leur observation it inexact. Nous devons extraire des relations la seule partie i soit positive. L'absurdité des dénominations ou l'extravance des images ne couvrent pas toujours de pures fictions. insi les *pluies de sang* ont quelque chose de réel. Certains pidoptères, en quittant la chrysalide, déchargent par l'anus n fluide rougeâtre, dont ils tâchent les feuilles des arbres les toitures des maisons [2]. Dans ce cas, on a reconnu la use, et réduit l'observation à sa véritable valeur. La fameuse fontaine de sang », *fuente de sangre*, de l'Etat de Salvador ans l'Amérique Centrale, fournit une eau rougeâtre, colorée ans une caverne par la fiente des vautours et des chauves-

1. *Lardner*, Museum of sciences and arts ; vol. VIII, p. 158.
2. *Mouffet*, Theatrum insectorum ; p. 107. — *Réaumur*. Observations sur les sectes ; tom. I, p. 667.

souris [1]. Le monstre *Ribezahl*, des montagnes de la Bohême qui saisit par les pieds l'homme assez téméraire pour imprimer dans le sol les clous de ses souliers, est purement et simplement du fer magnétique [2].

Il y a même un fond vrai dans beaucoup des récits colorés des anciens. L'homme sauvage mentionné par Ctésias, qui vivait dans les montagnes de l'Inde et qui avait la tête d'un chien, des dents larges, de grands ongles arrondis, une queue poilue, n'était pas une pure création de l'imagination. On reconnaît aisément dans cette description le singe wanderou ou nil-bandar, le *Macacus silenus* des naturalistes modernes.

B. *Rapport des effets aux causes.*

Mais quels que soient la nature des faits rapportés et les couleurs dont l'historien les a revêtus, il y a un second principe qui nous dirige dans la critique des observations, c'est l'examen des effets dans leur relation avec leurs causes. Il ne faut pourtant s'y fier qu'avec d'extrêmes précautions. Les liens entre les effets et les causes sont de nature à être fort mal appréciés, et dans une foule de circonstances notre ignorance sur ce point est complète.

Toutefois, aussi longtemps que la cause est apparente, il n'y a pas d'objection sérieuse à adopter l'effet. Beaucoup de témoins relatent que les rats quittent les vaisseaux lorsqu'ils sont au moment de couler à fond [3], et qu'ils abandonnent les maisons délabrées peu de temps avant qu'elles ne s'écroulent. Or, ces actions sont très-faciles à expliquer, et par conséquent n'ont rien qui soit invraisemblable. On reconnaît, en

1. *Squier*, Central America; p. 146 et 739. — *Silliman's* journal, 1855.
2. *Malte Brun*, Mélanges scientifiques et littéraires; tom. I.
3. Cette observation a trouvé place dans *Shakspeare*, Tempest; act. I, sc. 2.

éfléchissant, comment l'effet se rattache à sa cause. D'une art, les rats sont forcés de quitter la cale quand celle-ci se emplit d'eau. D'autre part, lorsque les murs d'un édifice ommencent à s'affaisser, les passages creusés au travers se léforment et s'écrasent. Presque tous les animaux évitent de epasser dans leurs propres voies après qu'elles ont été dé-angées. Ici d'ailleurs l'affaissement des matériaux exerce sur 'animal une pression mécanique suffisante pour le porter à uir.

Mais, en essayant d'établir le rapport entre les effets et les causes, il faut, pour rester dans la vraisemblance, consulter e caractère de l'espèce qui fait le sujet de l'observation, et se révaloir de lois ou d'actions physiques qui soient des réali-és. C'est une tendance beaucoup trop commune, parmi les observateurs, d'appuyer une fausse observation par un rai-sonnement qui est faux. Ainsi le capitaine Cartwright, après avoir avancé que certains castors *(castor americanus)* vivent dans le célibat, et que ceux-là se distinguent en ce qu'ils ont une place sans poils sur le dos, continue dans ces termes : « Cette marque provient sans doute de ce qu'ils manquent d'une compagne pour tenir cette partie chaude [1]. » Cette prétendue relation de cause et d'effet est évidemment insuffi-sante pour établir la vraisemblance du fait lui-même. Celui-ci ne peut plus être traité que comme une simple assertion, sans analogies, et reposant ici sur un témoignage sans auto-rité. Nous rejetons, comme nous l'avons dit, toutes les asser-tions de ce genre. Et dans le cas que nous considérons, on trouve, tout examen fait, les meilleures histoires du castor à la main, que cet animal vit en famille, qu'il n'a pas de classe re-tirée du monde, qu'il n'a pas de célibataires par goût, ni même de marques sur le dos [2].

1. *Church*, Cabinet of quadrupeds ; art. Beaver.

2. Le fait réel est celui-ci. Quelques mâles, qui manquent de force ou de cou-rage pour s'assurer des femelles, sont obligés de quitter les cabanes et de vivre retirés. Ils portent parfois des blessures reçues dans la lutte, et plus particuliè-

En parlant de causes et d'effets, il faut éviter surtout de soumettre la nature à nos systèmes. Les idées préconçues sont funestes à l'exercice d'une critique sage et éclairée. Quand le savant Bochart s'occupait de rendre vraisemblable l'aventure de Jonas dans le corps de la baleine, il accueillit trop vite les récits que lui fournissaient des marins. Il ferma les yeux aux effets que doivent nécessairement produire l'acte de la déglutition et surtout la digestion, sur la proie ingérée. Un capitaine de navire marchand lui fit accroire qu'un de ses matelots avait été avalé par un gros poisson dans la Méditerranée, et que l'équipage s'étant emparé de ce requin, l'homme avait été retrouvé en santé dans l'estomac du monstre, et en était sorti sans porter les marques d'un coup de dent.

Il faut donc se garder d'avoir un système à défendre, une théorie à débattre, ou même des préjugés scientifiques à corroborer. Les bergers grecs avaient reconnu que les abeilles ouvrières sont originairement du sexe féminin. Aristote, en rejetant l'observation des bergers par la raison que « la nature n'aurait pas donné une arme offensive à des femelles [1] », se prévalait d'une cause avec laquelle l'effet n'a pas de lien.

Quelquefois le lien apparent n'est qu'une simple rencontre fortuite. Il ne suffit donc pas de montrer, entre certains phénomènes, une correspondance ou une simultanéité : il faut signaler une véritable dépendance. Un témoignage qui ne porte que peu d'autorité en lui-même, n'acquiert pas de force nouvelle par un rapprochement tout accidentel. Si un animal exécute certains actes qui ressemblent à ceux de l'homme, il n'est pas certain pour cela que les mêmes motifs l'aient déterminé. Le parallélisme peut être fortuit ; et les esprits

rement ils ont assez souvent perdu la queue. Repoussés, isolés, sans familles ils n'élèvent pas de digues, et se contentent de se creuser des trous pour abris. (*Richardson*, Fauna boreali-americana ; art. Beaver). Voyez aussi *Audubon* et *Bachman*, Quadrupeds of North America ; art. Beaver. L'histoire du Castor, dans Buffon, est pleine d'inexactitudes.

1. *Aristote*, Historia animalium ; lib. V, cap. 22.

superficiels sont prompts malheureusement à l'exagérer.

C'est ainsi qu'une vague ressemblance de figure suffit à la plupart des hommes pour retrouver l'image des outils de leur industrie ou des caractères de leur écriture[1]. L'existence de ces figures implique-t-elle cependant une corrélation avec les objets dont elles affectent les contours ? Ces ressemblances, choisies dans plusieurs millions de dessins que portent les animaux et les plantes, ne dépendent que de combinaisons fortuites de traits. En matière d'analogie et de ressemblance, le vulgaire se contente d'ailleurs des à-peu-près.

Il se contente parfois de la relation la plus illusoire. Il éta-

1. La jacinthe porte dans sa corolle le nom d'Ajax — une exclamation de tristesse, un hélas, suivant *Pausanias* (Descriptio Graeciae ; lib. II, cap. 35). Les orchidées offrent des images d'insectes. Dans la fleur du *Peristeria* on voit une colombe blanc de neige, qui plane au-dessus d'un autel. Dans celle du lys, qui dispute à Vénus la palme de la beauté, se dresse un pistil imitant le membre de l'âne (*Nicander* Alexipharmaca ; voc. Lilium). Parmi nos fougères, il en est une (*Pteris aquilina*) qui présente, dans la section de la tige, l'image d'un double aigle. Sous les ailes primaires de l'*Argynnis aglaia*, et sous les ailes d'autres insectes des genres *Silene* et *Lathonia*, sont inscrites des dates assez nettement tracées. Une vanesse (*Vanessa C aureum*) et d'autres papillons (*Phalaena tau*, *Acronycta psi*, *Plusia gamma*, par exemple), offrent des lettres bien figurées, (*Kirby* et *Spence*, Introduction to entomology ; let. I). En Chine, ce sont des caractères Chinois. Certains métis des cyprins dorés et argentés portent des marques, sur leurs écailles brillantes, qui ressemblent à divers signes de l'écriture hiéroglyphique. *L'arbre aux dix mille images*, qui a été visité près de Kounboum par les missionnaires Huc et Gabet, est couvert, sur les feuilles et sur l'écorce, de milliers de caractères Thibétains (*Huc*, Souvenirs d'un voyage dans le Thibet ; tom. I, chap. iij). Il y a également des reptiles qui portent des figures bien tracées. Un serpent inoffensif du Nord du Mexique (le *Trimorphon lyrophanes*) a sur la tête le dessin d'une harpe juive. D'autres serpents, les *Simotes* de l'Inde, sont marqués sur le dos de figures élégantes, en forme de bouclier. La redoutable « cobra di capello » (*Naia tripudians*) de la même contrée, porte une paire de lunettes sur le cou. Il y a, en outre, des analogies d'odeur. Ainsi le crapaud des joncs (*Bufo calamita*) exhale une odeur bien marquée de poudre à tirer. Ajoutons encore un fait. On ne peut pas nier que le sphynx atropos (*Acherontia atropos*) n'ait réellement sur le dos une tâche bien imprimée, qui rappelle la figure d'une tête de mort, car telle est l'impression produite sur ceux qui voient cet insecte pour la première fois (*Kirby* et *Spence*, Introduction to entomology ; let. II).

blit des liens entre des phénomènes qui n'ont entre eux aucun rapport. Les Grecs et les Romains s'obstinaient à tirer des présages du vol des oiseaux, et à prédire l'avenir d'après les entrailles des victimes. En dépit des remarques calmes d'Euripide [1], ils persistaient à faire dépendre d'événements futurs certains cris émis par les animaux. Il faudrait au moins, quand on affirme la liaison d'effets donnés à des causes très-éloignées, montrer quelques chaînons intermédiaires, qui rendent vraisemblable cette liaison.

Mais s'il convient d'être prudent en établissant la probabilité d'une certaine dépendance entre les effets et les causes, il ne faut pas rejeter les faits par la raison seule que cette liaison n'est pas évidente. Il y a des phénomènes dont la réalité est hors de doute, et dont les limites sont connues, bien que la raison de ces phénomènes nous demeure cachée. Hérodote rapporte, par exemple, que les pêcheurs égyptiens se garantissaient des moustiques en se réfugiant sous leurs filets [2]. Or nous avons peine à comprendre comment le cousin ou la mouche, qui s'introduisent par les moindres déchirures des moustiquaires, peuvent s'arrêter devant les larges mailles d'un filet. Il n'en est pas moins vrai qu'un réseau dont les mailles ont jusqu'à deux centimètres et demi, constitue un obstacle que les moustiques ne s'aventurent pas à franchir, pourvu qu'ils n'aperçoivent pas par delà une porte ouverte ou une fenêtre éclairée [3]. Ce fait, tout étrange et inexplicable qu'il nous paraisse, a non-seulement été vérifié ; mais chacun peut en faire l'objet de ses expériences personnelles.

Aussi serait-il fort imprudent d'imaginer que le lien n'existe point, dans certaines circonstances où nous sommes inhabiles à rétablir les anneaux intermédiaires de la chaîne. Il y a des corrélations dont nous ne possédons pas la clef. Les ruminants seuls ont le pied fourchu, et c'est le seul ordre de

1. *Euripide*, Helena ; act. II, sc. 5.
2. *Hérodote*, Historia ; lib. II, cap. 95.
3. *Spence*, dans les Transactions of the Entomological Society ; vol. I, p. 1.

mammifères qui possède des cornes. Les chats qui ont les yeux bleus sont toujours sourds ; les chiens sans poils n'ont jamais que des dents imparfaites ; les pigeons au bec court ont le pied petit et ceux qui ont le bec long ont le pied grand[1]. La corrélation reconnue, la loi formulée, nous concluons d'un terme à un autre, comme si nous connaissions la cause et le lien. Partant du même principe, un acte d'instinct ou d'intelligence peut être rendu vraisemblable, par l'existence constatée du même fait dans une autre espèce. Cette remarque étend le cercle des analogies qu'on peut consulter. Mais il est nécessaire d'établir auparavant, par de nombreux exemples, la corrélation des facultés.

La vérité est qu'il y a bien peu de phénomènes dont nous connaissions intimement la raison. Nous avons plus souvent l'occasion de répéter l'aveu de Pline : la cause de tous ces faits est incertaine, et demeure cachée dans la majesté de la nature ; *omnia incerta ratione, et in naturae majestate abdita*[2]. Quel fait plus mystérieux, et pourtant plus réel, que celui des transports moléculaires par la pile : l'oxygène se dégageant d'un vase rempli d'eau, et l'hydrogène qui lui était combiné s'échappant à distance, dans un autre vase qui communique avec le premier par un simple linge humecté ! Un sel jeté dans le premier vase n'y laissant qu'un de ses éléments, tandis que l'autre élément passe invisible dans le second vase ! Bien plus, cet élément charrié à travers une troisième coupe d'eau intermédiaire, même lorsqu'il est insoluble dans ce liquide, et sans s'unir aux matières en dissolution dans cette eau, quelque grande que soit l'affinité qu'il possède pour elles[3].

1. *Ch. Darwin*, On the origin of species ; chap. I.
2. *Pline*, Historia naturalis ; lib. II, cap. 37.
3. *Sue*, Histoire du galvanisme ; tome III, p. 341. — Si nous poussions cet examen dans le domaine de la nature organique, que de faits inexpliqués, et en apparence inexplicables, ne pourrions-nous pas ajouter ? Quel résultat étrange, par exemple, qu'en blessant le cerveau d'un mammifère à une certaine place,

Voilà des expériences que nous pouvons reproduire à v
lonté, et qui nous montrent combien il serait illogique d'ex
ger, avant d'admettre une observation, que toutes les trans
tions fussent claires et expliquées. Il est bien rare, au co
traire, que nous puissions saisir la chaîne entière des opér
tions, et suivre tous les développements des phénomènes. S
l'on entend par mystère une notion confuse, incomplète, q
n'est qu'un rudiment d'idée, rien de pareil sans doute n'e
digne de prendre rang dans la science. Une idée qui n'est pa
claire et définie, n'a pas plus de valeur que l'expression bar
bare d'une langue étrangère, que l'on répète sans en com
prendre le sens. Mais si par mystère on entend seulement l
difficulté de saisir, dans une transformation, les états inter
médiaires, presque toutes les opérations de la nature on
quelque chose de mystérieux.

Notre entendement est donc souvent en défaut lorsqu'i
s'agit d'expliquer des phénomènes. Mais si l'explication es
claire, simple, évidente, nous avons le droit de nous en ser
vir pour appuyer et par conséquent pour admettre un
observation.

C. *Conformité avec les lois naturelles.*

Il y a, en outre, un troisième principe qui nous guide dans l'examen critique des témoignages, c'est la conformité des faits avec les lois générales de l'univers. Les lois primordiales de la nature ont un caractère remarquable d'immuabilité et de grandeur. Aussi loin que notre expérience s'étend, leur permanence est universelle. Où pourrait-on montrer que les lois de l'attraction et de la gravité aient été suspen-

l'urine, quelques heures après, contient du sucre, et continue dès ce moment à en renfermer. (*Cl. Bernard*, dans les Comptes-rendus de l'Académie des sciences de Paris ; 1849.)

dues? Les lois de l'organisation et de la génération sont-elles jamais renversées ? Que cette fixité de principes soit nécessaire, nous le soupçonnons, sans pouvoir cependant le démontrer. L'immuabilité des lois naturelles est une notion si fortement inculquée en nous par l'étude des sciences, que nous sommes incrédules quand on nous parle du renversement de ces lois.

Notre scepticisme à cet égard discute sévèrement les témoignages ; et dans plus d'une circonstance on a bien fait de discuter. La génération spontanée en est un exemple. Les anciens la voyaient partout, jusque dans la pluie et dans le sang [1]. Mais quand Redi eut couvert d'une gaze la viande en putréfaction, les asticots cessèrent d'y paraître, la mouche n'ayant plus d'accès pour déposer ses œufs dans la chair. La gaze toutefois serait une protection insuffisante contre les germes flottants. Mais lorsqu'on n'admet l'air qu'à travers un tube chauffé au rouge, dont la chaleur détruit ces germes, ou par un aspirateur muni d'une bourre de coton dans laquelle ils sont arrêtés au passage, aucune infusion ne donne plus de signe de l'éclosion des petits animaux.

Le procédé de la greffe a des limites, fondées dans l'organisation des végétaux. Pouvons-nous ajouter foi, sans restriction, aux prodiges qu'à cet égard auraient opérés les anciens ? Soclarus avait, dit-on, sur les bords du Céphise, un jardin où l'on voyait des oliviers sortir du tronc des lentisques et des myrtes, des chênes qui portaient des poires, des platanes sur lesquels mûrissaient des pommes, et des figuiers où se trouvaient greffées des branches de mûriers [2].

Or, ces associations sont contraires aux lois connues de la physiologie végétale, et, dans l'absence de plus grands détails, nous devons soupçonner quelque illusion. Après avoir varié les expériences de toute manière, les botanistes sont arrivés,

1. *Plutarque*, Symposiaca ; lib. IV, quaest. 2 ; lib. II, quaest. 3.
2. *Id.*, ibid. ; lib. II, quaest. 6.

en effet, à cette conclusion, que les croisements d'espèces végétales, les greffes hétéroclites, et les procédés pour obtenir des fruits hybrides d'une nature extraordinaire, donnés avec tant de détails et d'assurance depuis Columelle jusqu'à nos jours, sont absolument sans fondement. Dans ces matières expérimentales, et dont l'investigation était si facile, il y avait aussi une branche de la science qui n'était fondée que sur des déceptions; il y avait des résultats en apparence imposants, et des théories entières, qui n'avaient d'autre base que l'illusion.

Et ce n'est pas toujours l'illusion seule que nous avons à rencontrer, c'est quelquefois la supercherie. Le lecteur se rappelle peut-être le danger réel que Linné courut à Hambourg, pour avoir découvert que l'étrange animal à sept têtes, à peau de serpent, à dents tranchantes, à griffes d'oiseau, dont la maison Dryern et Hambel demandait un prix énorme, et que Seba avait figuré, n'était qu'un monstre de fantaisie, habilement fabriqué de pièces et de morceaux[1]. La déception, la fantasmagorie et la fraude s'étendent d'ailleurs bien au delà du cercle des sciences naturelles. Il semble que, dans un certain temps, rien ne fut à l'abri du mensonge, pas même les choses les plus sacrées. Théodoret rapporte que quand l'évêque Théophile brisa les statues à Alexandrie, on trouva que les têtes des Dieux d'où sortaient les oracles, étaient munies de tubes acoustiques, qui partaient d'un endroit caché du temple et qui se terminaient dans la bouche du Dieu.

Les relations dans lesquelles on nous représente les lois de la nature comme suspendues ou interverties, exigent donc un examen critique très-minutieux. Les miracles considérés de près, sont beaucoup plus miraculeux qu'ils ne semblent à la première vue. Ainsi lorsque Marcos, qui avait entrepris d'enter le paganisme sur la religion chrétienne, prétendit opérer le changement de l'eau en vin, le liquide qu'il avait devant

1. *Broderip*, Zoological recreations; part. II, art. Ancient Flying dragons.

lui devint pourpre pendant sa prière; mais pour avoir changé de couleur il n'avait changé que d'apparence et non pas de nature. Pour en faire réellement du vin il eût fallu y introduire de l'alcool, du sucre, du tartrate potassique, dont les éléments chimiques n'existent pas dans l'eau, et ne peuvent sous aucune forme en être retirés[1]. Il eût fallu non seulement se procurer quelque part le carbone, l'azote, le potassium que ces nouveaux composés exigent; mais les forcer à s'introduire d'une manière inaperçue dans le vase, à la place d'une portion de l'eau devenue superflue; et ce qui est bien plus difficile, faire qu'ils se combinent entre eux, et qu'ils donnent précisément naissance aux produits organiques demandés.

Plus on réfléchit sur l'exécution et plus les difficultés augmentent. Les miracles, dit l'évangéliste, sont simples pour les enfants, mais ils n'entraînent pas aussi vite les sages[2]. Ce reproche, qu'en une autre bouche on eût pris pour une épigramme, n'est peut-être un argument bien puissant ni pour condamner la prudence des sages, ni pour exalter la perspicacité des enfants. Mais il s'en faut de beaucoup qu'il soit toujours fondé. Les ouvrages scientifiques contiennent parfois les assertions les plus étonnantes, et leurs auteurs ne se font pas toujours faute d'accepter des faits miraculeux.

En même temps qu'on exagérait les pouvoirs de l'homme, on outrait aussi ceux des animaux. On leur a prêté aussi des miracles. Et si nous ne restions sur nos gardes, nous serions exposés à enregistrer quelques uns de ces miracles apocryphes, quittant le terrain de la science pour celui de la poésie et de la fiction. Alors quelles métamorphoses d'hommes en bêtes et de bêtes en hommes ne passeraient pas sous nos yeux? Et quelles difficultés ne s'attacheraient pas au simple énoncé des phénomènes? Quand, dans l'histoire légendaire de l'Angleterre, le roi Artus se trouve changé en corbeau, on se demande s'il

1. *Mulder*. Chemie des Weines; 1857.

2. *Luc*, Evangelium; cap. X, v. 21. — *Mathieu*, Evangelium; cap. XI, v. 25.

pensait alors en homme ou en oiseau. Il serait certainement fort difficile d'imaginer en quoi consisteraient les manifestations de l'intelligence humaine par l'organisme d'un corbeau, ou celles du corbeau qui aurait pris la forme et les organes de l'homme.

Guidés par les principes que nous venons d'exposer, resserrés dans le cadre plus modeste mais plus sûr de la vérité par une critique sévère des témoignages, nous croyons avoir réuni les premières bases positives d'une branche des sciences, qui deviendra un jour la psychologie comparée. Nous n'ignorons pas combien cet essai est incomplet encore ; mais n'était-il pas utile de commencer ? Il importait donc de déblayer le terrain, et de se rendre compte pour la première fois de ce que l'on possédait de réel et de sérieux.

DIVISION DE CES ÉTUDES.

En passant en revue les différentes manifestations dans lesquelles les animaux et l'homme dévoilent leurs facultés mentales, il était nécessaire d'établir une certaine classification. La division à suivre n'est pas toutefois d'une extrême importance, puisque notre but est seulement de réunir des faits. Il suffit que tous les phénomènes d'une même espèce se trouvent présentés ensemble. Nous avons suivi dans leur classification la marche qui nous a paru à la fois la plus naturelle et la plus simple.

Nous sommes partis des *Sensations*, qui forment la base de toute connaissance et de toute affection. L'étude des organes des sens rentre, il est vrai, dans le domaine proprement dit de l'anatomie comparée. Nous avons reconnu toutefois la nécessité de prendre les sensations pour point de départ. Mais en examinant l'exercice des sens, nous n'avons pas eu en vue la description minutieuse des organes ; nous tenions plutôt à nous rendre compte de leur mode d'action, afin de ıs former une idée de la nature des impressions qu'ils nmuniquent aux différentes classes d'êtres. Nous avions du te à aborder la question des sens, car il était nécessaire xaminer si certaines facultés particulières des animaux stent, comme quelques personnes le pensent, l'existence sens que l'homme n'a point. Nous parlons spécialement la faculté que certains animaux possèdent de retourner au ı qu'ils habitaient, après avoir été portés à d'immenses tances ; de la faculté attribuée à quelques espèces de prér les variations du temps ; du pouvoir de fascination de tains animaux carnassiers et de divers reptiles. Il impor- t d'éclaircir la nature de ces actions. Nous croyons avoir ini d'une manière satisfaisante les limites de ces différentes ultés, et en avoir assigné le caractère, sans qu'il soit nécesre de recourir à l'existence de sens particuliers, distincts ceux dont l'espèce humaine est pourvue.

L'être, lorsqu'il reçoit ses impressions par les sens, n'est core que dans un état passif. Dans la phase action, les actes sa vie se divisent en deux grandes classes, suivant qu'il git de l'existence automatique, purement organique, ou en des actions volontaires à la direction desquelles l'intellince prend part. La vie automatique est consacrée à l'accomssement de fonctions qui sont des besoins physiques. C'est *nstinct* qui porte l'être à exécuter ces fonctions. Aussi nstinct est-il commun à tous les individus de l'espèce, au oins dans ses caractères généraux. S'il présente parfois des fférences, d'une nature d'ailleurs secondaire, ces différences sont point personnelles : elles s'étendent à toute une vaété ou à tout un groupe d'individus dans le sein de l'espèce. instinct est indépendant de la volonté, dans les mêmes liites que les fonctions organiques auxquelles il s'applique. est ainsi que l'instinct de respirer, l'instinct de se nourrir, nstinct de se mouvoir, de se créer un abri, de se reproduire, rtent d'impulsions innées, en dehors de l'action volontaire de la réflexion.

Aux instincts se lient les *Habitudes*. La répétition d'u
même acte, fût-il un effet de la volonté, détermine bient
une tendance à renouveler cet acte automatiquement, sa
exiger qu'à l'avenir la volition intervienne encore. No
n'entreprenons ni d'expliquer ce phénomène, ni d'en ind
quer la cause; nous le constatons seulement comme fait. L
création d'une habitude enlève à la vie de volition une parti
des actes de l'être, pour rejeter ces actes dans la vie auto
matique ou purement organique. C'est le lien entre les deu
grandes classes de manifestations.

Jusqu'ici nous avons envisagé seulement ce que M. D
Maistre appelle la *bête*, et ce que nous allons nous permettr
de nommer l'*automate*. Mais la vie se manifeste, en outre, sou
un autre aspect, celui des actes volontaires et intelligents
L'exercice de la volonté, ou le contrôle que l'être a de lui
même, ne se développe toutefois que graduellement, dans l
série des animaux. Les instincts suffisent à la vie la plu
simple; mais ils ne tiennent plus qu'une place secondair
dans les êtres élevés.

Si nous considérons les manifestations mentales dans leu
phase plus particulièrement réceptive, qui correspond dan
la classe automatique aux sensations, nous trouvons d'abor
ce qu'on a nommé les *Sentiments* ou affections de l'âme, déterminant les *Passions*. Mais les transitions entre les phénomènes purement automatiques et ceux de l'ordre mental proprement dit sont si insensibles, qu'il est extrêmement difficile de préciser où les uns finissent et où les autres commencent. Si le contrôle que l'individu a de ses actes constitue le caractère auquel on reconnaît les phénomènes proprement mentaux, il faut dire aussi que ce contrôle n'est jamais complet. Il paraît impossible de séparer entièrement les actions purement intelligentes de celles qui sont purement instinctives, c'est-à-dire purement automatiques. Il n'y a que des prépondérances. Et, comme en beaucoup d'autres circonstances dans les sciences, c'est un tort de faire des divisions exclusives.

La nature n'isole pas les causes, dans des phénomènes d'une pareille complexité.

L'intelligence est fondée sur l'existence des *Idées*. Plusieurs conditions sont nécessaires au développement de ces idées et à leur extension. L'attention, l'observation, la réflexion, l'invention, la généralisation, sont des états ou des opérations qui se succèdent pour marquer le progrès de l'entendement. Il est extrêmement intéressant de suivre le développement des phénomènes d'intelligence, dans les espèces supérieures d'animaux. Pour la facilité de notre examen, et sans rien préjuger sur les questions agitées par les psychologues, nous avons emprunté à Hume les trois classes dans lesquelles il range les combinaisons d'idées entre elles. La première combinaison est par ressemblance, ce qui nous donne lieu d'examiner les phénomènes de mémoire, et cette faculté curieuse qui s'y rattache, l'imagination. Nous croyons avoir clairement montré que certains mammifères possèdent non seulement l'imagination reproductive, mais aussi ce qu'on nomme dans les cours de philosophie l'imagination productive, c'est-à-dire une certaine puissance créatrice pour former de pièces diverses des images qui n'ont rien de réel.

Les idées de la seconde classe sont celles qui dépendent d'une contiguité dans le temps ou dans l'espace. Les opérations d'induction s'y rattachent ; et ici encore le lecteur sera probablement étonné du pouvoir que montrent certains animaux. Enfin les idées de la troisième classe sont celles qui s'enchaînent par causalité. Ce sont les plus élevées et les plus rares. Mais on verra qu'il s'en faut de beaucoup que l'homme soit la seule espèce qui sache raisonner.

En dernier lieu, nous passerons en revue les phénomènes de la *Vie de relation*, parmi lesquels figurent d'abord les procédés employés par les individus d'une même espèce pour communiquer entre eux. Le langage mimique précède le langage des cris, et celui-ci précède le langage parlé. Mais l'un et l'autre sont susceptibles de communiquer un plus grand nombre d'impressions et d'idées que ne l'imaginent d'ordinaire ceux qui ont peu étudié les animaux.

L'union des sexes et la sociabilité figurent parmi les matières qui terminent cette dernière section. Il nous a paru surtout fort digne d'intérêt d'examiner si les animaux qui vivent en véritables sociétés, et qui exécutent des travaux en commun, tels que les fourmis, les abeilles, les castors, ont fait quelque progrès depuis qu'on les étudie. On comprend l'importance qui s'attacherait au fait que certaines espèces auraient montré des changements dans leurs habitudes ou leurs mœurs, depuis les temps d'Aristote et de Pline. Malheureusement les observations que les anciens nous ont laissées, manquent de la précision et des détails nécessaires pour procéder avec sûreté à pareil examen. Disons toutefois dès ce moment que si des changements ont eu lieu, ils sont de peu d'étendue et d'importance. Il semble que les grandes évolutions sociales, comme celles dont le genre humain offre des exemples, aient pour condition un développement considérable des connaissances, et que ce développement ne soit possible que par la transmission de la science de génération à génération, c'est-à-dire par les moyens de continuité que fournissent le langage et son corollaire l'écriture. Mais il faut reconnaître aussi que si les espèces animales dont nous parlons ne paraissent pas susceptibles de progrès spontané, elles font preuve d'une faculté remarquable d'adaptation aux conditions nouvelles, dans lesquelles l'homme peut se plaire à les placer. Elles changent alors, dans de certaines limites, leurs habitudes et leurs constructions. Or, de cette faculté d'adaptation volontaire au progrès social tel qu'on l'observe parmi l'espèce humaine, y a-t-il une grande différence de nature ?

Le cadre adopté dans ce travail pourrait convenir, je l'avoue, à l'étude de l'homme ; mais ce n'est pas une raison, ce me semble, pour ne point l'appliquer à celle des animaux. Je ne prétends pas insinuer que les passions aient de part et d'autre le même caractère, que les facultés possèdent la même uissance, ni les dévouements la même noblesse. Les faits nontreront ce qu'il y a de commun, et ce qu'il y a de distinct. Iais forcé d'adopter une marche analytique, j'ai donné la référence à celle qui permet d'établir le plus aisément les omparaisons avec l'espèce humaine, dont l'étude est la base abituelle de nos jugements.

L'automate, l'être intelligent, l'être sociable, tels sont les rois aspects cardinaux de notre nature. Ces trois points de ue forment les bases d'une division simple, d'après laquelle e vais procéder.

TABLEAU DES DIVISIONS DE CES ÉTUDES.

Première Partie. — *L'Automate.*

I. Sensations.
II. Instincts.
III. Habitudes.

Deuxième Partie. — *L'Être intelligent.*

IV. Sentiments et Passions.
V. Idées.

Troisième Partie. — *L'Être sociable.*

VI. Langage.
VII. Famille.
VIII. Société.

PREMIÈRE PARTIE.

—

SECTION I.

SENSATIONS.

En commençant cette étude par les fonctions inférieures s animaux, et par leurs actes et leurs instincts les mieux nnus, je n'ignore pas que le lecteur trouvera d'abord peu choses vraiment nouvelles, ou qui lui paraissent dignes sérieuses méditations. Mais il ne faut pas perdre de vue e les facultés se développent graduellement comme les ganes, comme les forces corporelles, comme la personlité même. Nous ne pouvons bien les connaître et les précier qu'en les prenant dès leurs premières manifestans. Je passerai toutefois rapidement sur les fonctions les us simples, en conservant seulement les détails qui me raissent essentiels pour composer l'ensemble du tableau.

J'ai besoin à plus d'un titre de l'indulgence de mes lecteurs. s faits qui se présentent les premiers ne sont pas seuleent les plus connus ; ils se rapportent à ce qu'il y a de plus sentiellement bestial, dans la nature des animaux et dans lle de l'homme. Au moment d'entamer ces matières, prouve la vérité profonde de la remarque d'Horace, 'il est bien difficile de parler convenablement des choses lgaires, *difficile est proprie communia dicere*. Je serai rcé, en outre, d'entrer dans des détails de mœurs, qui sont ıelquefois répugnants. Dans une recherche scientifique, nous avons cependant pas le droit d'omettre ni de gazer ; nous n'avons pas le droit surtout de supprimer des traits qui, tou repoussants qu'ils soient, tiennent dans l'ensemble une plac importante.

En décrivant les actes des animaux, je mettrai tous mes soins à conserver la vigueur des modèles, sans en exagérer l'expression. Si je parviens à former quelques peintures fidèles, puis-je espérer cependant de tracer, avec un égal succès, le tableau de tant de phénomènes qui portent des caractères si différents entre eux ? Quelle variété dans les manifestations, quelle fécondité dans les ressources de la nature ! Il faudrait une puissance pareille pour rendre dignement tous ces effets. Les plus grands écrivains ont avoué leur faiblesse sur ce point. Il n'est pas aussi aisé de décrire, ont-ils dit, qu'il l'est à la nature de peindre, *nulli potest facilius esse loqui, quam rerum naturæ pingere*[1]

CHAPITRE I.

SENS DU TOUCHER.

L'animal, pas plus que l'homme, ne commence son existence dans un état de développement complet. Le carnassier, par exemple, ne possède, au moment de sa naissance, ni l'intelligence, ni les forces, ni même tous les sens qu'il doit réunir plus tard. Les jambes ne soutiennent pas le corps. Les yeux sont fermés ou sans usage. Les sons transmis par l'ouïe ne font pas d'impression ; ou, lorsqu'ils sont énergiques, ne produisent tout au plus que des douleurs. Le tact se borne à une sensibilité générale, et demeure d'abord passif.

C'est seulement avec le temps que les organes particuliers du toucher et de la préhension prennent la force, qui leur permet de s'exercer, et, par l'exercice, acquièrent l'adresse. Les

1. *Pline*. Historia naturalis ; lib. XXI, cap. 1.

animaux qui sont dépourvus de membres distincts n'éprouvent les effets du contact que par la surface générale du corps. Mais un grand nombre d'espèces sont pourvues de membres spéciaux, destinés d'abord plus particulièrement à saisir la nourriture, ou à la diriger vers la bouche. Parmi les organes de ce genre figurent déjà les cils des infusoires, les bras des polypes et des mollusques brachiopodes. Les tentacules se perfectionnent dans les mollusques supérieurs. Les crustacés ont leurs pinces ; et c'est dans la grande division des annelés, à laquelle ces animaux appartiennent, que se montre pour la première fois un organe d'investigation par le tact : les flexibles antennes.

Ces verges articulées remplissent pour l'insecte la plupart des fonctions de nos bras et de nos mains. Elles se déploient et se portent à distance. L'animal en applique les extrémités sur la surface des corps, comme nous appliquons les mains pour tâter. Nous verrons plus tard [1] l'usage qu'il en fait dans son langage mimique, comme le sourd-muet qui se sert de ses mains et de ses doigts. Quelques naturalistes pensent que les antennes sont non-seulement les organes du toucher, mais aussi ceux de l'odorat. Elles ont pour nerfs, en effet, ceux de la première paire, qui correspondent aux nerfs olfactifs. En admettant les conséquences de cette analogie, les antennes de l'insecte nous rappelleraient la trompe de l'éléphant. Mais si l'on se borne à ce qui est certain, on trouve encore dans ces organes un magnifique instrument de toucher, d'une structure complexe, et d'applications étendues.

Le toucher fournit d'ailleurs à l'individu deux genres distincts de sensations ; il le renseigne d'abord sur la forme des objets et ensuite sur leur température. Nous ne pouvons pas toucher un corps sans acquérir une notion sur sa figure et sur son degré de chaleur. Au premier de ces points de vue, le sens que nous considérons ici pourrait être appelé le *toucher*

1. Ci-après, Part. III, Sect. VI.

géométrique, et au second point de vue le *toucher thermique*.

Le toucher géométrique repose sur cette sensibilité particulière qui nous donne la conscience d'une résistance. Il nous fait connaître la tenacité, le degré de poli, les dimensions et les formes des corps.

Il nous met à même de distinguer ce qui est extérieur de ce qui nous appartient en propre. C'est aussi sur ce sens, principalement, que nous fondons nos premiers jugements de figure, de distance, de mouvement et de nombre [1].

Pour se prêter à l'exercice délicat de ce sens, l'organe plus spécial du toucher doit présenter certaines conditions de structure. Toutes les couvertures rigides, les écailles, les plumes, s'opposent à la délicatesse du tact. Le poil même qui couvre la peau des mammifères, en détruit la finesse. Les mains des singes sont nues ; et lorsqu'ils ont une queue prenante, l'extrémité de cet organe, employé à saisir et à toucher, n'est recouverte que par la peau.

Pour apprécier la finesse relative du toucher, dans les différentes régions de la surface sensible, il faut donc examiner l'état plus ou moins libre, c'est-à-dire plus ou moins nu de la peau. Il faut considérer ensuite l'aspect de l'épiderme. Les sillons délicats qui le recouvrent, comme ces lignes fines et contournées que l'homme porte au bout des doigt, comme les sillons des lèvres, les papilles de la langue, sont des signes indicateurs de la finesse de toucher. Un organe parfaitement uni glisserait sur les corps, sans en recevoir autre chose qu'une impression générale. Ces sillons, en outre, recouvrent autant de filets nerveux, qui sortent du derme, et que protége un bain de matière molle et pulpeuse [2]. En même temps, comme les parties où les ramifications nerveuses sont le plus multipliées doivent offrir le plus de sensibilité, et que l'abondance des filets nerveux exige la multiplicité des vaisseaux

1. De distance, de mouvement, de nombre et de temps. *Ch. Bell*, The hand ; p. 216.

2. *Ch. Bell*, The hand; p. 219.

sanguins qui servent à leur entretien, les régions qui jouissent du toucher le plus délicat sont aussi celles qui abondent le plus en rameaux vasculaires, et qui, par conséquent, sous l'épiderme le plus fin, laissent entrevoir le plus vif carmin. Tels sont les bouts des doigts, surtout chez les artistes, et plus encore les lèvres, l'intérieur de la bouche et la langue[1].

Ce serait donc une grave erreur d'imaginer que la sensibilité du tact ait la même finesse, dans l'espèce humaine, sur toutes les parties du corps. Notre langue excèle aussi sur ce point. Elle nous permet de juger avec une exactitude remarquable des petits corps étrangers qui se mêlent quelquefois à nos aliments. Sur le dos, au contraire, la sensation du toucher est fort obtuse. Un compas ouvert d'une faible quantité n'y fait pas sentir deux pointes séparées : il ne produit qu'une seule et même impression. Celle-ci ne se dédouble pas avant que l'on donne aux pointes cinq ou six centimètres d'ouverture[2]. Cette sensation grossière est propre à fournir une idée de l'imperfection du tact chez les animaux inférieurs.

A mesure que le corps se couvre, chez l'animal, d'un duvet ou d'une armure qui en émoussent le toucher, la sensibilité se concentre autour de la tête. Les nerfs de la cinquième paire fournissent les rameaux qui vont à la langue, et de la sensibilité desquels cet organe tire sa délicatesse, comme un double instrument de goût et de toucher. Ces mêmes nerfs se ramifient en même temps tout autour de la tête où ils reçoivent les impressions de contact. C'est d'eux que provient la sensibilité des cirrhes des poissons, et des tentacules des crustacés et des insectes. Ils pénètrent dans les moustaches des carnassiers, et forment, aux extrémités de celles du genre chat, de petits ganglions nerveux. Dans le lion, le ganglion placé à la base de ces poils, acquiert le volume d'un pois[3]. Dans le chat domes-

1. *Ch. Bell*, The hand ; p. 226.
2. *Brewster*, dans le Report of the british association, 1852.
3. *Fr. Buckland*, Curiosities of natural history ; vol. II, p. 121.

tique, le toucher délicat des moustaches est d'un grand service pour la chasse de nuit. Chez les phoques, ce toucher sert de guide à l'animal quand il est sous l'eau.

La communauté du nerf qui se répand autour de la tête et dans la langue rend compte du grand emploi de la bouche et de tous les organes qui s'y rattachent dans le sens du toucher. Dans les reptiles, où la langue est longue et mobile, cet organe remplace en quelque manière les instruments de préhension. Les ruminants en font aussi un usage remarquable. Le bœuf tourne la langue autour des herbes pour les réunir en bouquet ; la giraffe l'étend considérablement hors de la bouche, l'enroule autour des extrémités des branches, et tire à elle de cette manière le feuillage qu'elle n'atteindrait pas directement. Les oiseaux eux-mêmes ont, dans le bec, une grande délicatesse de toucher. Cette délicatesse est surtout exquise dans ceux qui, comme les Anatides, explorent sous l'eau en faisant claquer le bec. Or, on trouve que, dans ces oiseaux, une branche du cinquième nerf, remarquablement développée, se ramifie dans la mandibule supérieure[1].

Quand l'animal porte la tête vers l'endroit qu'il veut examiner, ce n'est donc pas seulement pour faire usage de l'odorat ou de la vue, mais aussi pour exercer le toucher le plus délicat, par les poils, les lèvres, la langue, les mouvements de l'air dans les oreilles[2]. Chez le jeune mammifère, les premiers mouvements de la tête sont ceux à la recherche de la mamelle. Ils ont une ressemblance frappante chez le rongeur, le ruminant, le carnassier, le quadrumane et l'homme. Cette ressemblance d'action et d'allure va plus loin qu'on ne l'imagine ordinairement.

L'homme ni le singe ne se servent de la main comme premier instrument du toucher. La bouche est l'organe qui fournit avant tous les autres, des sensations distinctes et

1. *Ch. Bell*, The hand ; p. 157.
2. Ci-après, Part. I, section I, chap. vij.

aires. Le premier mouvement de l'enfant, lorsqu'on lui pré-ente un objet nouveau, est de le porter à la bouche, pour le ger par le toucher des lèvres et de la langue[1]. C'est seule-ıent plus tard qu'il étend la main, et plus tard encore qu'il onduit les yeux et emploie la vue.

Mais si la main est rude ou fatiguée, c'est dans la langue et ans les lèvres que persiste la plus grande finesse du toucher. es singes du genre *Simia* ou orangs, conservent toute leur e l'habitude de l'enfant. Non-seulement leur lèvre mobile et llongée joue un rôle important dans l'acte de boire, mais bien ue la main soit leur grande arme d'attaque et de défense, 'est à la bouche et sur la lèvre inférieure que ces animaux ortent l'objet qu'ils veulent tâter [2].

On ne peut douter que le sens du toucher n'exige un cer-ain exercice, comme tous les autres. L'enfant ne fait pas 'abord la distinction entre les différentes parties de son orps. S'il éprouve une douleur, il crie, mais il ignore le iége particulier de la peine. Quand le chirurgien fait une pération à un jeune enfant, celui-ci ne porte pas la main our repousser le bistouri, comme il le ferait dans une période lus avancée de la vie [3]. La même expérience donne le même ésultat chez les carnassiers. Le chien tout jeune, encore onfiné dans le nid, crie quand on le pique, mais ne fait pas 'effort pour chercher la main qui le tourmente, ni pour la nordre. Le veau et le cabri sont plus précoces; le veau, en articulier, cherche à frapper du pied la main qui le blesse. Mais le ruminant sort de la matrice avec des forces muscu-aires plus développées, et, tout considéré, dans un état beau-oup plus avancé.

Le temps vient où non-seulement nous faisons la disunc-tion de nos membres, mais où nous avons conscience de la

1. *Ch. Bell*, The hand; p. 233.
2. *Müller .Schlegel*, Verhandelingen over de natuurlijke geschiedenis der nederlandsche bezittingen; 1839-45.
3. *Ch. Bell*, The hand; p. 231.

position de chacun de ceux-ci. Nous savons où les efforts s'exercent, et quels muscles sont en action. Nous jugeons, les yeux fermés, de la direction de la verticale, par rapport à notre propre corps [1].

Lorsque nous comparons l'organisation des extrémités, dans l'espèce humaine, à celle des extrémités correspondantes des animaux supérieurs, nous découvrons une analogie qui va plus loin que les apparences extérieures ne permettraient même de le supposer. Les muscles fléchisseurs et extenseurs, ainsi que les muscles pronateurs et supinateurs de la patte du lion, sont une copie exacte de ceux de la main de l'homme; ils occupent les mêmes places et sont entre eux dans les mêmes relations [2].

Ce qu'on se plaît à nommer les mains inférieures du gorille sont de véritables pieds, munis de doigts longs et très-mobiles; elles ont, comme nos pieds, le même arrangement des os du tarse, le muscle *peronœus longus* qui est caractéristique de nos extrémités inférieures, et des orteils pourvus comme les nôtres d'un court extenseur des doigts et d'un court fléchisseur [3].

La différence entre les pieds de l'homme et ceux des singes supérieurs est tout à fait secondaire. Dans l'orang, le fléchisseur allongé du pouce *(flexor longus pollicis pedis)* se termine par trois tendons qui s'insèrent dans les orteils moyens ; de là une grande force pour saisir avec le pied, pour se tenir à l'aide de cet organe aux branches des arbres. Dans l'homme, le muscle correspondant jette un seul tendon, qui est dans le gros orteil; d'où résulte que l'effort se concentre dans ce doigt de pied durant la marche [4]. La différence se rattache aux exercices de force, mais elle n'a d'influence ni sur l'oppo-

1. *Ch. Bell*, The hand ; p. 239.
2. *Id.* ibid ; p. 143.
3. *Huxley*, Evidence as to man 's place in natnre ; chap. II.
4. *Owen*, dans les Transactions of the zoological society ; vol. I.

sition du pouce, qui n'existe ni d'un côté ni de l'autre, ni sur sa mobilité, ni sur la préhension. L'analogie subsiste dans toute la structure générale, et les distinctions ne paraissent que dans une corrélation avec les usages de force et le mode de vie.

La main, pour acquérir toute sa délicatesse, a besoin d'exercice et d'éducation. Ce n'est pas sans efforts ni sans une longue étude que les artistes habiles parviennent à diriger les muscles de toutes les phalanges, avec cet ensemble, cette souplesse et cette rapidité qui tiennent du merveilleux. Dans l'exécution de certains morceaux de piano, le toucher s'exerce jusqu'à dix fois dans une seconde, non pas au hasard, mais aux endroits fixés par la volonté [1] Rien ne manifeste la puissance de la main comme les chefs-d'œuvre de nos arts. C'est cependant une puissance purement instrumentale, et qui resterait latente si elle manquait de conception pour la diriger. Le sauvage, qui ne s'est pas encore élevé à l'idée des arts, n'exécute rien de semblable, bien qu'il ait des mains comme nous. Le singe ne fait pas même les paniers, les filets, ou les nattes du sauvage. Le philosophe Anaxagore avait donc tort d'attribuer la supériorité de l'homme à la possession des mains [2]. Et ce qui le prouve encore à l'évidence, c'est que notre pied délié par une éducation spéciale, peut surpasser en adresse le pied naturellement plus souple du satyre, du gorille ou du gibbon [3].

Lorsque des hommes sont nés sans bras, et que la nécessité les a contraints à se servir du pied au lieu de la main, ils sont parvenus, comme les singes, à tenir des objets entre

1. *Lardner*, Museum of science and art ; vol. VIII, p. 59.

2. *Plutarque*. De fraterno amore.

3. Parmi les mammifères placentaux, nous trouvons au sommet de l'échelle les quadrumanes, et l'homme qui a des mains aux membres antérieurs. Dans la série des mammifères à gestation incomplète, les plus élevés, les phalangers (*Phalangista*) et les sarigues (*Didelphis*), ont le pouce mobile aux extrémités postérieures. Ce sont des bimanes avec les mains aux pieds.

le premier et le second orteil. Le pouce n'est pas pour cela devenu opposable; pour imiter le pied du gorille, il suffisait que les mouvements devinssent plus étendus et les muscles plus obéissants. Ce premier résultat obtenu, nous avons vu des hommes qui non-seulement tenaient fermement des objets entre les orteils, mais dirigeaient le pinceau en artistes, comme le peintre Duvernet et notre compatriote Felu.

C'est par pure négligence qu'un grand nombre de peuples ne retirent aucun usage des orteils. L'emploi qu'en font certaines nations, dans les circonstances usuelles de la vie, montre que ces organes peuvent être d'une utilité bien plus grande qu'on ne serait tenté de se l'imaginer. Je me bornerai à citer les exemples les plus frappants. « Chez lui, dit Ward, l'Hindou s'en sert pour arranger ses sandales, à l'aide d'un bouton qui glisse entre les deux orteils moyens. Le tailleur, s'il ne les emploie pas pour enfiler son aiguille, y a recours du moins pour tordre son fil. Le cuisinier pose son couteau entre ses orteils lorsqu'il prépare le poisson ou les légumes. Ni l'ébéniste ni le tisserand ne pourraient s'en passer, et la plupart des natifs retirent vingt services différents des doigts du pied[1]. » L'idée ordinaire que ces organes ne sont susceptibles d'aucun service, et qu'ils ne peuvent être comparés aux doigts de la main, se trouve ainsi démentie. Elle est fausse dans le cas exceptionnel des peintres sans bras ; mais elle l'est aussi pour certaines nations tout entières.

Il y a près de nous un exemple qui est extrêmement remarquable. Bory de St-Vincent rapporte que les paysans des landes de l'Aquitaine, qui vont recueillir la résine sur les pins de Bordeaux *(Pinus maritina)*, se servent des pieds nus pour grimper aux arbres. Les orteils prennent bientôt une force et un développement particuliers. Le gros orteil devient jusqu'à un certain point opposable, c'est-à-dire qu'il acquiert une partie de cette mobilité qui caractérise l'orteil du singe.

1. *Ward*, History of the Hindoos ; part, I, ch. iij, sect. 3.

Mais les organes du toucher, quelle que soit leur perfection, ne fournissent à l'être que de purs instruments d'exécution ; ils ne sont pas créateurs par eux-mêmes. Si le toucher sert en quelque chose au développement des idées, c'est bien plutôt par les notions qu'il fournit sur les objets extérieurs. Il avertit l'animal de la présence des obstacles ; et envisagé comme sensibilité générale, il guide en quelque sorte l'instinct de la peur.

CHAPITRE II.

SENS DU GOUT.

Après la sensibilité générale du corps ou toucher passif, le sens le plus universel parmi les animaux, c'est celui du goût. Il se montre dès l'instant de la naissance ; et, dans la vieillesse, lorsque les autres sens sont émoussés, il persiste aussi longtemps que le besoin de prendre des aliments. Pour nous convaincre que le goût existe dans les animaux inférieurs, il suffit de cette observation qu'ils choisissent leur nourriture. A part peut-être quelques infusoires sans bouche qui tirent leur subsistance du liquide qui les pénètre, il n'y a pas d'animal, sans en excepter les simples polypes fixés (comme les actinies), qui n'exerce un choix parmi les aliments, et qui ne montre des préférences[1].

Linné a soumis divers quadrupèdes herbivores à une véritable expérimentation. Il a offert tour à tour à des chevaux, des vaches, des chèvres, des moutons, la plupart des plantes indigènes de la Suède. Ces animaux montraient une grande

1. Dans une communication faite en 1857 à la Société d'Histoire naturelle de Boston, le capitaine Atwood, qui a une longue pratique des pêcheries de l'Amérique du Nord, rapporte entre autres faits que le Maquereau (*Scomber vernalis*) qui se précipite sur les divers objets que les marins jettent à la mer, refuse le tabac, après l'avoir tenu un instant dans la bouche.

avidité pour certaines espèces, dont ils semblaient estimer hautement la saveur. Les vaches, par exemple, se léchaient alors pendant quelque temps en poussant dans les naseaux la pointe de la langue. Mais il y avait d'autres herbes qu'elles n'acceptaient qu'avec indifférence, ou même avec une certaine répulsion ; et pour d'autres encore leur refus était constant et leur dégoût insurmontable. Au total, sur huit ou neuf cents plantes de la flore suédoise, le cheval en refuse un quart, tandis qu'il en choisit un autre quart avec délices ; la vache, et surtout la brebis et la chèvre, ont un goût moins exclusif.

Il ne s'agit pas ici du caractère général de la nourriture, suivant qu'elle est animale ou végétale, solide ou liquide, mais de la qualité propre de chaque espèce particulière d'aliments. L'exercice du goût commence d'ailleurs dès l'âge le plus tendre, puisque le mammifère nouveau né refuse non seulement toute autre boisson que le lait, mais souvent le lait même d'une femelle d'espèce différente, et dans tous les cas le lait de sa propre mère, après qu'il est refroidi.

Il est donc indubitable que l'animal fait la distinction des saveurs et des températures. Chaque espèce éprouve des sensations qui correspondent à la nature et à la variété des aliments. Les graminées vertes ou sèches de nos prairies, les plantes herbacées de nos bois, malgré leur amertume insoutenable pour le palais de l'homme, ont pour le ruminant des goûts variés. Elles embrassent pour lui une échelle de saveurs distinctes, dont il saisit les différences[1].

Cette vérité est confirmée par divers signes extérieurs : celui de la répugnance pour certains aliments, celui de l'impression désagréable produite par diverses substances sur le palais. L'homme n'est pas le seul être qui marque, par l'altération de

1. L'énumération des saveurs, qui nous semble extrêmement vague, a fait l'objet des recherches de divers savants. Les anciens avaient adopté une classification que *Pline* (Historia naturalis ; lib. XV, cap. 32) nous a transmise, et qui avait été acceptée, avec des modifications peu importantes, par l'ancienne faculté (*Martinus*, Lexicon philologicum). Je présente ici, dans des colonnes pa-

s traits, le dégoût qu'il éprouve pour certaines substances. uand les herbivores ont dans la bouche des plantes qui leur éplaisent, ils font tous leurs efforts pour les rejeter ; ils reressent en même temps la lèvre supérieure et lèvent les naaux. Si le cheval, par exemple, vient à trouver dans sa angeoire, au milieu de sa nourriture ordinaire, un corps ranger qui a mauvais goût, on le voit lever la tête, souffler, tenir longtemps la lèvre supérieure retroussée, au point u'il nous montre toute une rangée de dents. L'expérience est cile à répéter et prouve d'une manière irréfragable que cet nimal fait la distinction des saveurs.

Il serait d'ailleurs imprudent de conclure de quelques maifestations d'avidité ou d'indifférence pour les aliments, à absence absolue du sens du goût. Si le gourmet distingue la ualité, l'âge et le crû des vins, l'homme grossier tombe indifféemment sur toutes sortes de viandes ; il n'y a pourtant entre le ens du goût, dans ces deux exemples, qu'une différence de éveloppement ou de quantité. Les Patagons reçus à bord par ougainville, dévoraient également tout ce qu'on leur donnait, vec une même voracité, et sans paraître exercer aucun choix 'après la qualité des substances [1].

allèles, le tableau des saveurs suivant différents auteurs, en plaçant sur la même gne celles qui se correspondent :

SUIVANT PLINE.	SUIVANT MARTINUS.	SUIVANT LINNÉ.
Piquant		
		Nauséeux
Acre	Acre	Acre
Amer	Amer	Amer
Salé	Salé	Salé
Acerbe	Vert	Styptique
Rude	Apre	
Acide	Aigre	Acide
Doux	Doux	Doux
Gras	Gras	Gras
Suave		
		Visqueux
		Aqueux

1. *Bougainville*, Voyage autour du monde ; 6 janv. 1768.

C'est aux anatomistes qu'il appartient de décrire les or nes du goût, ainsi que ces appareils admirables par lesqu l'animal saisit, déchire, pétrit ses aliments. Je ne puis dispenser pourtant de soumettre en cet endroit un petit no bre d'observations générales.

Les organes de la nutrition sont éminemment adaptés mode de nourriture. Les animaux qui puisent leur subsista ce à l'état liquide, sont munis d'instruments nécessaires po l'aspirer. Les insectes suceurs possèdent une trompe flexib qui se déroule à la volonté de l'animal, et qui se compo d'un nombre immense d'anneaux, dont chacun a son musc moteur. Cette trompe est fendue dans sa longueur à peu pr comme le tube d'un chemin de fer atmosphérique ; et la ra nure se ferme, quand l'animal suce, par la simple applicati des bords [1]. S'il ne s'agit pas seulement de pomper le liquid mais s'il faut aller l'atteindre au-dessous d'un tissu étrange le tube porte des lancettes intérieures, ainsi qu'on le vo dans les diptères ; et ces couteaux pratiquent l'ouverture pa laquelle la succion va s'opérer. Les hémiptères portent quat lancettes tranchantes dans un proboscis formé de quatre ba des, dont la fermeture n'est pas hermétique, parce qu'ici liquide s'élève par capillarité et non par succion [2]. Tous ce animaux attaquent avec la trompe, non avec la queue ; comme le remarque judicieusement Aristote [3], ils ne pique pas en combattant, mais pour se nourrir.

Si les aliments sont solides, les mâchoires paraissent ave des combinaisons diverses, qui leur donnent les moyens d saisir et de déchirer. Quelquefois, la bouche est fendue e croix, et quatre mandibules saisissent la nourriture dans tou les sens. Les dents n'appartiennent pas seulement aux animaux à vertèbres. Les oursins *(Echinus)*, que la marée roul

1. *Réaumur*, Mémoires sur les insectes ; tom. 1 p. 125.
2. *Lamarck*, Mémoires sur les insectes ; tom. I, p. 125.
3. *Aristote*, Historia animalium ; lib. I, cap. 5.

ur la grève, ont une bouche généralement tournée vers le as, dans laquelle sont placées cinq dents.

Mais dans les animaux supérieurs, le système dentaire eçoit tous ses développements. Les instruments viennent 'adapter, comme par un calcul admirable, au travail qu'ils ont à remplir. S'agit-il de broyer des semences et des herbaes, les couronnes seront plates comme des meules, et les arties émaillées, entremêlées de parties osseuses, ainsi que ious l'observons dans les ruminants. S'agit-il au contraire de léchirer la chair, les fortes canines, les dents tranchantes, iennent se prêter à ces fonctions. Et ce n'est pas seulement a garniture dentaire qui change. Le gond de la mâchoire ou ondyle est moins serré chez le carnassier dont la bouche doit aire de plus grands mouvements. Le muscle *masseter* a plus le force pour casser les os et broyer les chairs. Ce muscle plus puissant a par suite plus de volume ; il donne à la tête plus de largeur, et ses impressions sur les os qui le supportent sont plus profondes.

Ce n'est pas encore assez pourtant, que la bouche, les dents, la tête entière soient en corrélation avec le genre d'aliments. Le pied du ruminant qui n'a que le corps à soutenir, et qu'un sabot termine, ne peut plus être combiné avec des dents tranchantes. Pour saisir la proie vivante, pour tenir ou lacérer la chair, il faut à l'animal des ongles; il lui faut un avant-bras mobile qui soit capable de tourner. Puis, pour digérer la nourriture, l'estomac doit être en rapport avec la qualité des aliments. Il faut aussi des intestins proportionnés à la préparation que le chyle doit subir. En sorte qu'une seule condition initiale entraîne une multitude de conditions subordonnées, auxquelles on peut satisfaire peut-être de plusieurs manières un peu différentes, mais sans l'observation desquelles l'être n'aurait pas pu subsister.

Si la fonction détermine l'organe, ou si l'organe impose son caractère à la fonction, c'est une question qui n'est nullement de notre ressort. Que les organes varient lentement.

quand la nourriture habituelle est changée, on ne peut le contester un instant. C'est un fait général que, dans l'organisme, les pièces qui font le plus d'exercice vont en se développant, tandis que les pièces dont l'animal cesse de se servir s'affaiblissent et s'atrophient. Cette modification peut conduire avec l'aide du temps, à des transformations notables de structure, dont la limite n'est pas bien assignée jusqu'à présent.

Mais quelque opinion que l'on adopte sur l'étendue possible de ces changements, il n'en est pas moins vrai que l'organisation de chaque espèce est dans un rapport étroit avec le mode d'existence. Le genre de vie entraîne ce que l'on nomme les « caractères d'adaptation. » On comprend donc combien il est important d'étudier le mode d'existence d'un être, lorsqu'on veut se rendre compte de ses fonctions. Le régime alimentaire, en particulier, nous donne la clef d'une foule de conséquences ou corrélations. Il est donc intéressant d'examiner ce régime, au point de vue des instincts et du caractère mental.

CHAPITRE III.

RÉGIME ALIMENTAIRE.

On a donné à l'homme l'appellation d'omnivore, qu'il mérite sans doute, bien que le chien et surtout le porc domestiques soient apparemment omnivores, tout autant que nous. Si variées que soient les substances qui servent à la nourriture, nous ne connaissons pas cependant un seul animal qui subsiste d'aliments minéraux. Les ruminants, il est vrai, aiment beaucoup le sel. Dans les pays, à marais salants, où des efflorences de sel commun ou de natron recouvrent la terre, les bœufs sauvages, les cerfs, les élans viennent lécher le sol cristallin. Dans le Kentucky, aux Etats-Unis, ils avaient racé de véritables chemins, qui conduisaient aux sources salées [1] ; il en est de même en Asie, dans la Tartarie et le Thibet. Mais ces animaux usent du sel comme condiment, et non comme nourriture. Ils ne se dispensent point par là de brouter l'herbe des champs. Les oiseaux ne digèrent point les cailloux qu'ils avalent ; ils s'en servent au contraire à cause de leur dureté, pour aider l'estomac dans la trituration.

Mais si le minéral est exclu du cercle des matières alimentaires, il existe encore, dans les deux autres règnes de la nature un vaste champ. Les différentes espèces animales, en choisissant dans ce champ leur subsistance, embrassent des portions inégales, l'une parcourant par exemple toute la série, et l'autre s'attachant à une seule espèce de plantes ou d'animaux. Il y a des insectes qui ne peuvent subsister que sur telle plante donnée. La plupart de nos fleurs d'ornement ou de nos végétaux utiles, ont chacun leur habitant particulier. L'animal y vient au monde, il s'y nourrit ; il y passe son existence, il y meurt. Plus de cent mille espèces d'insectes ont ainsi leur plante exclusive ; et plusieurs milliers d'autres vivent en parasites, chacune sur un animal donné.

Ce n'est pas seulement aux êtres vivants que d'autres êtres s'attachent. Un nombre immense d'animaux puisent leur subsistance dans les tissus qui se décomposent, ou bien dans les dépouilles des êtres morts. Les cténophores et les cétoines vivent dans les vieux arbres, sur le tissu ligneux qui cesse de végéter ; les mycétophages ou bolétaires choisissent les champignons qui pourrissent ; les sphéridies et les staphylinides s'établissent sur les végétaux en décomposition. D'autres espèces se nourrissent de graines ; le ver de farine (*Tenebrio molitor*) est l'ennemi redouté du boulanger ; la larve d'un

1. *Boone's* Adventures, dans *Imlay*, Topographical Description, of the Western territory ; troisième éd. p. 308.— *Audubon*, Ornithological Biography : vol. I, p. 31.

coléoptère *(Anobium paniceum)* dévore le biscuit du marin; pendant que d'autres espèces congénères *(Anobium pertinax* et *A. striatum)* font le désespoir du bibliophile, en subsistant des fibres végétales que nous avons transformées en papier.

De même, sur la matière animale qui se putréfie, viennent s'établir des insectes, trop nombreux pour les énumérer. La nature a réparti les déchets de tout genre entre des êtres qui sont appelés à s'en nourrir : dans la corne, les trox ; dans le cuir, les dermestes ; dans la laine, une laverne *(Laverna sarcitella)* ; dans les fourrures, une teigne *(Tinea pellionella)* ; dans les excréments même la larve d'une éristale *(Eristalis tenax)*, qui doit un jour se transformer en mouche et voler.

S'il s'agit de débris organiques chariés par les eaux, quelle multitude d'infusoires, de polypes, de mollusques, de larves aquatiques ne se nourrissent point de ces matières molles et de ces restes plus ou moins décomposés ? Dans les eaux, comme sur terre, il y a des herbivores et des carnassiers ; il y a des poissons ou des amphibies qui ne s'attachent qu'à quelques espèces de racines, et des monstres qui dévorent indistinctement tous les animaux dont ils parviennent à s'emparer.

Dans la quantité des vivres consommés relativement au volume de l'être, il existe d'aussi grandes différences que dans la variété des aliments. Le cyprin, ou poisson rouge, que nous enfermons dans un bocal, nous paraît vivre sans nourriture ; il subsiste de la petite quantité de particules organiques, tenues en suspension dans l'eau. Le papillon de l'éphémère et celui du ver-à-soie ne mangent pas, pendant leur courte existence à l'état parfait, bien qu'ils soient pourvus d'appareils pour prendre leur subsistance.

Les chenilles phytophages au contraire consomment souvent en vingt-quatre heures une quantité de feuilles qui pèse deux fois autant que leur propre corps. Les ophidiens nous étonnent par le volume des objets qu'ils dévorent, et les oiseaux par la fréquence de leurs repas. Bradley a compté que le moineau domestique *(Fringilla domestica)* consomme 480 chenilles par jour [1]. L'homme de la nature, lorsqu'il est adonné à une nourriture végétale, et qu'il possède des vivres en abondance, montre un appétit fabuleux. Cook, dans son premier voyage, s'étonnait des repas copieux des Polynésiens. Il a vu des naturels de Tahiti, qui mangeaient chacun sans désemparer deux ou trois poissons aussi grands qu'une perche, trois fruits à pain gros comme les deux poings, une quinzaine de bananes de la grande espèce, et près d'un litre de fruit à pain, pétri et façonné. Suivant le récit des premiers voyageurs, les Gouanches de Ténériffe avaient aussi un appétit prodigieux, d'autant plus remarquable que leur nourriture était animale. On prétend, probablement avec une certaine exagération, qu'il arrivait à un homme de manger dans un même repas, vingt lapins et un chevreau [2].

Mais quand les subsistances deviennent rares, le sauvage, comme l'animal, diminue peu à peu ses rations, et finit par se contenter de la plus chétive nourriture. Il y a des espèces dont l'organisation semble adaptée à certains genres de privation. Le lama et le chameau restent plusieurs semaines sans boire [3]. En Afrique, dans la région aride du Kalahari, dont les eaux sont souvent taries pendant plusieurs mois, les ruminants ont un sabot pointu, qu'ils emploient à fouir. Ils déterrent les racines succulentes et les tubercules, qui peuvent leur procurer un peu d'humidité. C'est ainsi que le bel élan d'Afrique *(Boselaphus oreas)*, le pouti *(Cephalopus mergens)*, le pourouhourou *(Tragulus rupestris)*, le koukama *(Oryx capensis)*, auxquels on peut joindre le porc-épic à crête

1. Cité dans *Réaumur*, Mémoires sur les insectes ; tom. II, p. 408.
2. *Laharpe*, Histoire générale des voyages, tom. 1, p. 148.
3. *Burckardt* dit qu'après neuf ou dix jours sans eau, le chameau arabe *(Camelus dromedarius)* souffre extrêmement, et qu'après une aussi longue privation la route des caravanes commence à être jonchée de dromadaires morts.

(Hystrix cristata), passent des mois sans boire, ne puisant du liquide que dans les végétaux [1].

Sous l'empire de la nécessité, l'animal altère son régime, et recourt, en dernière ressource, à des aliments qu'il aurait d'abord refusés. Hearne nous apprend que les brebis des Orcades, après avoir épuisé les pâturages, descendent à la côte, et suivent la mer, lorsqu'elle se retire à la marée basse, pour ramasser sur le sable les fucus rejetés par les flots. Il nous dit que les paysans de l'Islande donnent du poisson à leurs moutons et à leurs vaches, dans la longue saison de l'hiver [2].

Mais il y a loin de cette déviation forcée, à la variété d'aliments composant un régime naturel. Il y des espèces polyphages dans presque toutes les classes d'animaux. Il y en a parmi les insectes, comme la chenille de la porthésie dorée *(Porthesia chrysorhoea)*, qui se nourrit d'un grand nombre de végétaux variés [3]. Il y en a parmi les poissons. Les amphibies allient souvent la nourriture animale à la nourriture végétale; et, parmi les mammifères, les plantigrades vivent à la fois de plantes et d'animaux.

Ce qui nous intéresse le plus vivement peut-être, c'est le régime des singes. Ces animaux se rapprochent tellement de l'homme, par leurs espèces les plus élevées, qu'on est curieux d'étudier leurs mœurs, et leur régime d'alimentation. On trouve dans leur groupe supérieur, un système dentaire tout à fait analogue au nôtre, composé du même nombre de dents qui toutes, une par une, vont en se correspondant. Les canines seules diffèrent un peu de celles de l'homme, en ce qu'elles se projettent en avant, et qu'elles ont manifestement plus de puissance. Et pourtant les singes ne sont pas proprement carnassiers.

1. *Livingstone*, Missionnary travels; chap. iij.
2. *Hearne*, Journey, éd. in-8° ; p. 245.
3. *Kirby* et *Spense*, Introduction to entomology ; let. ij.

Les singes anthropomorphes pourraient plutôt être nommés frugivores. Le gorille (*Gorilla gina*), nous dit Savage, subsiste de fruits [1]. Les orangs (*Simia*) refusent la viande; dans l'état libre ils vivent de fruits pulpeux, de feuilles tendres et de fleurs [2]. Les gibbons (*Hylobates*) évitent également la chair, sans être pourtant aussi exclusifs dans leur régime végétal. En effet, ils prennent les insectes; et l'on a vu un gibbon agile (*Hylobates agilis*) saisir et dévorer avidement un lézar en vie [3]. Le troglodyte chauve (*Troglodites calvus*) de Du Chaillu, malgré sa préférence marquée pour les fruits, acceptait de la viande et du poisson bouillis [4]. Pour boire, les gibbons trempent les mains dans l'eau, et se lèchent ensuite les doigts; tandis que les orangs font une sorte de cuiller, au moyen de la lèvre inférieure. Il est remarquable que la plupart des sauvages en se régalant de la graisse liquide des cétacés, répètent exactement l'action des gibbons: ils trempent les mains dans la substance huileuse et se lèchent ensuite les doigts.

Si l'on passe aux petites espèces de singes, on trouve que la nourriture animale prend une place croissante dans le régime; et comme le sujet manque d'ailleurs de force pour attaquer de grandes espèces, ses victimes ne sont que de petits animaux. On y voit figurer des araignées, des coléoptères, des grillons, et aussi de petits mammifères, parmi lesquels la souris a peut-être le premier rang [5].

Que l'homme n'est point exclusivement carnassier, c'est ce qu'il est facile de conclure de l'examen de son organisme. On a publié en Angleterre un dessin plein *d'humour* du professeur Delabèche, qui représente son ami le docteur Buckland,

1. *Savage*, dans Boston journal of natural history; vol. V, 1847.
2. *S. Müller* et *Schlegel*, ubi supra.
3. *Bennett*, Wanderings in New South Wales; vol. II, chap. viij.
4. *Du Chaillu*, Explorations in equatorial Africa; ch. xvj.
5. *Fr. Buckland*, Curiosities of natural history; éd. de New York et Londres, vol. I, p. 402-409.

sous les traits d'un formidable ichthyosaure, tenant un crâne d'homme à la main, et disant à ses auditeurs, ichthyosaures comme lui : « Vous voyez du premier coup d'œil que ce crâne dénote un animal qui nous était bien inférieur; les dents n'ont pas de caractère tranché, les mâchoires sont sans force : et tout considéré l'on s'étonne que cette créature ait pu se procurer la nourriture qui lui était nécessaire pour subsister. »

L'homme n'est donc pas proprement carnassier de sa nature. Mais la preuve qu'on en donne en disant qu'il ne mange pas de chair crue[1] est inadmissible, ainsi qu'on va le reconnaître, en passant en revue la série de ses aliments.

Cette série est si étendue que je suis forcé d'énumérer rapidement.

Il y a des peuplades qui mangent de la terre. Les Otomaques de l'Orénoque avalent de l'argile pendant plusieurs mois, pour tromper la faim qui les presse[2]. L'habitude d'ingérer de la terre est quelquefois le résultat d'un goût industriel ; il s'agit de produire uniquement un effet mécanique, celui de distendre l'estomac sans prétendre en même temps à le nourrir. Plus souvent c'est par détresse, pour recourir aux particules organiques qui sont mêlées aux minéraux. Tel est le cas parmi les Lapons qui se nourrissent, dans les temps de disette d'une terre examinée par Retzius[3]. Il est remarquable que les mollusques qui ingèrent du sable ou les larves d'insectes qui se remplissent de limon, choisissent les portions les plus riches en matières organiques, comme le sauvage de Laponie choisit son argile, avant d'en faire un aliment.

Quant à la nourriture végétale, il est douteux si l'homme, dans un état avancé de civilisation, en consomme davantage après l'avoir préparée, ou dans son état immédiat. Presque

1. *Lardner*, Museum of science and art ; vol. VIII, p. 68.

2. *Al. de Humboldt*, Tableaux de la nature; 1re éd. tome I, p. 62, 181, 202.

3. *Retzius*, dans les Comptes-rendus de l'Académie des sciences de Paris ; 1835.

tous les fruits se mangent crus. Il en est de même de plusieurs racines : nous voyons le radis figurer sur les tables les plus recherchées. Pendant leur passage du désert, plusieurs peuplades africaines ne mangent pas autre chose que la gomme qui découle de l'acacia *(Mimosa nilotica)*[1]. Dans le nord-ouest de l'Amérique, il y a de nombreuses peuplades sauvages, composant les diverses tribus d'Indiens fouisseurs, qui, comme les Rhizophages africains de Diodore[2] ou ceux qu'Hérodote plaçait sur l'Araxe[3], ne subsistent que de racines, consommées le plus souvent dans leur crudité : je citerai entre autres la racine d'une sorte de chardon sauvage *(Circium Virginianum)*, celle du Kouyah *(Valeriana edulis)*, et celle de la pomme de terre de prairie *(Psoralea esculenta)*.

Les deux grandes liqueurs végétales, les vins et les huiles, sont usitées, dans l'état naturel, sans avoir subi de cuisson. Combien de fois des feuilles, des tiges, des fleurs, ne sont-elles pas servies crues, sur nos tables, en forme de salades? L'usage des parties vertes dans leur état immédiat, s'étend à tous les peuples. L'assaisonnement n'est qu'un déguisement tout superficiel. Pourquoi s'étonnerait-on du récit de Forskall, lorsqu'il nous raconte que l'Arabe cueille les feuilles de l'acanthe comestible *(Acanthus edulis)*, pour les manger crues[4]? Après une longue traversée et une pénible privation de nourriture fraîche, on voit souvent les équipages des navires courir en masse au rivage, et dévorer à pleines poignées les herbes vertes des champs. Lorsqu'Anson arrive à Juan Fernandez (1741), après une traversée prolongée, et avec de nombreux malades à bord, le lieutenant dépêché pour reconnaître la baie revient avec quelques phoques et de l'herbe. « L'herbe elle-même était regardée maintenant comme un

1. *Humboldt*, Essai sur la nouvelle Espagne, vol. III, p. 31.
2. *Diodore de Sicile*, Bibliotheca historica ; lib. III. Ce sont ses *ῥιζοφάγοι*, qu'il plaçait en Afrique.
3. *Hérodote*, Historia ; lib. I, cap. 202.
4. *Forskall*, dans *Nieburh*, Voyage en Arabie, Mars 1763.

régal, et fut avidement dévorée. » L'équipage du navire commandé par Vancouver offrit une observation du même genre.

Sur le littoral de l'océan, les fucus jetés à la grève ne sont pas seulement employés comme engrais : ils servent souvent d'aliment. Une de ces herbes marines (*le Fucus saccharinus*), à laquelle on attribue un goût sucré, est consommée dans un grand nombre d'îles par les plus pauvres habitants. Thunberg dit même que les Japonais la servent dans les festins comme un véritable régal [1].

Quand on s'élève vers le pôle, les vivres deviennent plus rares, et les tribus sauvages commencent à recourir à des aliments moins savoureux. Sur la côte d'Amérique qui s'approche du continent d'Asie, il y a des Indiens qui font usage de l'écorce intérieure du pin. Dans le nord de la Russie, où la terre est avare de produits, l'homme mange non-seulement le lichen des rennes (*Lichen rangiferinus*), mais il supplée à la farine en portant au moulin des écorces d'arbres, par exemple l'écorce du sapin[2].

La différence entre le régime animal et le régime végétal est expliquée d'une manière pittoresque, et selon les idées des anciens, dans un dialogue d'Hérodote. Les Ethiopiens s'informent quelle est la nourriture des Perses ; on leur répond du pain et du vin. — Nous, Éthiopiens, subsistons de lait et de viande rôtie. Mais quel est le terme ordinaire de la vie d'un Perse ? — Quatre-vingts ans. — En Ethiopie, la plupart d'entre nous vivent jusqu'à cent vingt ans, et quelques-uns dépassent cette période[3]. Les premiers peuples carnivores regardaient donc l'usage de la viande comme un soutien plus efficace et plus puissant des forces humaines. Les expériences des modernes au moyen du dynamomètre ont confirmé, il faut le dire, cette manière de voir[4].

1. *Thunberg*, Reise, 17 Avril 1776.
2. *Malte-Brun*, Précis de Géographie, éd. 1832 ; t. VI, p. 132.
3. *Hérodote*, Historia ; lib. III, cap. 22, 23.
4. *Ch. Dupin*, Discours sur l'industrie.

En fait de nourriture animale, nous pouvons commencer . nomenclature dès les ordres inférieurs. Les coquillages, ont l'homme civilisé choisit seulement cinq ou six espèces, mposent souvent presque toutes les ressources des tribus uvages du littoral. Déjà, avant les temps historiques, les abitants aborigènes du Danemarck se nourrissaient de mollsques, dont les écailles composent ces immenses monts de efus, qui ont attiré récemment l'attention[1]. Les mollusques ont souvent mangés crûs par les sauvages, comme l'huître st mangée crue par les gourmets. Dans l'intérieur des terres, homme fait usage des coquilles d'eau douce ; et les Indiens hochonies qui habitent entre l'Oregon et les Montagnes .ocheuses, ne se font point faute de recourir en hiver, non eulement aux fourmis et aux lézards, mais aux limaçons[2].

Notre répugnance pour certaines divisions du règne aniial, notamment pour les insectes, pour les sauriens et les phidiens, pour les cheiroptères, n'est pas partagée par tous es peuples, même parmi ceux qui sont civilisés. Les Romains isaient grand cas des *cossus*, nom sous lequel ils compreaient différentes larves, qui seraient, suivant Amoreux, celle u grand capricorne *(Prionus coronarius)*, et celle du cerfolant *(Lucanus cervus)*. A Java, les Malais prisent fort une arve bien grasse *(Curculio palmarum)*, qui se développe dans e marc fibreux du palmier, après qu'on a extrait le sagou. .es Chinois mangent une espèce de chenille, dont ils sont trèsriands ; ils donnent aux enfants en bas âge des larves de oléoptères[3]. Les Grecs modernes mangent la cigale de l'orne *Cicada orni)*, tant à l'état de nymphe qu'à celui d'insecte parait[4]. Quant aux peuplades sauvages, l'usage qu'elles font des nsectes est beaucoup plus étendu que nous ne l'imaginons.

1. *Lyell*, Antiquity of man ; chap. ij.
2. *Fremont*, Narrative, 7 Oct. 1843.
3. *Fortune*, A residence among the Chinese ; p. 60.
4. *Deleuze*, Histoire et description du Museum d'histoire naturelle ; chap. II, 8.

Dans le sud de l'Afrique les nègres se régalent de chenilles de trois pouces de long, qu'ils enfilent à la brochette[1]. Au Congo, les fourmis blanches ou termites font la base d'un mets excellent[2]. Les Indiens du nord de l'Amérique estiment beaucoup les larves des teignes qui éclosent dans leurs vêtements de peaux de cerf. Au rapport de Hearne, ils les prennent vivantes pour les manger crues. Les enfants les regardent comme un régal ; et les blancs qui les ont goûtées disent qu'elles ont quelque chose qui rappelle la groseille à maquereau[3]. Sparrman nomme les chenilles, les sauterelles et les serpents parmi les mets favoris des Boschimènes du cap de Bonne-Espérance. Quand les sauterelles (*Locusta migratoria*) sont abondantes, il y a des campagnards en Afrique et dans le Levant, qui les récoltent, leur arrachent les pattes et les ailes, et qui en font une sorte de salaison ou de conserve qui se vend dans les marchés[4]. Les Hottentots qui accompagnaient Le Vaillant lui ont fait goûter des sauterelles, dont cependant il n'a pas été charmé[5]. Et quand Mungo Park était à Tiesie dans la Sénégambie, il vit les habitants nègres se repaître de taupes, de rats, d'écureuils, de sauterelles et de serpents, bien que le bétail et les céréales fussent abondants[6].

Les cigales, les escarbots et les sauterelles faisaient partie de la nourriture animale que la loi de Moïse permettait au peuple juif [7]. Jean-Baptiste se nourrissait dans le désert, de grillons et de miel sauvage [8]. Les Malais vont pêcher sur la côte septentrionale de la Nouvelle Hollande, d'énormes quan-

1. *Livingstone,* Missionary travels ; chap. viij.
2. *Ibid. ;* chap. xxiij.
3. *Hearne,* Journey to the Northern Ocean ; 19 août 1771.
4. *Deleuze,* Histoire et description du Museum d'Histoire Naturelle ; chap. II, § 8.
5. *Le Vaillant,* Voyage en Afrique ; 2 janvier 1782.
6. *Mungo Park,* Travels in the interior of Africa ; 2 jann. 1796
7. Leviticus ; cap. XI, v. 2.
8. *Mathieu,* Evangelium ; cap. III, v. 4. — *Marc,* Evangelium, cap. I, v. 6.

tités de trépang *(Holothuria edulis)* qu'ils expédient sur les marchés de la Chine ; et les habitants des côtes, dans les pays les plus civilisés, mangent l'orange de mer *(Echinus esculentus)*, et des actinies.

La répugnance que nous éprouvons pour certaines classes d'animaux, a uniquement son siége dans l'opinion acquise. Dans le bassin du Great Salt Lake, les Indiens font sécher de petites larves, de la grosseur de grains d'avoine, et les conservent en provision dans des sacs de peau. Un jour que des chasseurs américains étaient entrés dans des cabanes, abandonnées par les habitants effrayés, le contenu de ces sacs fit pour les blancs la base d'un bon souper, composé, pensaient-ils, de poisson sec et concassé. Mais le lendemain au déjeuner, à la lumière du jour, les malheureux trapeurs découvrent la nature du comestible ; et aussitôt cette nourriture qu'ils avaient parfaitement digérée la veille, est rejetée par leurs estomacs indignés[1].

Quand nous voyons les Indiens qui habitaient autrefois la Pensylvanie, faire rôtir des cigales (*Cicada septemdecim*) pour les manger [2], cette action est-elle plus étrange que notre préparation de la crevette, de l'étrille, du tourteau, de la langouste, de l'écrevisse et du homard ?

Les voyageurs recourent aux reptiles dans les cas de nécessité pressante. Lorsque Gonzales Pizarro conduisit à travers les Andes, le premier corps d'Espagnols qui soit parvenu sur l'Amazône, les soldats appaisaient leur faim avec des crapauds, des serpents et d'autres reptiles [3]. Les grosses iguanes (*Iguana tuberculata*) trouvent des consommateurs, puisqu'à la Jamaïque on les prend avec une sorte de lasso, et qu'on les encaque pour l'exportation, à la manière des anchois et des harengs. Une espèce en particulier (l'*Iguana delicatissima*) est fort estimée pour la table. Labat la compare

1. *Fremont*, Narrative ; 9 sept. 1843.
2. *Sandall*, dans le Medical repository of New-York ; vol. IV, p. 61.
3. *Garcilasso*, Comentarios reales ; Part. II, lib. iij, cap. 4.

au poulet pour la blancheur et la délicatesse de la chair [1]. Antoine de Ulloa raconte (1736) que les habitants de Panama mangeaient non seulement les iguanes, mais regardaient leurs œufs comme un régal. Ce sont aussi des iguanes (des genres *Euphryne* et *Crotaphytus*) que consomment les Indiens du Far West, dans l'Amérique du Nord. Dans l'ancienne Egypte, les habitants d'Apollinopolis mangeaient le crocodile du Nil [2]. Les colons de la Guyane consomment le crapaud de Surinam (*Pipa Americana*), N'y a-t-il pas plusieurs espèces de tortues (notamment des *Trionyx*) et certaines parties de la grenouille comestible (*Rana esculenta*), que nous-mêmes sommes loin de dédaigner?

Dans beaucoup d'endroits de l'Europe, les habitants de la campagne mangent le lamprillon ou serpent d'eau (*Coluber natrix*). Les naturels de Tahiti préparent l'hydre au dos noir (*Hydrophis platura*) qui a des glandes venimeuses. Quelques colons du Texas cuisent et assaisonnent les serpents de cette contrée, et l'on assure que le même usage se retrouve, en Algérie, chez certains colons français. Pourquoi nous étonner de voir des sauvages dévorer des lézards, comme le gibbon dont je parlais tout à l'heure, quand des gamins, dans les rues de Londres, font métier d'avaler des grenouilles vivantes, pour la moindre pièce d'argent [3].

La pêche du poisson, dans les eaux intérieures et le long du littoral, suppose un état de civilisation déjà supérieur à celui dans lequel le sauvage se nourrit de mollusques. La pêche sur les hautes mers appartient à des sociétés encore plus avancées. Indépendamment de différentes espèces de poissons gadides (comme la *Lota molva*) que l'on se contente de sécher, et dont l'usage est répandu dans une partie de

1. *Labat*, Nouveau voyage aux îles de l'Amérique ; tom. III, p. 315.

2. *Wilkinson*, Manners and customs of the ancient Egyptians ; vol. III, p. 75. Comparez *Diodore de Sicile*, Bibliotheca historica ; lib. I, cap. 35.

3. *Fr. Buckland*, Curiosities of natural history ; éd. de New-York et Londres, vol. I, p. 32.

Europe occidentale, il y a plusieurs espèces de poissons que ous mangeons sans cuire. Tels sont par exemple les sardines 'lupea Sardina) conservées dans l'huile, les anchois (*Engraus encrasicholus*) salés, le thon (*Thynnus vulgaris*) mariné, et les arengs (*Clupea harengus*), qui sont devenus l'objet d'un comerce immense, depuis que notre compatriote Gilles Beukels ut l'idée de les dépouiller sur le champ de leurs entrailles, de les saler à mesure qu'on les retire du filet[1].

L'usage des cétacés n'a pas toujours été borné aux nations auvages. Du douzième au quinzième siècle, la chair de la baeine (*Balœna mysticetus*) était consommée dans toute l'Euope occidentale, depuis l'Islande jusqu'en Espagne. On a rouvé des documents qui prouvent que cette chair, et notamnent la langue, se vendait aux marchés de Bayonne, de Ciboure t de Biarritz : et Charles Etienne nous a conservé le fait qu'au uinzième siècle, la viande et le gras de baleine, faisaient la rincipale nourriture des pauvres, dans certains districts de a France, pendant les longues rigueurs du carême[2]. Les Malais font usage de la chair du dugong (*Halicore dugong*), endant que les nègres du Congo et les indigènes du Brésil nangent celle des lamantins (*Manatus senegalensis*, *M. ausralis*) qui viennent sur leurs côtes.

La prévention des Européens contre la viande de cheval commence à se dissiper. En Danemarck et dans d'autres pays, on la porte aux marchés. Le « préjugé », dit Gervais, diminue chaque jour[3]. Aux Indes Orientales, les habitants ne font aucune difficulté de manger d'une chauve-souris (le *Pleteropus edulis*), dont la chair est tendre et savoureuse[4]. Les habitants des pampas de l'Amérique méridionale se régalent

1. *Belpaire*, dans les Nouveaux Mémoires de l'Acad. de Belgique ; tom. X.

2. *S. B. Noël*, Mém. sur l'antiquité de la pêche de la baleine par les nations européennes. — *Thunberg* dit que la chair de baleine est d'un usage universel au Japon, parmi les pauvres.

3. *Gervais*, Histoire naturelle des mammifères ; art. cheval.

4. *Ward*, history of the Indoos ; part. I, ch. iij, sect. 3.

d'un des tatous de cette région, le poyou (*Euphractus sexcinctus*), qui s'engraisse sur les cadavres du bétail libre. On voit figurer le porc-épic (*Hystrix cristata*) aux marchés de Rome. Les petits mammifères sont très-souvent consommés par les campagnards. Les répugnances de certains peuples paraissent tenir du caprice, beaucoup plus qu'elles ne sont fondées sur la nature ou la qualité de l'animal. Ainsi les Abyssins ne touchent pas aux oiseaux aquatiques, ni même en général aux oiseaux sauvages [1]. Les anciens Bretons ne mangeaient pas le lièvre [2] et cette même exclusion se retrouve chez les Lapons d'aujourd'hui. Il ne paraît pas non plus que ce rongeur ait été consommé par les habitants des lacs suisses, dans la période anté-historique de l'âge de pierre [3]. On remarque que la loi mosaïque [4], suivie en cela par le Koran, interdisait l'usage du lièvre et du lapin. On trouve même que parmi les Hottentots l'usage de cette chair était défendu aux hommes, bien qu'il fût permis aux femmes [5]; et que les Groenlandais, quand ils manquent de vivres, tuent le renard avant de recourir au lièvre [6]. Toutefois, dans l'antiquité, l'exclusion n'était pas générale, puisque Horace parle du lièvre comme d'un mets choisi, et que Martial nomme sa chair la plus fine de celle des quadrupèdes. Au Mexique tout entier, les habitants indo-espagnols ne font pas usage du lièvre (*Lepus callotis*) ni du lapin (*L. artemisia*), qui abondent dans leurs campagnes; aussi ce gibier est-il à vil prix sur les marchés de Matamoros et de Monterey, où il ne trouve pour acheteurs que les étrangers. En revanche, le chien était consommé par les nègres de l'occident de l'Afrique, par les Péruviens et les Aztèques, par presque tous les Polynésiens qui l'engraissaient

1. *Bruce*, Travels into Abyssinia.
2. *César*, De bello gallico; lib. V, cap. 12.
3. *Lyell*, Antiquity of man; chap. ij.
4. Deuteronomium, ch. XIV, v. 7.
5. *Kolben*, History of the cape of Good Hope; vol. I, p. 205.
6. *Crantz*, History of Greenland; p. 73.

avec des fruits. Il se vend sur les marchés de la Chine, à l'égal de la viande de mouton. Notre dégoût pour le rat et la souris, estimés au contraire par le Chinois, peut-il être attribué uniquement à l'alimentation de ces rongeurs, quand nous proclamons le porc la plus savoureuse des viandes ? On a vu du reste tout récemment, dans une ville qui s'intitule la capitale de la civilisation, avec quelle facilité tombent ces préventions.

Même l'usage du sel n'est pas aussi universel qu'on le suppose. Le sauvage préfère d'autres condiments. Les Lapons ont une antipathie pour le sel [1]. Les Indiens de l'Amérique en consomment, par tête, douze fois moins que les Européens [2], et le remplacent par les chilés (*Capsicum baccatum*, *C. annuum*, *C. frutescens*) et le piment (*Eugenia pimenta*).

Au sujet des produits animaux, on trouve également des prédilections et des préventions locales qui ne se rattachent pas directement au sens du goût. Les œufs d'oiseaux, de poissons et de reptiles, échappent seuls peut-être à ces exclusions fantasques [3]. Le gourmet d'Europe prise le caviar qui est le frai de divers poissons sturioniens (*Acipenser sturio*, *A. huso*, *A. ruthenus*, *A. helops*), principalement indigènes de la Russie. A Java, aux Moluques, à la Chine, on vend sur les marchés des crustacés xiphurides (tels que le *Limulus tetradactylus*), dont les habitants mangent les œufs avec délices. En juillet et août, le bouclier céphalo-thoracique des femelles est presque entièrement rempli de ces œufs, que les Européens eux-mêmes sont loin de dédaigner [4].

On sert sur la table des rois les fameux nids d'une hiron-

1. Voyage en Norwège par un employé de la Compagnie de Copenhague; 21 mai 1653.

2. *Al. de Humboldt*, Essai sur la nouvelle Espagne; tom. IV. p. 137.

3. A côté de nombreuses peuplades qui font usage des œufs de reptiles, je trouve cependant un exemple de sauvages qui consommaient la poule sans toucher jamais à ses œufs. C'était aux îles Lamurek, l'un des groupes du grand archipel des îles Carolines (*Laharpe*, Abrégé de l'hist. des voyages; tom. III, p. 470).

4. *Haughton*, The three Kingdoms of nature; p. 337.

delle (*Hirundo esculenta*), cimentés par la salive albumineus de l'oiseau. Les secrétions de certaines chenilles trouvent de amateurs. Les misérables sauvages de la Nouvelle Holland grattent les feuilles de l'eucalyptus, pour se régaler du mastic dont un petit homoptère (un *Psylla*) les a chargées, pendan que les nègres de l'Afrique méridionale savourent la secrétion d'un autre insecte congénère [1].

Mais c'est dans l'usage du lait, du fromage et du sang, qu'on rencontre les anomalies les plus singulières. Pline remarque déjà que, parmi les barbares, l'usage du lait frais exclut souvent celui du fromage [2]. Les auteurs chinois nous ont conservé la complainte composée par une princesse, fille d'un de leurs empereurs, que la politique avait assignée en mariage au roi des Ousuns. La noble poète, exilée sous les tentes de peau d'un prince tartare, dépeint les mœurs barbares de son seigneur. Rien n'égale le dégoût avec lequel elle s'écrie :

« Sa nourriture est de la viande,
« Et sa boisson, du lait aigri.[3] »

Les Chinois, en effet, n'emploient que le lait frais, dont ils font une grande consommation ; leur pays est apparemment le seul où l'on vende le lait de femme dans les rues[4]. Au rapport de lord Macartney, les habitants de la Cochinchine au contraire ne traient pas même leurs vaches[5]. Les Japonais, bien qu'ils employassent le bœuf à l'agriculture, ne faisaient pas usage du lait[6]. Les indigènes de l'Amérique, qui se servaient du lama comme bête de somme et comme bête de trait, n'en buvaient pas le lait[7], et n'avaient jamais songé à traire

1. *Livingstone*, Missionary travels ; chap. viij.
2. *Pline*, Historia naturalis, lib. XI, cap. 96. — *Ovide* (Fasti, lib. v), reporte l'origine de l'usage du lait à un temps immémorial.
3. *Prichart*, Natural history of mankind ; 3e éd. vol. III.
4. *Williams*, The middle Kingdom; 3e éd., vol. II. p. 46.
5. *Macartney*, Voyage; Ed. française, vol. II, p. 158 ; vol. IV, p. 59.
6. *Laharpe*, Histoire des voyages ; tome VIII, p. 544.
7. *Al. de Humboldt*, Essai sur la Nouvelle Espagne ; éd. in-8°, tome III, p. 225.

les deux espèces de bœufs *(Bos moschatus* et *Bison americanus)*, qui appartenaient à leur continent[1].

Il existe de si grands rapports entre le sang et le lait, et tous deux sont si bien doués d'un même degré de chaleur animale, qu'après les faits qu'on vient de citer, on ne voit plus rien d'extraordinaire dans la coutume des Massagètes, buvant un mélange de ces deux liquides animaux[2].

Les Scythes buvaient le sang du premier ennemi qu'ils mettaient à mort à la guerre[3]. Les anciens Egyptiens se servaient du sang dans la cuisson[4]. Nos charcutiers s'en servent dans la confection des boudins.

La plus grave objection à l'usage de ce fluide, c'est la cruauté. Mais est-il plus cruel de saigner un bœuf pour l'aliment liquide, que de l'abattre pour la viande de boucherie ? On comprend les peuples qui refusent de manger les animaux ; mais lorsqu'on se résout à les tuer, il n'y a pas de raison pour ne pas consommer la chair à l'état liquide aussi bien qu'à l'état solide, ou sous les deux espèces à la fois[5].

De la boucherie des grands animaux, et de ceux qui vivent autour de la cabane, tels que le porc, le cheval, le chien, ce fidèle compagnon, jusqu'au cannibalisme même, il n'y a pour le sauvage qu'un dernier pas. Après avoir tué le chien pour le manger, on a tué le singe. Livrer les grands quadrumanes à nos appétits n'était-ce pas préparer l'anthropophagie ? Combien les rapports sont étroits ! Galien n'a-t-il pas décrit le

1. *Al. de Humboldt*, Essai sur la Nouvelle Espagne ; tome I, p. 375.

2. *Sénèque*, Œdipus ; v. 470.

3. *Hérodote*, Historia ; lib. IV, cap. 64.

4. *Wilkinson*, Manners and customs of the ancient Egyptians ; vol. III, p. 305.

5. Les chiens boivent le sang avidement. Il faut remarquer cependant, à l'appui de la répugnance, sinon universelle au moins très-répandue, de l'homme pour le sang, que ce fluide est dépourvu de propriétés nutritives. La fibrine ne paraît propre à soutenir la vie animale, qu'après sa conversion en muscle *(Magendie*, Statique chimique des animaux; Comptes-rendus de l'Académie des sciences de Paris, 1850).

corps humain d'après le corps du singe? Et quand on voit les Indiens de l'Amazône se nourrir de grands sapajous, ne pense-t-on pas involontairement aux nations anthropophages? « Les Fiscoles, dit le lieutenant Herndon, faisant cuire leurs gros singes sur un grand feu, au bord du rivage, ressemblent plutôt à des démons occupés à faire rôtir des êtres humains, qu'à des serviteurs de l'église. » L'homme que le cannibale fait servir à sa nourriture, est l'ennemi qui lui faisait la guerre, ou l'esclave qu'il engraissait parmi ses troupeaux. L'un, il a dû le mettre à mort pour sauvegarder sa propre vie, l'autre a été l'objet de ses peines et de ses soins, comme le reste de son bétail.

Malgré la honte que nous devons en ressentir, le cannibalisme a été autrefois très-répandu parmi l'espèce humaine, et il est bien loin d'avoir entièrement disparu. Que le sauvage imite en cela un très-grand nombre d'espèces carnassières, on ne peut malheureusement le contester. Car le proverbe « les loups ne se mangent point » n'est nullement général dans ses applications. Il existe, il est vrai, des degrés dans le cannibalisme des animaux. On ne peut guère voir autre chose qu'un parasite dans cet être singulier (*Uropoda vegetans*), qui plonge son pédicelle dans le corps de son voisin, pendant que celui-ci plonge le sien dans un troisième individu et ainsi de suite, comme une chaîne, jusqu'au dernier de la ligne, qui pompe la nourriture pour tous du corps d'un escarbot[1]. Mais il y a cent exemples de cannibalisme prononcé.

Chez les insectes, il n'est pas rare de rencontrer des espèces cannibales. Les chenilles processionnaires (*Cnethocampa processionnea*), qui vivent en commun, finissent d'ordinaire par s'entre-dévorer. Les plus fortes et les plus actives font leur proie de celles qui sont engourdies, pour s'être gorgées trop longtemps[2]. Les larves de l'escarbot aquatique

1. *De Geer*, Mémoires des insectes ; tome VII, p. 123-126.
2. *D'Orbigny*, Dictionnaire universel des Sciences naturelles. On peut y joindre

(*Dytiscus marginalis*) se nourrissent aussi de leurs semblables, quand les petits insectes viennent à manquer[1]. Les mantes, les scorpions se mangent entre eux[2]. Yarrell a trouvé dans l'estomac d'un congre (*Conger vulgaris*) de onze kilogrammes, un jeune congre de près d'un mètre de long. Johnston raconte qu'il ouvrit un jour un brochet (*Esox lucius*) qui contenait un plus petit brochet dans son corps. Les batraciens, à l'état de têtards, se dévorent les uns les autres[3]. Dans nos ménageries il y a beaucoup d'animaux que l'on ne peut pas laisser dans la même cage, avec d'autres individus leurs pareils. Le 21 mars 1841, un python (*Python reticulatus*) de trois mètres, que l'on conservait au Jardin zoologique de Londres, en avala un autre de deux mètres et demi. Lorsque Sieboldt rapportait en Europe deux spécimens de l'immense lézard d'eau douce du Japon (*Cryptobranchus japonicus*), le mâle, dans un accès d'humeur, dévora la femelle pendant la traversée. Ce lézard, ou plus exactement cette salamandre, avait près d'un mètre de long.

La voracité du rat brun (*Mus decumanus*) est bien connue ; on sait que cet animal n'épargne pas même l'espèce à laquelle il appartient. Que dire enfin des fourmis à miel (*Myrmecocystus mexicanus*) du Mexique? Une partie des individus (ce qu'on pourrait appeler une caste) secrètent du miel dans la cavité abdominale ; et pendant l'hiver, à mesure que le besoin de vivres se fait sentir, les autres membres de la société tuent ces individus à miel pour s'en nourrir[4] !

Mais si l'homme a trouvé dans les animaux l'exemple du cannibalisme, il ne s'est pas fait faute de l'imiter. Il serait

les chenilles *Thyatira derasa*, *Chariclea delphinii* et beaucoup d'autres, qui sont phytophages dans l'état normal, mais qui se mangent entre elles quand leurs plantes alimentaires deviennent rares.

1. *Lardner*, Museum of science and art ; vol. VI, p. 82.
2. *Kirby* et *Spence*, Introduction to entomology ; lit. ix.
3. *Fr. Buckland*, Curiosities of natural history ; vol. I, p. 25.
4. The American naturalist ; vol. I, 1867, p. 465.

trop long de dresser la liste des nations anthropophages; qu'il nous suffise de dire qu'il y en avait dans toutes les époques de l'histoire, et dans toutes les races d'habitants. L'Inde, la Chine, la Polynésie, l'Europe même en conservaient la tradition. Parmi les sauvages de l'Amérique, la coutume de manger les prisonniers de guerre n'a peut-être pas disparu partout. « Les Ipaios, disait Walter Raleigh, ne sont pas très-nombreux, mais ils montrent pour leurs ennemis une cruauté inouïe : ils les lient pêle-mêle et les mangent vivants.... Comme ces Indiens dévorent les hommes qu'ils tuent, ils ne se servent pas de poison [1] ».

Lorsque Cook était à Noutka-Sound, les naturels présentaient en vente des crânes humains, et des mains d'hommes encore couvertes de leurs chairs et qui portaient les traces du feu [2]. En suivant les côtes de la Nouvelle Grenade, Pizarre rencontra des sauvages, qui préparaient dans la même chaudière, de la viande d'homme et d'animaux. Les marmites à faire cuire étaient sur le feu, dit Herrera, et parmi la viande que les Indiens en retiraient, il y avait des pieds et des mains d'hommes [3] ». Mandeville prétend que les Mongols regardaient les oreilles des prisonniers, marinées au vinaigre, comme un mets des plus délicats [4]. Marco Polo cite deux peuples, l'un dans le Sud-Est de la Chine, l'autre au Japon, qui ne se contentaient pas de manger la chair de leurs captifs, mais qui se régalaient de leur sang [5]. L'Océanie, la Polynésie étaient pleines de cannibales. A la Nouvelle Zélande Cook a vu, dans deux voyages différents, manger les chairs des prisonniers. La première fois, c'était une partie de la tête d'un jeune sauvage, qui avait été tué dans une escarmouche entre deux tribus [6]. La seconde fois, il a vu les indi-

1. *Raleigh*, Second voyage to Guiana, 1596.
2. *Cook*, III D. voyage; 30 mars 1778.
3. *Herrera*, Historia général de las Indias; Déc. lib. viij, cap. II.
4. *J. Maundeville*, Voiage and travaile; ch. xxiij.
5. *Marco Polo*, Viaggi; lib. II, cap. 75 et lib. III, cap. 13 et 14.
6. *Cook*, IInd voyage; 23 nov. 1773.

ènes couper par morceaux des prisonniers de guerre, avant u'ils fussent tout à fait morts, et dévorer leurs membres vec plaisir [1]. Le même navigateur dit que les habitants des Nouvelles Hébrides étaient cannibales [2], et que ceux des îles Sandwich mangeaient les ennemis tués dans le combat [3].

On voudrait douter de la fidélité des voyageurs, lorsqu'on it la description des marchés de chair humaine en Afrique. Les Anziques avaient des boutiques de bouchers, où les épaules, les cuisses et les côtelettes d'homme étaient étalées, découpées, mises sur les balances et vendues au poids [4]. L'idée d'anthropophagie est si intimement liée à celle d'esclavage, parmi ces peuples africains, que les Fans du Gaboun disaient à Du Chaillu : pourquoi vos compatriotes viendraient-ils nous acheter des esclaves, si ce n'était pour les manger ? L'usage de débiter au marché la chair humaine, subsiste dans cette partie de l'Afrique, tel que Pigafetta l'a décrit. Sur la route, dit le voyageur américain que j'ai cité, « nous passâmes bientôt une femme qui levait tous les doutes. Elle portait un morceau de viande, provenant de la cuisse d'un corps humain, justement comme si nous allions au marché, et que nous en rapportions un rôti ou un beefsteack [5]. »

Il y a quelque chose d'horrible dans la pensée de trouver des membres d'homme, de femme, d'enfant, suspendus aux crocs des bouchers. Si la différence est immense entre ces marchés de viande humaine, et nos étaux chargés de viande de bœuf, de porc ou de mouton, avons-nous sujet cependant, en parcourant nos abattoirs et nos boucheries, d'être bien fiers de la délicatesse de nos goûts et de la noblesse de nos actions ? L'animal que nous sacrifions à nos appétits tient à

1. *Cook*, III[d] voyage ; 24 fév. 1777.
2. *Ibid.* IInd » 9 août 1774.
3. *Ibid.* III[d] » 22 janvier 1778.
4. *Pigafetta*. Vera descriptio regni africani quod Congus appellatur ; lib. I, cap. 5.
5. *Du Chaillu*, Explorations in equatorial africa ; chap. VII.

la vie; il a ses affections, il sent, il souffre ; et l'immoler est au moins une preuve d'une certaine dureté dans nos mœurs. Cette vérité a fait l'objet des réflexions dans tous les temps ; elle a été proclamée par les Pythagoriciens, par les Bouddhistes ; on la trouve énergiquement exprimée dans le morceau célèbre de Plutarque [1] si admirablement imité par Rousseau [2].

Ce n'est pas à dire que les peuples habitués de longue main à une alimentation animale, puissent ou doivent opérer sur le champ toute une révolution dans leur régime. Mais comme l'organisation de l'homme n'est pas exclusivement celle d'un carnassier, et que nos mœurs s'adoucissent, que nos sentiments s'épurent à mesure des progrès de la civilisation, nous pouvons aisément prévoir qu'un jour l'usage de la viande sera considéré, par les nations les plus policées, comme un legs de l'état barbare. Cette viande, j'en conviens, nous la faisons cuire, à l'exception toutefois des pièces de bœuf et de porc que l'on trouve suffisant d'enfumer [3]. Mais la cuisson y apporte-t-elle un changement vraiment essentiel ? L'importance de la transformation n'est-elle pas dans l'habitude et par conséquent dans le préjugé bien plus que dans l'opération ? Les Patagons rencontrés par Wallis au delà de Port Famine, venaient à lui en mangeant de la chair de phoque à l'état cru [4]. Cook rapporte que les naturels des îles Aléoutes dévorent le poisson tel qu'il sort de l'eau. Près d'Axum, Bruce a vu des Abyssiniens non-seulement manger de la viande crue, mais couper une tranche de chair d'une vache vivante, et la

1. *Plutarque*, De usu animalium.

2. *J. J. Rousseau*, Emile; liv. II.

3. Le bœuf fumé connu sous le nom de *bœuf de Hambourg*, et le jambon de porc dit *au naturel*, sont servis sans avoir passé au feu. Les saucisses qui ont répandu la trichinose d'une manière si funeste parmi les populations de l'Allemagne, sont faites de chair crue.

4. *Wallis*, Account of voyages, 28 déc. 1766. — *Bougainville*, Voyage de *la Boudeuse* dit aussi (8 déc. 1767) que les Patagons mangent leurs aliments crus.

dévorer fumante, pendant que leurs compagnons recousaient la blessure, remettaient l'animal sur pied, et le forçaient à les suivre plus loin[1]. Les nègres d'Ethiopie consomment la viande de chameau sans la cuire, et au Sennaar, les habitants ne soumettent jamais à la cuisson le foie de cet animal [2]. Dans l'antiquité, les Étoliens vivaient de chair crue[3].

Les Indiens du nord de l'Amérique ne consentiraient pas à soumettre le cerf à l'action du feu : la cuisson, disent-ils, ôte à la chair la plus grande partie de son arôme. Et si l'on récuse un pareil témoignage en matière de goût, je répondrai que l'opinion des sauvages est confirmée, dans cette circonstance, par des officiers anglais. « M. Dunn et moi, dit l'un des compagnons de Parry, nous avons déjeuné, par forme d'essai, d'une tranche de l'échine (d'un cerf cru). Nous l'avons trouvée si bonne, qu'au dîner nous la préférâmes à notre part de viande salée, que nous avions gardée du soir précédent. La gorge était délicieuse, et je suis persuadé que, si ce n'était par suite du préjugé, la venaison crue serait considérée comme un régal [4]. » Qu'il me soit permis d'ajouter le témoignage d'un autre Européen. Les Mongols, qui font un grand cas de la queue du cerf (*Cervus pygargus*), mangent cru ce mets délicat. Ils la coupent à cet effet en tranches minces. « J'en ai goûté un morceau, dit John Bell qui accompagnait l'ambassade envoyée à Pékin par le Czar Pierre, et je l'ai trouvé très-bon. Le goût rappelait principalement celui du caviar frais. [5] »

La préparation n'a donc pas, sur la substance même, l'influence que nous lui attribuons. Cette remarque n'est pas destinée d'ailleurs à rabaisser l'art du cuisinier. Celui-ci opère tour à tour avec ou sans l'aide du feu. Sa mission, telle que

1. *Bruce*, Travels, into Abyssinia, 20 janv. 1770.
2. *Ibid.* Mai 1772.
3. *Thucydide*, De bello Peloponnesiaco ; lib. III.
4. *G. F. Lyon*, Private journal, p. 242, joint au Narrative de *Parry*.
5. *John Bell*, Journey from St.-Petersbourg to Pekin, 6 juillet 1720.

la concevait le personnage de Plaute [1], doit tendre surtout à maintenir l'homme dans la plénitude de ses forces et de sa santé. Or cette mission peut être remplie en recourant à des aliments de diverse nature.

En résumé, il n'est pas vrai que l'homme, même dans un état de civilisation avancée, soumette toute sa nourriture animale à la cuisson : nous l'avons montré suffisamment. Il n'est pas vrai qu'il ne consomme que des animaux herbivores, puisqu'il mange les cétacés, les poissons voraces, les ours et dans quelques contrées les chiens. Au rapport de Shaw, les Arabes se font un régal de manger la chair du lion. Il n'est pas vrai non plus, qu'il choisisse uniquement, pour en faire sa nourriture, des animaux qui ont des habitudes de propreté : les porcs des nations européennes suffisent pour réfuter cette assertion. Nos appétits et nos préventions ne sont donc pas guidés par des règles générales, par des principes d'un ordre exclusivement rationnel. Ils dépendent avant tout de nos habitudes, et par conséquent des conditions actuelles au milieu desquelles nous vivons. Les distinctions ne s'opèrent et les goûts ne s'ennoblissent qu'insensiblement. On a vu, sans que j'insiste davantage, tout ce qui nous demeure aujourd'hui d'un état social plus grossier.

—

CHAPITRE IV.

SENS DE L'ODORAT.

Après le sens du goût, les rapports naturels des phénomènes nous conduisent à considérer celui de l'odorat. Les sensations de goût et d'odeur sont déterminées, les unes et les autres, par des effets de contact, qui participent d'un caractère commun. Si le toucher est un sens mécanique, si la vue

1. *Plaute*, Pseudolus, v. 818.

et l'ouïe sont proprement physiques, c'est une espèce d'action chimique qui s'exerce dans le goût et dans l'odorat. Les rapports que ces deux sens ont entre eux sont tellement intimes, qu'on a quelquefois mis en doute s'ils constituaient des mediums différents.

Il est aisé dans certaines circonstances, de confondre leurs sensations. Lardner qui a traité de ces phénomènes, rapporte plusieurs expériences qui montrent jusqu'où s'étend la relation. Il remarque d'abord que certaines odeurs produisent l'effet d'un émétique [1]. Il rappelle ensuite qu'en mettant dans la bouche certains aromates, qui sont réellement insipides, nous leur attribuons saveur et odeur, bien que nous percevions seulement cette dernière. L'expérience se fait, par exemple, avec de la canelle pilée. Si l'on introduit cette poudre dans la bouche, en même temps que l'on pince le nez, le goût est extrêmement faible, et diffère à peine de celui de la sciure du sapin. Mais aussitôt que les narines sont rouvertes, la saveur pénétrante reparaît avec la perception de l'odeur [2].

Nous ne voyons pas toutefois que le phénomène inverse se produise, c'est-à-dire qu'un objet acquière de l'odeur, lorsque nous le portons au palais. L'odorat est donc le plus étendu des deux sens chimiques, puisqu'il communique ses impressions au goût sans en recevoir de lui. Que la liaison entre ces deux sens existe aussi chez les animaux, nous l'inférons seulement par analogie. Mais que leur subordination subsiste, c'est ce que nous pouvons montrer.

En effet, l'animal, en examinant sa nourriture, emploie l'odorat non-seulement avant d'essayer du goût, mais avant d'exercer le toucher. Les carnassiers qui se nourrissent de chair morte, flairent la viande avant d'y poser les griffes pour la dépecer. Le cheval clairvoyant fourre ses naseaux dans la botte de foin, de la même manière que le cheval aveugle.

1. *Lardner*, Museum of science and art ; vol. II, p. 77.
2. *Ibid.* Popular lectures, New-York 1846 ; vol. II, p. 95.

C'est par conséquent pour juger de la qualité particulière des herbes ; car s'il s'agissait seulement de trouver où la botte repose, il se servirait de ses yeux.

Dans l'hiver de 1861 à 1862, ayant laissé une meule de foin à la disposition de mes chevaux, je reconnus bientôt qu'au lieu de la démolir assise par assise, ils faisaient dans les flancs de la masse des trouées profondes, évidemment pour saisir les herbes ou les gerbes qui leur convenaient le mieux. Plusieurs de ces trouées avaient six ou sept décimètres de profondeur ; l'animal y mettait toute la tête, et poursuivait à l'aide du flair l'espèce d'herbe qu'il préférait.

L'odorat ayant un rapport si intime avec le goût, on peut s'attendre à trouver ordinairement ces deux sens associés l'un avec l'autre, dans la série des organismes. Ce n'est pas à dire cependant que l'odorat soit universel, bien qu'il appartienne à des ordres nombreux d'animaux. Nous voyons déjà des polypes fixés, qui prouvent, par la direction de leurs mouvements, qu'ils sont prévenus de l'approche d'une proie odorante. L'odorat s'exerce d'ailleurs dans l'eau comme dans l'air. Un grand chasseur de homards *(Astacus marinus)*, M. Roberts, a affirmé à Francis Buckland que ce crustacé sent, à 90 mètres, un appât composé de chair en putréfaction [1].

S'il s'agit d'animaux terrestres, le rayon dans lequel l'odorat s'exerce est souvent beaucoup plus étendu. Les insectes qui butinent sur les fleurs, en perçoivent le parfum à des distances vraiment étonnantes. Les abeilles, les papillons, les mouches, sont conduits dans leurs excursions par la finesse exquise de l'odorat. Un groupe de fleurs qui viennent d'éclore attire l'abeille domestique *(Apes mellifica)* loin de sa ruche, dans un lieu qu'elle ne visitait pas auparavant. Cet insecte se lance ainsi dans des voyages qui sont pour lui des entreprises de découvertes et de véritables expéditions. Il s'aventure,

1. *Fr. Buckland*, Curiosities of natural history, éd. de New-York et Londres ; vol. 1, p. 24.

nous dit Huber, à des distances de deux kilomètres, faisant voile vers la fleur d'où le parfum s'exhale, avec la même assurance, la même fixité, que le marin qui se guide sur le phare pour entrer dans le port.

Il est peu de personnes qui n'aient observé avec quelle promptitude les scarabées (*Scarabæus*, *Geotrupes*, *Ateuchus*, etc.), se précipitent sur les fèces fraîchement déposés. Quelques instants plus tôt on eût battu vainement tous les environs, pour découvrir un seul de ces animaux. A peine un quadrupède a-t-il laissé tomber ses excréments, que ces coléoptères arrivent de tous côtés à tire d'aîle, volant avec une destination précise, qui prouve la netteté de la sensation d'odorat.

Les animaux prennent l'odeur pour guide dans trois circonstances distinctes : la recherche de la nourriture, la fuite de l'ennemi, et le rapprochement sexuel. Il n'est peut-être pas sans intérêt d'examiner, jusqu'à quel point l'homme, lorsqu'il vit à l'état sauvage, retient encore de la brute, dans ces trois applications de l'odorat.

A. RECHERCHE DE LA NOURRITURE.

La portée de ce sens, ou la distance jusqu'à laquelle il peut s'exercer, n'est pas considérable dans l'espèce humaine. Aussi le sauvage ne cherche-t-il ni ses fruits ni son gibier à l'aide de l'odorat, mais par le secours de la vue et de l'ouïe. Il ressemble à cet égard aux principaux oiseaux carnassiers, plutôt qu'aux quadrupèdes carnivores. Le condor (*Sarcoramphus gryphus*) qui vole à des hauteurs immenses, où l'odeur des charognes ne peut pas monter, s'en repose uniquement, dans sa chasse, sur son regard perçant. L'odorat est tellement obtus chez ce géant des vautours, qu'il est pour ainsi dire sans usage. Darwin raconte qu'on jette dans sa cage une tranche de viande enveloppée de papier, sans que sa voracité soit éveillée. Mais si le plus petit coin de l'enveloppe est déchiré, l'oiseau reconnaît le contenu à l'instant même et se précipite pour le dévorer. « Dans de pareilles circonstances, ajoute le grand naturaliste, un chien ne se laisserait pas tromper [1]. »

La finesse de l'odorat n'est donc pas un caractère général chez les animaux vertébrés, même parmi ceux qui sont carnassiers. C'est un fait remarquable que la portée de la vue et celle de l'odorat sont pour ainsi dire complémentaires : l'une augmente quand l'autre diminue, et réciproquement, comme si ces deux sens devaient suppléer l'un à l'autre. Cette remarque subsiste non-seulement quand on compare les espèces entre elles, dans le sein d'un même ordre, mais aussi quand on considère les diverses races de chiens domestiques et jusqu'à un certain point, dans l'espèce humaine, quand on met en parallèle les individus.

Mais si l'odorat du sauvage est insuffisant pour la découverte du gibier, il n'est pas cependant tellement obtus que certains hommes ne puissent percevoir l'odeur d'une piste. Ils seraient incapables toutefois de suivre les traces du passant, avec cette sûreté, cette continuité, cette vitesse, qui nous étonnent dans nos chiens. L'odeur dont la piste proprement dite est imprégnée, lui est communiquée par le contact des pieds : un saut d'une certaine longueur, ou le passage d'un fossé rempli d'eau, suffisent pour briser la chaîne. Les chasseurs savent parfaitement que la persistance de l'odeur dépend de la qualité du sol sur lequel le gibier a marché. Une terre sèche et légère, mise en labour, ne retient pas aussi bien l'effluve qu'un limon gras couvert de prairies. La nature même du sous-sol, en réagissant sur les qualités de la superficie, n'est pas sans influence sur la conservation de l'émanation [2].

La durée pendant laquelle l'odeur persiste varie considérablement. J'ai vu une chienne que je possédais retrouver ma

1. *Ch. Darwin*, Narrative of the voyage of the Adventure and the Beagle. — La première démonstration de la faiblesse ou de l'absence de l'odorat chez les vulturidés, est due au Dr *James Johnson*, Medico-chirurgical Review ; 1829.

2. Nimrod's Hunting tour ; art. Oxfordshire.

trace après vingt-une minutes ; tandis que dans une autre circonstance, huit minutes s'étaient à peine écoulées qu'elle la cherchait vainement à l'endroit même où j'avais marché. Mais les limiers ont une faculté bien plus développée. Ils retrouvent la trace d'un homme, après plusieurs heures, dans les terrains les plus nus. On en a vu, dans les états à esclaves de l'Amérique, qui prenaient le matin une piste de la veille. Ceci arrivait non-seulement quand il s'agissait de suivre des nègres, mais aussi lorsqu'on poursuivait les blancs des Etats Confédérés qui fuyaient la conscription.

Il n'est pas impossible que l'odeur qui reste dans l'air ne soit quelquefois plus sensible, pour l'odorat de l'homme, que celle qui est communiquée au sol par les pieds. Humboldt s'appuyant sur un témoignage qui lui paraissait digne de foi, rapporte que certains Caraïbes savaient distinguer si le dernier passant, dans une rue, avait été un noir ou un blanc[1].

Ce fait n'a, en effet, rien d'impossible, et j'ajouterai qu'il n'a pour moi rien d'extraordinaire. J'ai été témoin cent fois parmi les Indiens et parmi les nègres de l'Amérique, de l'usage que ces races font de l'odorat. Un peu d'application leur permet de tirer de ce sens, à de petites distances, des notions précises. Ainsi les noirs, en particulier, reconnaissent dans l'obscurité les différentes personnes de leur connaissance, par la différence de l'odeur. J'ai répété l'expérience maintes fois, dans des conditions qui ne me laissent aucun doute sur la réalité de ce fait. J'ai reconnu moi-même, après quelque exercice, que je commençais à percevoir la sensation. Pour les individus exercés, l'exhalaison est bien sensible à deux ou trois mètres.

1. *Al. de Humboldt*, Essai sur l'île de Cuba.

B. RECONNAISSANCE DE L'ENNEMI.

Le sauvage, dont l'odorat est développé dans la vie à l'air libre, applique surtout ce sens à découvrir la présence de l'ennemi. Ce soin rappelle celui que les carnassiers mettent à fuir l'odeur de l'homme. Leroy qui avait observé le loup (*Canis lupus*) soigneusement, était resté frappé de l'impression que le voisinage d'un individu de notre espèce produit sur cet animal, par l'intermédiaire de l'odeur. Le loup sent l'homme d'une très-grande distance. S'il est alors occupé à chasser, il abandonne à l'instant même son occupation, pour se retirer et se tenir immobile dans quelque retraite, jusqu'à ce que l'odeur ait disparu [1].

Le tartare, habitué aux grandes troupes de chevaux, reconnaît de loin la présence des camps par les émanations des fientes. Pallas cite un exemple, dans lequel le cantonnement d'une troupe de cosaques fut découvert, par l'odeur qui provenait des chevaux, à une distance de plusieurs lieues, et dans une situation d'où il était impossible de l'apercevoir [2]. On rapporte aussi d'un moine aveugle de la Bohême, qu'il distinguait les différentes personnes par l'odeur [3].

C. RAPPROCHEMENT DES SEXES.

Le sauvage ne néglige pas entièrement la ressource de l'odeur, dans la recherche du sexe opposé. Il faut reconnaître cependant que les usages de ce sens sont ici limités : notre

1. *Leroy*, cité dans *Lardner*, Museum of science and art ; vol. VIII, p. 165.
2. *Pallas*, Reise.
3. On ajoutait qu'il faisait la différence entre l'odeur d'une femme chaste et d'une femme qui ne l'était point. Il y a peut-être là quelque chose de réel ; mais avant de l'admettre il faudrait qu'on nous montrât comment les témoins clairvoyants s'y prenaient pour vérifier l'exactitude des jugements portés par le moine. Le lecteur trouvera une notice sur cet aveugle dans le *Journal des Savants ;* 1684.

espèce figure parmi celles dont les rapprochements sexuels dépendent de l'exercice de la vue, et sont rarement produits sous l'influence de l'odeur.

L'odorat, au contraire, est le guide de la plupart des mammifères terrestres, dans la saison du rut. Les quadrumanes ne l'emploient pas exclusivement pour se diriger ; mais les insectivores, les rongeurs, les pachydermes, les ruminants, les carnassiers, se rapprochent surtout par l'odeur. Il est remarquable que cette odeur est forte et pénétrante, jusque dans les espèces dont les mâles et les femelles vivent d'ordinaire en société.

L'odeur provient d'abord des organes mêmes qui vont entrer en action dans la rencontre : de l'écoulement sanguin, chez la femelle ; et de la secrétion qui s'opère autour du gland du pénis, chez le mâle. Mais elle a aussi d'autres siéges. La sueur est un des véhicules de l'odeur animale, chez tous les mammifères. Parmi l'espèce humaine, la secrétion des glandes de l'aisselle est généralement la plus odorante. Il y a parfois des glandes spéciales, comme dans le genre musaraigne (*Sorex*), par exemple, qui paraissent n'avoir d'autre destination que celle d'attirer les sexes l'un vers l'autre, par l'odeur puissante de la secrétion [1].

Ailleurs, le musc se produit, comme on l'a dit, à la verge même du mâle. Tel est le cas notamment dans le bœuf musqué (*Bos moschatus*), dont toute la chair est en outre tellement pénétrée d'odeur, qu'il est impossible de la manger. Tel est le cas dans le castor (*Castor canadensis*), dont on enlève le musc, connu sous le nom de *castoreum*, pour l'employer à attirer de loin la femelle [2]. Tel est le cas encore d'une manière plus ou moins sensible, dans nos chats, nos chevaux, nos beliers, nos boucs et une foule d'autres quadrupèdes.

1. *Geoffroy St-Hilaire*, dans les Annales du Muséum d'histoire naturelle ; tom. I.

2. *Godman*, American natural history, 3e éd. vol. I, p. 278.

Tel est le cas enfin dans ce petit ruminant sans cornes, le musc proprement dit (*Moschus moschiferus*), dont nos dames trouvent plaisir à porter dans leurs mouchoirs la secrétion masculine, enlevée du fourreau de la verge [1].

J'ai dit que l'odeur sexuelle ne passe pas toujours inaperçue dans l'espèce humaine. Elle est surtout sensible dans beaucoup de femmes, à l'époque de la menstruation. L'exemple suivant en met d'ailleurs l'existence hors de doute. Lorsque le naturaliste Commerson partit pour accompagner Bougainville, il embarqua sa maîtresse, Hortense Barré, sous des habits de domestique. Le déguisement se trouva suffisant pour tromper des Européens. Mais il ne fut d'aucun effet sur des peuples habitués de longtemps à l'exercice plus libre et plus complet des fonctions brutales. A peine Hortense Barré était-elle venue à terre, à Tahiti, que les naturels découvrirent son sexe à l'odeur. Ils n'avaient pas besoin de la vue ; ce n'était pas par des habits qu'une femme pouvait leur en imposer [2].

Le fait de l'odeur corporelle, dans l'espèce humaine, était bien reconnu dans l'antiquité, puisque les habitants de Lesbos en faisaient le reproche à leurs femmes, et s'attirèrent ainsi cette vengeance terrible qu'a décrite Valerius Flaccus [3]. Humboldt dit expressément, en parlant des populations du Nouveau Monde, « les castes de sang indien ou africain conservent l'odeur qui est propre à la transpiration cutanée de ces deux races primitives. » Il ajoute que les Indiens péruviens distinguent les différentes races, au milieu de la nuit, par l'odeur qu'elles émettent. Ils ont formé trois mots pour désigner l'odeur de l'Européen, de l'indigène américain et du nègre. Ils appellent la première *pezuña*, la seconde *posco* (un

1. *D'Orbigny*, Dictionnaire universel des sciences naturelles ; art. Musc.
2. *Michaud*, Biographie universelle, supplément ; art. Barré.
3. *Valerius Flaccus*, Argonauticon ; lib. II. La population mâle de Lesbos fut mise à mort par les femmes. Comparez *Hérodote*, Historia ; lib. VI, cap. 138.

terme emprunté à l'ancienne langue quichuenne) et la troisième *grajo* [1].

Puisque les espèces aquatiques possèdent le sens de l'odorat, dans le milieu liquide, de la même manière que les espèces terrestres en jouissent dans l'air, on ne peut être étonné de retrouver l'odeur sexuelle, comme moyen de rapprochement des mâles et des femelles, parmi les crustacés et les poissons. Les anciens avaient mis cette circonstance à profit dans l'art de la pêche. Sur les côtes de la Méditerranée, on faisait nager un mullet mâle (*Mugil capito*), retenu par un cordon qui passait dans la bouche et dans l'ouïe; et lorsqu'on ramenait ce mâle près du rivage, en tirant la corde, des essaims de femelles le suivaient [2].

L'odorat, bien qu'il soit souvent le simple guide des appétits, a cependant aussi, même chez l'animal, des fonctions plus nobles. Il est en lui-même une source de jouissances. Il y a dans les parfums quelque chose d'aérien, qui s'accorde avec le raffinement et la délicatesse du sens. L'impression est produite sur les organes par des émanations si légères, qu'elles échappent à nos balances et à nos réactifs les plus parfaits. Une goutte d'essence de rose embaume l'atmosphère environnante, sans diminuer sensiblement de volume, et sans que le chimiste saisisse les traces, dans cet air, de la quantité infime d'huile volatile qui fait une impression si complète sur nos sens. On montre au musée d'Alnwick, dans le nord-est de l'Angleterre, un parfum égyptien qui date peut-être de deux

1. *Al. de Humboldt*, Essai sur la Nouvelle Espagne ; éd. in-8° tom. II, p. 50.
2. *Pline*, Historia naturalis ; lib. IX, cap. 26. — Le poisson que les naturels de la côte Sud-Est de Cuba, employaient à la pêche, était simplement un poisson carnassier qui sautait sur sa victime et s'y attachait fortement. En retirant alors l'animal, au moyen d'une corde attachée à la queue, les Indiens amenaient à eux le chasseur et sa proie. Ils prenaient ainsi de gros poissons et des tortues. (*Colomb*, 2e voyage ; 20 Mai 1494.)

mille ans; et les émanations en quelque sorte impondéra qui s'en échappent produisent encore un effet puissant l'odorat[1].

Faut-il s'étonner qu'un sens accessible à des impressi si délicates, soit la source de jouissances propres et d'a sions? Chacun connaît la prédilection du lapin pour le s polet et celle du chat pour la valeriane et quelques labi Le chat (*Felis catus*) se dirige de très-loin vers sa plante fa rite; il s'y roule et s'y frotte de toute façon. Quand l'odeur d il s'est parfumé est dissipée, il entreprend parfois une lon excursion pour aller se frotter de nouveau[2]. Madame Bc ditch rapporte qu'un léopard (*Felis leopardus*) apprivoisé n nifestait un extrême plaisir quand on lui donnait de l'esse de lavande. Il se roulait un grand nombre de fois, et se fr tait la tête avec les pattes[3].

Mais de même que les animaux sont sensibles au char des parfums, ils souffrent des odeurs nauséabondes. Le c val est fort délicat sur ce point. Lorsque le compagnon route d'Audubon voulut se remettre en selle, après avoir po suivi à pied un chinche qui l'avait inondé de sa liqueur puan le cheval indigné faisait tous ses efforts pour fuir l'odeur[4]. n'est pas l'homme seul qu'une exhalaison fétide incommo ce n'est pas lui seul qui pense avec le poète latin:

« . . . . Quis tecum sectile porrum
« Sutor, et elixi vervecis labra comedit ? [5] »

On nous permettra, avant de terminer ce chapitre, de fai remarquer, en réponse à une assertion tout à fait dénuée

1. *G. Wilkinson*, Manners and customs of the ancient Egyptians; vol. II, p. 21
2. Comparez *Fr. Buckland*, Curiosities of natural history, éd. de New-York Londres; vol. II, p. 131. — Le chat se frotte avec plaisir sur les menthes, sur la plupart des labiées odorantes.
3. *Mrs. Bowditch*, citée dans *Goodrich*, Illustrated natural history; vol. p. 265.
4. *Audubon*, Ornithological biography; vol. I, p. 130.
5. *Juvénal*, Satyra III.

fondement, que l'homme est bien loin de constituer la seule espèce dans laquelle on observe l'éternuement. Tous ou presque tous les mammifères éternuent. Les oiseaux sont sujets à la même particularité. Et Bechstein, leur fidèle historien, nous dit que chez la gent volatile, comme chez l'homme, l'éternuement est surtout fréquent lorsque l'individu est enrhumé [1]. La similitude des manifestations témoigne de l'analogie qui existe entre les organismes, sans attester toutefois que le développement du sens atteigne les mêmes limites, soit dans les différentes espèces, soit chez les différents individus.

—

CHAPITRE V.

SENS DE L'OUÏE.

Le mode de perception de l'ouïe est très-différent de celui de l'odorat, et cependant ces deux sens ne sont pas sans avoir entre eux quelque analogie dans leurs effets. De part et d'autre la source des sensations est à distance ; de part et d'autre l'impression se transmet d'une manière invisible et vient pénétrer intimement dans nos organes. Aussi trouvons-nous dans l'exercice de l'ouïe, des jouissances intérieures, comme celles que nous puisons dans l'odorat. Les sons aigus ou graves, le rythme lent ou précipité, deviennent pour nous une sorte de langage, qui s'adresse à nos passions.

Il est impossible de contester l'influence de la musique, soit sur l'homme, soit sur les animaux. Ses effets dans le traitement des maladies mentales ont été constatés dans un mémoire plein d'observations intéressantes et curieuses [2]. Le roi d'Espagne, Philippe V, est revenu à lui à la suite d'un

1. *Bechstein*, Käfigvogeln : Vorrede, Abth, V.
2. Mémoires de l'Académie des sciences de Paris : année 1707.

concert de Farinelli ; et s'il faut en croire Thuanus, Charles IX troublé la nuit par des fantômes, après la Saint-Barthélemy, ne trouvait le sommeil qu'au chant monotone d'un chœur.

Il est remarquable que Dante, en décrivant les jouissances corporelles de son paradis, énumère seulement la lumière, le mouvement et la musique, laissant de côté le goût, qui pouvait paraître trop matériel, et aussi l'odeur des parfums à laquelle la même objection n'est pas applicable. Quant à la musique on ne conteste ni sa noblesse ni sa puissance. Si Timothée s'en servait pour régner sur son auditoire, Arion et Orphée y trouvaient les moyens d'apprivoiser les animaux.

Pour s'en tenir à l'exacte vérité, il faut dire que les différentes espèces d'oiseaux et de mammifères sont très-inégalement charmées par l'ouïe [1]. Les passereaux paraissent trouver un grand plaisir à écouter le chant de leurs compagnons. Divers oiseaux chanteurs ne sont pas insensibles à la musique vocale de l'homme, ou aux accords de ses instruments. L'exemple le plus remarquable que j'aie rencontré dans mes lectures est celui que je vais rapporter. Il est soutenu par des analogies, moins saillantes il est vrai ; et bien qu'il soit par là rendu probable, je ne le donne pas cependant pour un des plus fermement établis.

On rapporte qu'il y avait un habitant du Cheshire, dont la fille jouait de la harpe avec talent. Chaque fois que cette jeune musicienne entamait un certain morceau, un des pigeons domestiques venait se poser sur la baie de la fenêtre. Il écoutait la musique avec tous les signes du plaisir, et lorsque le morceau était terminé, il remontait à son gîte. Hors de son choix favori, la musicienne n'avait pas le privilège de l'attirer [2].

En acceptant seulement une partie de cette observation,

1. Les Pythagoriciens regardaient l'âne comme un animal insensible aux sons de la lyre (*Ælien*, Natura animalium; lib. X, cap. 28).

2. Ce fait est rapporté par le capitaine *Brown*, dans l'ouvrage où il raconte de nombreux traits de mœurs des animaux.

nous constaterions encore que l'ouïe est, par elle-même, une source de jouissance pour certains oiseaux. Il est d'ailleurs impossible de nier que certains animaux ne soient attirés par la mélodie et que d'autres ne soient repoussés par les cris. Ainsi les chasseurs de phoques (*Phoca vitulina*) vont faire de la musique au bord de l'eau, et c'est ainsi qu'ils attirent le pauvre animal sur la plage [1]. Les rongeurs, les solipèdes et les ruminants sont également sensibles à la mélodie. Les chevaux suivent dans leurs mouvements le rythme de la musique qu'ils entendent. « Dans les provinces du Berry et du Charolais, disait un auteur du siècle dernier, un paysan ne peut pas labourer avec ses bœufs si quelqu'un ne chante à leur tête pour les animer au travail, coutume en usage dans tous les siècles[2]. » Les naturels de l'Océanie jettent tous ensemble de grands cris, dans le dessein d'effrayer les terribles requins (*Rhinobatos*), lorsque ceux-ci s'approchent des nageurs[3].

L'ouïe est d'un grand usage à la chasse, et surtout dans la chasse des volatiles. L'homme y a recours soit dans l'état civilisé, soit dans l'état sauvage, exactement comme le mammifère, l'oiseau ou le reptile carnassiers. Mais il n'est pas sans intérêt de remarquer que l'ouïe conduit également certaines espèces vers leurs pâtures. C'est ainsi que dans nos forêts, le bruits des faînes et des glands, qui tombent au milieu des feuilles à demi-séchées, attire au dessous des hêtres et des chênes, le sanglier attentif et friand. Dans les bosquets naturels de l'Amérique, les oiseaux découvriraient, avec peine, les siliques brunes du cannefier, s'ils n'étaient avertis par leur cliquetis retentissant. De même encore, au milieu de l'obscurité la plus profonde, le fruit foncé du genipa, qui en tombant s'ouvre avec le bruit d'un pistolet, invite à la pâture les crabes nocturnes [4].

1. *Godman*, American natural history ; 3me éd. vol. I, p. 227
2. *Bourdelot*, Histoire de la musique ; La Haie et Francfort, 1743.
3. *Ellis*, Polynesian rescaches, 2me éd. vol. I, p. 224.
4. Ces exemples sont réunis par *Bernardin de Saint Pierre*, Œuvres, édition d'A. Martin ; Harmonies de la nature, tom. 1, p. 137.

Il n'y a point d'animal doué de la faculté d'émettre un cri, qui ne possède en même temps l'ouïe pour s'entendre. Si la voix est un lien entre les divers individus de l'espèce, il faut, en effet, non-seulement que le cri puisse partir, mais aussi qu'il puisse être reçu. La voix suppose donc l'ouïe. Il s'en faut de beaucoup cependant que la réciproque soit vraie ; on comprend qu'une espèce muette puisse tirer de grands services de l'audition.

Il y a dans le son trois qualités distinctes et dans l'oreille trois organes, qui paraissent adaptés, chacun séparément, à juger de ces trois qualités. Le son influence le tympan en proportion de l'intensité. Le timbre, qui dépend de la nature intime de la matière vibrante, agit sur les canaux semi-circulaires. La gravité, c'est-à-dire cette qualité du son de laquelle dépend la note, impressionne plus particulièrement le *cochlea* ou limaçon. Les vibrations de l'air, concentrées, renforcées, passant par les conduits tortueux de l'os, frappent le tympan sur lequel un osselet rebondit comme un petit marteau. Elles ébranlent le liquide dans lequel est suspendu le nerf auditif, qui en reçoit ainsi l'impression. Pour que deux sons consécutifs paraissent distincts et séparés, il faut qu'il s'écoule entre eux un silence d'au moins $\frac{1}{16}$ de seconde ; dans le cas contraire, les vibrations se confondent, et si elles sont toutes de même durée, nous ne saisissons qu'une note et qu'un son. Or, il n'est pas sans intérêt de remarquer que nos organes vocaux nous obligent à des repos au moins doubles en durée. Dans la plus grande volubilité du langage, nous parvenons avec peine à placer huit syllabes en une seconde. La puissance de l'ouïe pour séparer surpasse par conséquent celle de la voix pour rapprocher et confondre. L'oreille ne mêlera donc jamais entre elles des syllabes distinctement prononcées.

L'individu juge de la direction des sons d'après les circonstances diverses de l'incidence sur les deux oreilles. Lorsqu'il veut reconnaître cette direction, il tourne la tête jusqu'à ce que les conditions soient symétriques des deux parts, et alors il a le regard dirigé vers la source sonore. Aussi l'homme qui est sourd d'une oreille a-t-il beaucoup de peine à assigner la direction des sons. Dans une assemblée où plusieurs personnes parlent à la fois il paraît complétement sourd, parce qu'il lui est impossible de distinguer les points d'où viennent les voix [1].

Pour les animaux qui vivent plongés dans l'eau, l'ouïe a des rapports intimes avec le toucher. L'ébranlement qui produit le son fait presque toujours naître du même coup un système d'ondes mécaniques, qui touchent le corps du poisson presque au même moment que l'onde sonore. Le choc d'une pierre ou le passage de l'eau sur un écueil, les soubresauts d'un cétacé, ou la chute d'un canard qui s'abat sur la rivière, donnent à la fois mouvement et bruit. Les deux phénomènes sont liés, pour l'animal aquatique, comme la secousse et le bruit du tremblement de terre, se rattachent entre eux dans la pensée de l'habitant du Chili ou du Pérou [2]. Mais les sons font des impressions d'autant plus intenses, que les milieux par lesquels ils sont transmis offrent une plus forte densité. Dans l'air comprimé de la cloche à plongeur, il suffit d'un léger murmure pour se faire entendre. Dans les régions rares de l'atmosphère, les aéronautes placés dans une même nacelle sont obligés de crier de toute la force de leurs poumons. Au sommet du Mont-Blanc, l'explosion d'un coup de pistolet ne donne qu'un coup sec et réduit.

Ainsi, pour les animaux aquatiques, les sons et les mouvements du milieu qui enveloppe le corps, ont une grande relation entre eux et une grande puissance. L'énergie des sensations est encore accrue par cette circonstance que les vibrations sonores passent de l'eau dans tous les solides du corps, et parviennent ainsi par une seconde voie au tympan. En effet,

1. *Ch. Bell*, The hand; p. 244.
2. *Gilliss*, Expedition to the Southern hemisphere; vol. I, p. 128.

Chladni a montré que l'oreille reçoit ses impressions par l' termédiaire des organes solides, aussi bien que par le mil dans lequel le sujet est plongé. Une personne s'étant bou les oreilles, au point d'entendre fort difficilement par l'a Chladni a restauré l'audition en faisant tenir à cette person entre les dents, un bâton qu'il tenait aussi dans les sien pendant qu'il parlait. Bien plus, il a suffit d'un simple tendu de bouche en bouche, pour transmettre la parole. En en parlant, sans le toucher, dans un vase, contre lequel sujet appuyait le bâton serré dans ses dents, tout ce qu'il c sait était perceptible [1].

Toute l'organisation de l'oreille humaine est d'ailleu manifestement adaptée à recevoir deux impressions, cell transmises par les parties solides du corps, aussi bien q celles qui nous viennent par l'atmosphère [2]. Il n'est do nullement nécessaire pour le phénomène de l'audition q l'être vive au milieu de l'air.

Les pêcheurs savent quelle est la finesse de perception d certaines espèces de poissons. Toutefois ce n'est pas la distinction des modulations sonores que leur sens de l'ouï est adapté. Dans le milieu dense où les vibrations ont tant d puissance, les sons proprement dits seraient douloureux C'est le mouvement seul et non la modulation, que le poisso perçoit par l'ouïe. Il touche le bruit, si l'on peut s'exprime ainsi. La secousse des pas du pêcheur lui parvient, par le so et par l'eau, d'une très-grande distance. Mais la simple vibration aérienne d'un sifflet ne produit pas d'ébranlement mécanique sensible dans l'élément liquide; et le poisson comme on s'en assure aisément, ne montre par aucun signe qu'il en ait reçu l'impression [3].

Dans la cloche à plongeur à la profondeur de trois ou

1. Des souliers qui craquent nous paraissent faire plus de bruit lorsque nous les portons nous-mêmes, que quand ils sont portés par d'autres.

2. *Ch. Bell*, The hand; p. 217.

3. *Stoddard*, On the auditory organs of the lower animals; Londres, 1863.

quatre mètres sous la surface, on entend à peine le bruit d'un pistolet tiré dans l'air, mais la chûte d'une pierre sur la rive produit une secousse perceptible et bien définie Il faut un bruit aérien d'une force très-considérable, pour ébranler le liquide d'une manière sensible. Hunter dans son mémoire sur l'anatomie des poissons, dit que dans un étang où ces animaux étaient très-nombreux, ils ont disparu et sont allés s'enterrer dans la boue, lorsqu'on eut déchargé un fusil au-dessus de la pièce d'eau[1]. Je tiens de plusieurs témoins oculaires, très-dignes de foi, que pendant le bombardement du fort Jackson, à l'entrée du Mississipi, en avril 1862, une grande quantité de poissons périrent par les effets des commotions : un nombre immense de poissons flottaient à la surface du fleuve.

Les eaux ont aussi leurs animaux sourds, comme elles ont leurs animaux aveugles. Il semble que tant que la locomotilité demeure nulle ou bornée, il n'y ait guère d'usage pour la vue ni pour l'audition. Le toucher, augmenté parfois de l'odorat, suffit pour saisir une nourriture flottante, qui se présente à peu près d'elle-même, et qu'il s'agit simplement de choisir et d'approprier. C'est ainsi, par exemple, que les mollusques acéphales lamellibranches, sont dépourvus d'oreilles et d'yeux.

Si nous examinons les animaux qui vivent dans l'air, nous trouvons également qu'il en est beaucoup qui sont sourds, notamment parmi les arachnides, les crustacés et les insectes. Mais nous remarquons aussi que la surdité n'a plus de corrélation, pour ainsi dire, avec la cécité. L'air ne chariant pas comme l'eau la nourriture, il fallait que la vue aidât l'animal à la chercher.

On trouve l'ouïe dans la série des animaux aériens, longtemps avant de voir paraître la voix. Chacun a entendu, dans le silence des soirées solitaires, les petits coups secs que des

1. *Hunter*, dans les Philosophical transactions : 1780.

insectes coléoptères (*Anobium tesselatum*, et *A. Striatum*) frappent, avec leurs mandibules, dans les boiseries des appartements. Dans l'Amérique méridionale, c'est un orthoptère (la *Blatta gigantea*), dont les individus se répondent toute la nuit. Il y a aussi un névroptère (l'*Atropos pulsatorius*), qui en frappant à l'aide de ses mandibules bat avec la régularité d'une montre. Le bruit dure, l'appel continue, jusqu'à ce qu'un compagnon ait répondu. Or, pour provoquer cette réponse, il faut que le son soit recueilli par l'ouïe ; car on peut à peine admettre que l'insecte soit prévenu à plusieurs mètres de distance, par un sens différent. Brunelli a fait au surplus une expérience décisive sur le cri-cri ou grillon commun (*Gryllus campestris*). Il a transporté une femelle, dans un lieu où il avait placé le mâle, en ayant soin de la déposer à une distance suffisante pour qu'elle ne pût apercevoir celui-ci. Cette femelle ne montra d'abord aucune connaissance de son voisin. Mais aussitôt que le mâle eut commencé à faire crier ses ailes, elle partit en droite ligne pour le trouver[1]. On a observé également que les abeilles qui sont à l'intérieur de la ruche, répondent, par le frôlement de leurs ailes, à celles qui se trouvent au dehors[2].

Ces faits prouvent que l'ouïe paraît avant la voix ; car les bruits que font entendre les insectes, ne sont pas des cris produits par l'émission de l'air. Ce sont des frottements ou des vibrations de la carapace, qui tiennent du tambour et du bruit de nos machines, mais qui n'ont rien de commun avec la voix. Quelquefois, comme dans les cousins, les abeilles, les guêpes, les bourdons, le son est produit par le mouvement rapide des ailes. Il est remarquable que, dans les oiseaux, le bruit du vol est souvent augmenté par le battement des ailes l'une contre l'autre, et que dans quelques espèces il s'attache une idée distincte à ce battement, de la même manière que

1. *Brunelli*, cité par *Lardner*, Museum of science and art. ; vol. IX, p. 202.
2. *Bevan*, Account of English bees ; p. 362.

nous l'observions tout à l'heure dans les abeilles. C'est ainsi que le faisan américain (*Tetrao umbellus*), qui vit en abondance dans les forêts de pins des Alleghanys, produit en frappant ses ailes une sorte de roulement de tambour. Les habitants les plus dignes de foi assurent que le bruit s'entend à huit cents mètres. Or c'est l'appel du mâle à la femelle.

Il y a beaucoup d'insectes qui imitent le procédé du tambour. Les cigales font résonner une membrane particulière, placée à la base de l'abdomen. Le capitaine Hancock prétend que celle du Brésil se fait entendre à un mille ou 1600 mètres[1]. Le grillon produit une sorte de grincement, en frottant les cuisses contre les couvertures des ailes. On voit des coléoptères qui frottent l'abdomen contre les élytres ; d'autres qui font gratter les bords du corselet, soit contre l'abdomen, soit contre la tête. Le mouvement seul de tant de pièces articulées, solides et résonnantes, suffit pour produire un cliquetis comme l'armure métallique des anciens chevaliers. Chacun a observé le bruit ou plutôt les cent bruits confus du crabe comestible (*Cancer pagurus*), lorsqu'on lui laisse la liberté de marcher Mais l'effet produit dans le silence de la nuit, par des troupes nombreuses de crabes terrestres, est quelquefois surprenant. Il suffit de dire qu'une troupe d'anglais, qui s'apprêtait à attaquer la ville de St-Domingue, a pris l'approche bruyante des crustacés pour celle d'une charge de cavalerie, et s'est retirée sans livrer combat. Le souvenir de cet évènement est perpétué dans le pays par la *fiesta de los cangrejos* ou fête annuelle des cancres[2].

Le bruit des animaux n'est pas toujours le simple résultat accidentel du jeu de leurs organes : il est produit quelquefois avec intention. En d'autres termes l'animal fait le bruit pour le bruit ; il y voit un moyen de s'étourdir et de s'exciter. Je ne parle pas de cette multitude de cris

1. Cité dans *Kirby* et *Spence*, Introduction to entomology; let. xxiv.
2. *Walton*, Hispaniola ; vol. I, p. 39.

qui font retentir les forêts tropicales, des branches qui se cassent, des coups de becs sur les arbres, ni des noix croquées sous la dent [1]. Ce tumulte des bois est inhérent à l'existence et aux occupations de leurs habitants. Je parle de sons produits pour eux-mêmes, avec une intention aussi déterminée que celle d'un sonneur de cloche ou d'un joueur de tambour. Il arrive, par exemple, que les chimpanzés noirs de l'Afrique (*Troglodytes niger*) se réunissent au nombre de vingt, trente ou cinquante, et qu'ils s'animent alors non-seulement en jetant des cris, mais en battant sur du bois mort, au moyen de baguettes qu'ils tiennent avec les mains et les pieds[2].

J'examinerai plus tard [3] comment les inflexions de la voix rendent les impressions de l'animal ou communiquent certaines idées. Je vais me borner en cet endroit à considérer sa portée.

Cette portée dépend sans doute de la finesse de l'oreille, dans l'être qui reçoit l'impression. Mais, bien qu'il existe sur ce point certaines différences, on n'aperçoit pas qu'elles produisent d'immenses inégalités. Les mêmes bruits faibles, qui sont pour ainsi dire à la limite de nos pouvoirs d'audition, éveillent l'attention de nos animaux domestiques. Les pâturants ont l'oreille très-fine, peut-être un peu plus sensible que celle de l'homme ; mais ils doivent surtout la perception plus prompte des sons faibles à la tranquillité des lieux qu'ils fréquentent, et à leur constante attention. Les oiseaux chanteurs l'emportent réellement un peu sur la faculté perceptive de l'homme. Ils répondent dans les soirées d'été à la note d'un rival, partie de si loin que notre oreille ne l'avait point saisie[4]. Ces différences ne portent toutefois que sur les sons les plus faibles, et n'approchent pas de celles que nous trouvons dans les limites de la vision.

1. *Al. de Humboldt*, Tableaux de la nature, éd. Paris, 1851 ; vol. I, p. 318.
2. *Savage*, dans Boston Journal of natural history ; vol. IV, p. 384.
3. Ci-après, Part. III, sect. VI.
4. *Ch. Bell*, The hand ; p. 166.

Le rayon dans lequel le cri se propage mesure évidemment la distance à laquelle l'animal se fait reconnaître de son espèce. C'est l'étendue de sa sphère de relation, si l'on peut parler ainsi. Les observations qu'on nous donne sur la portée de la voix des animaux, ne sont pas dignes d'une grande confiance. Les mesures exactes de distance sont difficiles dans les voyages, au milieu des collines et des forêts.

Le coq domestique *(Gallus domesticus)* est, parmi les oiseaux, l'une des espèces dont le chant a le plus de clarté et le plus de portée. En sortant de chez moi avant le lever du soleil, ou en passant dans le voisinage des fermes du canton, j'ai noté souvent sur un bon plan topographique, le point où je cessais d'entendre le clairon matinal des coqs. Je pouvais ainsi mesurer la distance avec exactitude. Je l'ai trouvée à peu près constante dans l'air tranquille pour des coqs adultes de la variété commune ou de basse-cour. La moyenne me donne un chiffre très-peu supérieur à neuf cents mètres.

On prétend qu'on entend le cri de l'aigle lorsqu'il est élevé, à en juger par ses dimensions apparentes, de dix-sept mille pieds anglais, ou un peu plus de cinq kilomètres. Mais ce genre d'observation est susceptible de grandes erreurs. Celui des oiseaux dont la voix a la plus grande portée est probablement le « Campanero » ou sonneur de l'Amérique du Sud (*Procnias caruncculata*); mais cette espèce est pourvue d'un appareil tout particulier. Elle a sur le bec une corne de chair, creuse, flasque dans les circonstances ordinaires, mais qui se gonfle et durcit quand l'oiseau crie. « On peut entendre d'une distance de trois milles (4 1/2 kilomètres), dit Waterton, cet oiseau blanc comme la neige, qui toutes les quatre ou cinq minutes rend un son semblable au coup d'une cloche de couvent » [1]. Cette estimation de distance, n'est pas toutefois le résultat d'une mesure précise; ce n'est qu'une évaluation incertaine.

1. *Waterton*, Wanderings in Demerara.

Il ne nous paraît guère douteux qu'il ne faille cherche parmi les quadrumanes les espèces dont la voix porte le plu loin. Suivant Müller, le cri prolongé de l'orang siaman (*Hylobates syndactylus*) s'entend à plusieurs kilomètres[1]. Du Chaillu donne trois milles, ou quatre mille huit cents mètres de portée à la voix du gorille (*Gorilla gina*)[2]. Mais il es probable que les singes dont le cri fait retentir le plus profondément les forêts, sont les hurleurs (*Mycetes, Alutla*) de l'Amérique méridionale, qui nous offrent dans l'os hyoïde une structure particulière. Or, les meilleures autorités réduisent la distance à laquelle les hurleurs se font entendre, à deux milles ou peu de choses de plus[3], ce qui correspond à trois kilomètres, ou, tout au plus, trois kilomètres et demi.

Il est probable qu'en fixant à trois mille mètres la distance à laquelle parvient le plus perçant des cris de tous les animaux, on resterait encore au-dessus de la vérité. La voix humaine n'a certainement pas une pareille portée[4]. Le cas le plus extraordinaire que l'on rapporte est celui du lieutenant Forster, l'un des compagnons de Parry, tenant une conversation d'un côté à l'autre du havre de Port Bowen, à une distance de dix-sept à dix-huit cents mètres. Mais l'auteur de l'observation, étonné lui-même de son pouvoir et de celui de son interlocuteur, reconnaît qu'il s'agissait d'un cas de facilité exceptionnelle dans la transmission du son, et non pas d'un développement réel de la puissance vocale. Les conditions météorologiques influent considérablement sur la portée des bruits. Il faut exclure les cas extraordinaires dans lesquels cette portée est ou circonscrite ou étendue.

1. *S. Müller* et *Schlegel*, Verhandelingen over de naturlijke geschiedenis der nederlandsche bezittingen.

2. *Du Chaillu*, Explorations in equatorial Africa ; ch. xvi.

3. *Slack*, Handbook to the museum of the Ac. of nat. Sc. of Philadelphia: p. 54.

4. Dans ses ascensions aérostatiques, Glaisher a entendu les aboiements d'un chien à environ deux milles (3,200 mètres) d'altitude. Les cris de la foule ne montaient pas à plus d'un kilomètre et demi (*Glaisher*, dans le Report of the British association, 1862).

Ceci posé, nous croyons qu'il y a bien peu d'hommes dont le cri le plus perçant puisse parvenir à cinq cents mètres. Il ne nous semble pas que les Indiens de l'Amérique aient, sous ce rapport, une supériorité marquée sur les peuples civilisés. Le Chinois parle haut ; mais la puissance mécanique de sa voix, portée à ses plus grands efforts, n'offrirait pas d'excès prononcé. En sorte que les différentes races d'hommes paraissent douées, à cet égard, d'un instrument qui a les mêmes limites, ou qui toutefois varie beaucoup moins d'une race à une autre, qu'il ne diffère entre l'Indien ou le nègre d'un côté et le gorille ou le siamang de l'autre.

Il y avait avec l'armée de Darius un Egyptien qui réussit à appeler un général à travers toute la largeur du Danube [1], à l'endroit où le fleuve se divise pour former le Delta [2]. Mais l'épreuve s'étant passée la nuit [3] on ne peut pas la regarder comme relative aux conditions que nous avons nommées ordinaires. Je n'ai pas trouvé de mesure exacte de la largeur du Danube en cet endroit ; la distance dépassait sans doute un kilomètre.

Il n'y avait rien d'extraordinaire lorsque Stentor se faisait entendre à dix mille Grecs ; mais le récit est trop intimement mêlé à la fiction poétique, pour que nous l'admettions à titre d'observation rigoureuse. La plupart des hommes sont capables de faire parvenir quelques mots distincts à la distance de deux cents mètres [4], mais à plus de quarante mètres,

1. *Herodote*, Historia; lib. IV. cap. 141.
2. *Ibid.;* lib. IV, cap. 89.
3. *Hérodote*, Historia ; lib. IV, cap. 140.
4. Ce chiffre n'est pas en contradiction avec les expériences de Martins, dans les montagnes de la Suisse. Cet observateur nous dit qu'il entendait parler les guides à la distance de 400 mètres. Mais on était alors à une élévation où, par suite du silence extérieur, le son d'un diapason parvenait à une distance double de celle à laquelle on pouvait l'entendre dans la plaine pendant le jour. Il faudrait donc réduire à 200 mètres l'éloignement auquel les paroles de la conversation sont entendues, non comprises dans les circonstances usuelles. Ceci posé, l'homme, à la même distance, pourra faire comprendre quelques mots en éle-

en plein air, il est difficile de saisir des phrases suivies ; et à plus de vingt-cinq mètres, toujours à l'air libre, on ne peut pas recueillir un discours, lors même qu'on est en face de l'orateur.

Ces limites que j'ai obtenues par différentes mesures, montrent combien la sphère de relation de l'homme est bornée. Et cependant, dans cette sphère de relation, qui nous paraît si étroite à côté de celle de divers animaux, quel nombre immense de nos semblables ne pouvons-nous pas rassembler, pour les soumettre à l'influence de notre parole? Un demi-cercle, décrit du rayon de vingt-cinq mètres, offrirait près de mille mètres carrés de surface; et en accordant huit hommes debout par mètre carré, on arriverait au chiffre d'environ huit mille auditeurs. Ces estimations s'accordent avec les faits historiques les plus exactement recueillis. Elles expliquent, par exemple, comment le vieux Danforth, dont la voix n'avait plus toute sa vigueur, pouvait cependant inspirer ses passions à quatre mille personnes, en parlant du perron du palais de justice de Cambridge, au Massachusetts, dans la révolution américaine[1].

L'usage le plus élevé de la voix c'est, en effet, la communication des impressions et des idées. Nous n'aborderons pas ce point de vue pour le moment. Nous en avons dit assez pour faire voir que l'ouïe n'est pas un sens oisif chez les animaux supérieurs, ni même un sens dont l'être ne retire ni peines ni plaisirs. La sensibilité d'un grand nombre d'espèces, soit aux jouissances, soit aux émotions de l'ouïe, ne peut pas

vant la voix. C'est ce que je trouve par des expériences directes. Voyez la communication de *Martins*, dans les Comptes-rendus de l'Acad. des Sc. de Paris ; 1850.

1. *Bancroft*, History of the Unites States; vol. VII, p. 115.

Si le demi-cercle était décrit avec un rayon de 40 mètres, on aurait, dans la même hypothèse, 20,000 auditeurs environ. *Franklin* (dans ses Memoirs, éd. de Dessau, 1854, vol. I, p. 109) croit au chiffre extrême de 30,000, mais en reconnaissant que les plus éloignés auraient peine à entendre tous les mots.

être mise en question. Mais nulle part elle n'a été mieux exprimée que dans le trait par lequel Buffon termine le portrait du coursier. Le peintre représente le noble animal inspiré d'ardeur et de courage ; il le montre prêt à la charge ; « la trompette sonne, il dit : allons ! »

CHAPITRE VI.

SENS DE LA VUE.

Si Buffon exprime admirablement la sensibilité qui, chez l'animal, dérive de l'ouïe, il est moins heureux lorsqu'il met dans la bouche de l'homme, nouvellement éveillé à la vie, le récit de ses premières impressions. Il lui attribue l'usage immédiat ou presque immédiat de la vue. Il oublie que les yeux sont des instruments d'optique, dont les sensations ont besoin d'interprétation. Ils ont besoin non-seulement de comparaison avec l'exercice du toucher et de l'ouïe, mais aussi d'une véritable éducation. Cette éducation est nécessaire non-seulement à l'enfant, mais même, comme on va le voir, à l'adulte. On se fait facilement une idée de la nature des difficultés qu'il s'agit de surmonter. Je me rappelle la première occasion que j'eus de jeter les yeux sur l'image d'une chambre obscure (*camera obscura*). Les personnages étaient tout petits ; les couleurs n'offraient pas exactement les nuances habituelles ; les masses de feuillage semblaient se retirer sur des plans lointains. C'était la première image artificielle que je voyais de ma vie ; et bien que les sites me fussent familiers, il me fallut un certain temps et quelque travail, pour identifier tous les objets. Quelle différence essentielle y avait-il cependant entre cette image de la chambre obscure, et celle à laquelle j'étais accoutumé sur la rétine ? Un simple changement d'éclat et d'échelle avait suffi pour me dérouter ; quel exercice, quelle durée ne faut-il donc pas pour interpréter la première de toutes les images, celle qui sert de base à la vision ?

L'aveugle adulte opéré de la cataracte par Cheselden[1] était habitué à se mouvoir à tâtons et avait par conséquent une notion expérimentale des distances, et de la succession des plans et des corps. Il était ainsi bien mieux préparé à l'interprétation des perspectives, que l'enfant nouveau-né, qui n'a jamais quitté le giron de sa mère. Pourtant cet aveugle à qui la vue venait d'être donnée, était absolument incapable de faire un usage immédiat des notions qu'il en recevait. Il n'apercevait d'abord qu'un tableau bariolé, bizarre, qui lui paraissait dans l'œil. Il a fallu qu'il fît la connaissance, un par un, de tous les objets qui lui étaient si familiers au toucher. Il a fallu plusieurs semaines d'exercice, non pas pour qu'il pût fonder des notions exactes sur la vue, mais seulement pour qu'il commençât à se servir de ce sens, concurremment avec le tact et l'ouïe.

Mais l'importance des yeux est subordonnée au service que chaque être doit en retirer. L'huître, sourde et aveugle, reçoit de l'eau sa nourriture, sans qu'il lui soit besoin de la voir. De même les animaux qui vivent sous terre sont souvent dépourvus du sens de la vue, bien qu'ils appartiennent à des types qui possèdent la tête et les yeux. Ils conservent la première, mais ils perdent ces derniers. Tout un ordre de sensations leur manque, et par conséquent l'idée abstraite de l'espace qui ne peut pas résulter du toucher seulement[2].

Il y a beaucoup d'insectes aveugles, surtout parmi les coléoptères. Tels sont le *Monopsis brunnea*, qui passe sa vie sous le fumier des écuries ; le *Langelandia anophtalma*, qui se tient sous les pièces de charpente à demi enterrées par leur poids; et l'*Annomatus terricola*, trouvé dans la terre par notre com-

1. Philosophical transactions ; 1752.

2. Le toucher donne surtout l'idée du plein, et la vue celle du vide interjacent; l'un est un sens stéréotomique, l'autre un sens longimétrique.

patriote Wesmael. Tel est enfin le genre *Claviger* tout entier, tenu captif dans les galeries souterraines des fourmis.

Mais l'absence des yeux se rencontre aussi chez certaines espèces de vertébrés. Les organes de la vue diminuent chez les espèces les plus voisines, qui n'ont à en faire qu'un faible usage, jusqu'à ce qu'ils disparaissent entièrement dans un congénère frappé d'une éternelle cécité. C'est ainsi que dans les lézards, l'*Amphisbaena alba* du Brésil n'a que de tout petits yeux ; et dans un autre amphisbaenide exclusivement fouisseur, le *Diphalus fenestratus* de St-Thomas, aux Indes Occidentales, les organes de la vue ont entièrement disparu. On cite encore parmi les reptiles aveugles, le *Proteus anguinus* qui habite les lacs souterrains de la Carniole, si remarquables par l'allure irrégulière de leurs eaux et la singularité de leurs habitants.

Les poissons hétéropygiens sont privés d'yeux. Ils vivent sous terre, dans les eaux que n'éclaire jamais le soleil. C'est seulement à la suite d'accidents particuliers qu'ils se révèlent à nous. L'éruption du Jorullo, au Mexique, en 1759, en a amené un grand nombre (*Pimelodes cyclopum*) à la surface. C'était sans doute à cette famille qu'appartenaient les poissons souterrains de Théophraste, et ceux que les éruptions aqueuses d'Hydisse, en Carie, amenaient quelquefois au jour[1].

Les canards du lac souterrain de Csyrnicz, en Carniole, ne voient pas. Les serpents sont à peu près aveugles dans certains moments. Quand ils vont changer d'enveloppe, le vêtement prêt à se détacher passe à l'état de peau morte : il perd sa souplesse et sa transparence. La partie qui recouvre les yeux devient opaque, au point de suspendre parfois presque entièrement l'usage de ces organes. Il y a même un mammifère aveugle. Ce n'est pas la taupe proprement dite, dont on a longtemps méconnu les yeux, qui sont fort petits. C'est

1. *Sénèque,* Quaestiones naturales ; lib. III, cap. 17 et 19.

le rat-taupe ou zemni de la Russie Méridionale (*Spala: typhlus*[1].)

On voit donc que des animaux d'une organisation très-éle vée, peuvent vivre entièrement dans la cécité. Mais toute grande que soit la privation de la vue, elle n'entraîne pas une imperfection correspondante, dans la conception du monde extérieur, pourvu que d'autres sens existent, parce que ces autres sens y suppléent. Le rat-taupe, qui marche, qui entend, qui flaire dans l'air, a des moyens de renseignements bien supérieurs à ceux de l'huître ou de l'actinie fixée, et ses notions du monde extérieur sont par conséquent plus complètes et plus développées.

Chez l'homme aveugle, l'attention se porte sur les sens de l'ouïe et du toucher. Des impressions, qui nous échappent dans les circonstances ordinaires de la vie, servent de base à de nouvelles classes de notions. C'est ainsi que beaucoup d'aveugles trouvent leur chemin tout seuls dans Paris, comptant les rues par les courants d'air qui viennent leur frapper la figure[2]. L'ouïe est devenue attentive aux sons variés, aux bruits produits par les fonctions organiques, et surtout aux résonnances diverses des sols sur lesquels frappent les pieds[3]. Chacun connaît le service qu'on retire des chevaux aveugles, et l'aisance remarquable avec laquelle ces animaux travaillent, eu égard toutefois à leur condition. J'ai rencontré un jour, dans les prairies du Texas, une vache aveugle. Le fermier à qui elle appartenait l'avait liée par le cou à une autre vache, clairvoyante. Celle-ci lui servait de guide, dans le pâturage sans limites des campagnes vierges, et la conduisait avec elle au ruisseau. Je me suis arrêté quelque temps à regarder ces deux créatures, qui passaient de clairière en clairière, à la recherche des herbes savoureuses de la prairie, chacune instruite par

1. Il paraît aussi que la *Talpa coeca*, du midi de l'Europe, est aveugle.

2. Comptes-rendus de l'Acad. des sc. de Paris ; 1843.

3. Comparez *Bew*, dans les Memoirs of the literary and philosophical society of Manchester ; vol. , p. 172.

l'habitude de toutes les façons d'agir de celle qui marchait à côté. L'accord le plus parfait semblait régner d'ailleurs entre ces compagnes. Quand le guide cessait d'avancer, l'aveugle s'arrêtait aussi à l'instant même, sans tirer sur le licou, mais prévenue sans doute par l'ouïe. Si la vache clairvoyante levait alors la tête pour me regarder, la vache aveugle se tenait droite et attentive, ayant conscience, par l'allure de sa voisine, de la présence d'un étranger dans le lointain. Mais si le guide baissait la tête pour manger, la pauvre aveugle flairait aussitôt à terre pour choisir la touffe de graminées succulentes sur laquelle elle allait brouter. J'ai vu ces animaux s'engager dans la *trail* ou route étroite par laquelle le bétail gagne la rivière à la file. Le passage était incommode pour marcher de front.

Le guide se serrait d'un côté contre les buissons, tandis que sa compagne aveugle pliait de l'autre côté les gaulis avec ses cornes, à peu près avec autant d'adresse qu'elle en eût montré lorsqu'elle pouvait voir. Arrivée au bord de l'eau, l'aveugle baissa instantanément la tête et se mit à boire sans flairer. Elle était manifestement prévenue du but de la présente excursion ; elle l'avait appris par la nature de la route parcourue, par la fraîcheur de l'air, la pente du sentier, la qualité du sol, les odeurs des plantes ; elle avait reconnu par la cessation subite de l'obstacle des branches, et la halte de sa compagne, qu'on était arrivé à la ligne d'eau du bassin.

Du reste, quand l'œil se montre pour la première fois, dans les animaux inférieurs, il est loin d'avoir toute sa perfection comme instrument optique. Les notions qu'il fournit ne sont d'abord qu'une vague sensation de la lumière et de l'ombre, quelque chose comme l'impression que nous recevons à travers les paupières, après avoir fermé les yeux. Tel est le cas, selon Müller, pour l'œil de la plupart des articulés, qui n'a point de lentilles, et se rattache simplement à un nerf optique revêtu de pigment. Le genre *Amphioxus* des poissons n'a encore que des yeux sans lentilles[1]. Mais quand l'organe se

1. *Ch. Darwin*, On the origin of species; chap. IV.

perfectionne il se divise en cônes, enduits à l'intérieur d'un pigment noir, et excluant tous les rayons obliques. Ces yeux sont faits seulement pour voir les objets voisins. Chez les fourmis, par exemple, la vue distincte ne porte pas même jusqu'à l'extrémité des antennes. Les facettes terminales des cônes deviennent ensuite convexes, comme on les voit déjà chez les méloés des Coléoptères[1]. Mais ce n'est encore qu'une cornée, sans cristallin. Beaucoup de crustacés ont deux cornées, l'intérieure offrant un renflement lenticulaire[2]. Enfin dans l'œil simple des oiseaux et des mammifères, nous trouvons l'appareil optique dans toute sa perfection avec ses lentilles, son écran diaphragmatique, et ses variations de foyer pour se prêter à l'ajustement.

Bien que l'homme vienne au monde les yeux ouverts, le nouveau né ne retire pas plus de service de ces organes que le jeune chat ou le jeune chien, qui naissent les yeux fermés. Ces animaux restent environ dix jours et quelquefois jusqu'à vingt jours, avant d'ouvrir les paupières. L'enfant peut commencer immédiatement l'éducation du sens, mais cette éducation est bien lente dans les premiers jours. Les notions de distance, dit Charles Bell, s'acquièrent par les mouvements avant d'être tirées de la vue. L'enfant étend la main pour saisir ou tâter, bien avant de montrer une intention de diriger ses regards[3].

C'est seulement au bout de plusieurs semaines qu'il commence à interpréter, et par conséquent à affecter de leur propre valeur, les sensations fournies par la vue. Il le prouve en tournant les yeux, et en manifestant l'attention. Mais il s'en faut de beaucoup que l'usage de ces organes soit dès lors général et incessant comme il doit le devenir dans l'adulte. Les objets les plus brillants sont d'abord les seuls qui

1. *Ch. Darwin*, On the origine of species ; supplem.
2. *Id.*, ibid.
3. *Ch. Bell*, The hand ; p. 233.

frappent l'enfant. Il est alors âgé de quelques semaines. Il se passe plusieurs mois, avant qu'il acquière les notions des grandeurs et des distances [1].

Les animaux ont à passer par la même éducation du sens de la vue. L'expérimentation par les mouvements précède aussi, chez eux, l'emploi intentionnel des yeux. La rapidité de cette éducation est toutefois très-inégale, et semble en rapport, non seulement avec la rapidité du développement général, mais aussi avec la précocité de la locomotion.

L'homme, en venant au monde, est incapable de se déplacer ; il ne parvient pas même à se traîner auprès de la mamelle, et quand on lui présente celle-ci, il faut lui mettre dans la bouche le mamelon. Les singes anthropomorphes sont, à leur naissance, dans un état d'impuissance sinon aussi complet, du moins analogue. La mère les porte dans ses bras ou sur le dos, et les met au sein. On voit par là le cas qu'il faut faire de l'assertion de Keoping, un voyageur suédois, qui prétend avoir vu l'hybride d'une femme de Sumatra et d'un orang-outang, lorsqu'il nous dit que l'enfant, demi-homme et demi-singe, se mit à courir dès l'instant qu'il vit le jour, et à grimper partout sur les meubles [2].

Chez les ruminants qui n'ont pas de repaires, le jeune animal suit sa mère, obligée de se mouvoir pour pâturer. Dans les prairies du Texas, le veau, abandonné à lui-même, serait attaqué en peu d'heures par les loups. Il marche à la suite de sa mère, dans le pâturage, dès le premier jour de sa naissance. J'ai vu des veaux âgés à peine de deux jours, qui accompagnaient leur mère à des distances de plus d'une lieue, lorsque les cavaliers menaient la vache à l'habitation. Le jeune animal était guidé un peu par l'ouïe et par l'odorat. Mais la manière dont il évitait les buissons et les principaux

1. Comparez *Lardner*, Museum of science and art ; vol. VIII, p. 71.

2. Ce conte de Keoping est dans la relation de son voyage, en suédois, Stockholm, 1743. Il y a une notice sur ce voyageur, par *Hoppius*, dans *Linné*, Amoenitates academicae, tom. VI.

obstacles prouvait qu'il savait déjà tirer parti de la vue, et tout au moins distinguer les objets rapprochés des objets lointains.

Au premier abord, une des circonstances qui semblent destinées à accélérer l'éducation de la vue, c'est la parallaxe oculaire. Les rayons qui viennent aboutir aux deux yeux ne nous fournissent pas des images absolument identiques : ils nous présentent à la fois une certaine étendue des deux flancs opposés d'un même relief, comme si nous étions placés à deux différents points de vue. La vision ne fournit donc pas, en toute rigueur, des images plates : elle donne réellement des reliefs. Les effets les plus frappants du stéréoscope viennent de l'exagération de cette propriété. Les images sont prises de points de vue dont l'écartement surpasse celui des deux yeux. Il semblerait donc que les animaux dont les organes fournissent les effets stéréoscopiques les plus accentués, devraient être aussi ceux qui acquerraient le plus vite la notion des distances, des grandeurs, et du relief. Mais il est loin d'en être ainsi.

Chaque œil a son champ de vue. Chez l'homme, comme chez les oiseaux de proie et chez les mammifères carnassiers, les deux yeux sont tournés en avant. Les deux champs de vue coïncident donc à peu près dans toute leur étendue. Sur les bords externes des champs quelques objets sont aperçus par un œil seulement; mais la vision normale est bi-oculaire, c'est-à-dire que l'objet est perçu par les deux yeux à la fois. Quand nous passons, au contraire, aux animaux qui ont les yeux sur les côtés de la tête, nous trouvons que la vision bi-oculaire ne peut plus être que l'exception. Il n'y a plus que quelques objets, placés exactement devant l'animal, qui soient visibles en même temps par les deux yeux. Il n'y a plus que ces objets qui aient une parallaxe oculaire, et par conséquent un relief. Les deux grands tableaux latéraux sont vus séparément, chacun par un œil unique, et par suite en plan seulement.

Or, il se trouve que c'est précisément la disposition des ›ux des pachydermes et des ruminants ; si bien que les ıimaux chez lesquels l'éducation de la vue est la plus rapide ›nt ceux qui ne voient pas les objets en relief, mais en plan.

Cette circonstance curieuse atteste que le jugement est bien lus nécessaire à l'exercice de la vision que l'effet stéréoscoique dont nous savons très-bien nous passer. Nous ne ›yons pas que les enfants borgnes ou strabites soient plus ›nts que d'autres à se rendre compte des sensations de la ue. Et s'il y a des animaux qui ont un nombre immense 'yeux distincts, il en est d'autres qui ne possèdent qu'un œil.

Les yeux composés des insectes étant adaptés à l'examen es objets rapprochés, fournissent par là même des images ont les points de vue sont bien distincts ; et l'effet de relief ui en résulte doit être plus prononcé que celui de nos vues téréoscopiques les plus exagérées. Chaque œil ou facette lonne une image séparée, puisqu'on peut faire de chaque lément, après l'avoir isolé, sinon une chambre noire comlète, ayant sa lentille et son tableau, au moins une sorte le loupe distincte. Dans un ouvrage où les recherches des ntomologistes sur ce sujet sont résumées, nous voyons qu'on lonne aux fourmis et aux zénons 50 yeux, aux sphinx 1 300, la mouche commune 4 000, au ver-à-soie 6 236, au hanneon 8 820, au *cossus ligniperda* 11 300, aux libellules 12 544, ux papillons 17 355, à la mordelle 25 088 [1].

L'une des particularités les plus remarquables de la vision nultiple, de la vision par plusieurs yeux à la fois, c'est qu'il faut que l'éducation s'applique non-seulement à interpréter chaque tableau, mais aussi à identifier les images. En effet, si l'on place dans le stéréoscope des tableaux sur chacun desquels on a passé une teinte différente, le spectateur est immédiatement troublé. Son premier jugement n'est pas de reconstituer l'objet unique, en lui attribuant pour teinte la

1. *Lardner*, Museum of science and art ; vol. VI, p. 51.

résultante des deux couleurs individuelles. Nous persistc quelque temps à voir deux images distinctes, différemme colorées [1]. Le relief ne suffit plus pour nous communiqu l'idée d'unité.

On voit donc que l'usage de la vue n'est pas absolume immédiat, et que les notions qui en dérivent, pour l'homr ou pour les animaux, à tous les instants de la vie, tienne beaucoup moins de leur caractère physique et matériel q d'une interprétation judicieuse.

L'effet stéréoscopique n'est pas seulement ignoré des an maux qui ont les deux yeux sur les côtés de la tête; il est bi certain qu'il manque aux espèces qui n'ont qu'un œil. De nombre sont divers crustacés très-petits, tels que le saute (*Cyclops minutus*) ; le porc d'eau (*Monoculus quadricornis*) l'œil d'un rouge brun, dans le milieu de la tête; et le saty de nos marais (*Amymone satyr*), qui porte un œil noir sur front [2]. Tandis que le premier a aussi une ouïe impair placée sous la bouche, les antennes sont en nombre pai dans les deux autres, l'un en ayant quatre et le dernier deu En sorte que la parité peut disparaître dans l'appareil d'u sens, sans cesser d'exister toujours dans les appareils de autres.

Si la stéréoscopie ne concourt pas à l'éducation rapid de la vue, il y a peut-être une autre condition interne, qu n'est pas sans influence sur la précision et la netteté des sen sations fournies par l'œil : c'est la couleur de l'iris. Dans le expériences qui ont été faites en Angleterre au tir à la cible on a constaté que le pointé des hommes qui ont les yeux gris est manifestement plus sûr que le pointé de tous les autres

Mais un second fait curieux, mis en évidence par ces expé riences, c'est la grande influence de la couleur du but sur la précision du tir. La cible mobile de Wimbledon avait deux

1. Comparez *J. Müller*, Untersuchungen über die vergleichende Physiologie.
2. *Pritchard*, Microscopic cabinet.

faces : l'une grise et l'autre rouge. Cette dernière laissait après elle une trace qui éblouissait l'œil. En sorte que le jugement porté de l'objet gris surpassait beaucoup en exactitude le jugement porté de l'objet rouge. De cent coups qui avaient touché, 36 seulement étaient du côté rouge, tandis que 64 avaient frappé le côté gris.

Cette observation intéressante montra encore que, dans le procédé de la vision, l'interprétation par le jugement tient plus de place que la sensation immédiate elle-même. On a vu qu'il en est de même chez les animaux. Toutefois, il faut prendre garde d'estimer trop haut ce pouvoir d'interprétation et de jugement. Lorsqu'on examine comment les couleurs d'un grand nombre d'espèces sont précisément celles qui peuvent le mieux les dérober à la vue de leurs ennemis, on croit d'abord voir, dans ces relations harmoniques, l'effet d'un calcul savant. L'animal semble choisir les stations où une admirable alliance de teintes diminue ses chances d'être découvert, et lui sert de garantie protectrice. Les reptiles qui vivent sous le feuillage sont généralement d'un beau vert. Les insectes phytophages sont verts également, pendant que ceux qui se nourrissent de l'écorce sont mêlés de gris. La giraffe (*Camelopardalis giraffa*) ne fréquente que les vieilles forêts, remplies d'arbres renversés et de souches battues par les intempéries. « Bien des fois, dit Cumming, j'ai douté si je voyais quelqu'un de ces animaux, ou le tronc jauni d'un arbre. Je devais avoir recours au télescope ; et en consultant les sauvages qui m'accompagnaient, je me suis aperçu que leurs yeux mêmes s'y trompaient : parfois ils prenaient ces troncs en ruines pour des giraffes, et d'autres fois ils prenaient de vraies giraffes pour ces vieux habitants de la forêt[1]. »

J'emprunte les remarques suivantes à un ouvrage anglais plein d'observations bien faites et soigneuses : « Les Lagopèdes (*Tetrao lagopus*) sont précisément de la couleur des pierres

1. *Cumming*, South Africa.

en été, et de la blancheur de la neige en hiver : leur pluma change avec la couleur de leur résidence. Le coq de bruyè *(Tetrao urogallus)* ressemble pour la nuance au feuillage fon des éricées, autant qu'il est possible de l'imaginer. Lorsqu est tapi dans la bruyère, son œil brillant et sa crête rou sont les seuls points qu'on puisse espérer de discerner. résidence ordinaire du petit tétras *(Tetrao tetrix)* est au milie des bas-fonds ; cet oiseau se plaît dans les mousses tou beuses, sur un sol presque aussi obscur que lui. La perdr *(Perdix cinerea)* et la caille *(Coturnix major)* sont exacteme de la nuance des herbes sèches et du chaume ; l'œil le pl exercé ne les distingue qu'avec peine, à moins qu'elles n changent de place en cherchant à manger. La couleur du fa san *(Phasanius gallus)* est toute semblable à celle des feuille mortes des bois et des taillis, ses stations favorites. Le hibo *(Strix otus)* se pose en sûreté contre le tronc d'un grand arbre dont son plumage brun-mêlé imite l'écorce parfaitement C'est à peine si l'on peut distinguer des pierres couvertes d lichens, le faucon pèlerin *(Falco peregrinus)*, avec ses plume gris-bleuâtre, posé des heures entières dans une immobilité aussi complète que celle du rocher. L'aigle *(Falco albicilla)* enfin choisit le sommet d'une roche sourcilleuse de la même couleur que lui, et s'y blottit dans une forme qu'un œil expérimenté peut seul attribuer à un oiseau[1]. »

Mais ces harmonies de nuances ne sont peut-être, après tout, que le résultat même des actions dont nous les supposons les causes. C'est précisément parce que les individus de ces couleurs avaient plus de chances d'échapper à la destruction, qu'insensiblement les variétés dont le plumage se confondait avec la station ont seules subsisté. Elles ont pris un développement de plus en plus grand, pour finir par embras-

1. *St-John*, Natural history and sports in Moray. — Il existe des corrélations analogues et également protectrices, dans les couleurs des œufs des oiseaux (*Gloger*, dans les Verhandelungen der Geselschaft der Naturfreunde, in Berlin).

er toute l'espèce. Les seules couleurs épargnées, et par conséquent les seules couleurs transmises héréditairement sur une grande échelle, ont été justement celles qui sont favorables à cacher et protéger. Il est donc probable que ce n'est pas l'animal qui choisit sa station d'après son plumage, mais le plumage qui, par l'exclusion séculaire des individus exposés, n'offre plus guère que les teintes adaptées à la station[1].

On ne peut douter cependant que l'éducation de la vue ne nous enseigne, jusqu'à un certain point, et sans que nous en ayons conscience pour ainsi dire, les artifices par le moyen desquels on trompe ce sens. L'idée de se cacher derrière un objet opaque est répandue parmi les animaux. Mais ceux-ci savent également que leur immobilité les protège ; s'ils ne peuvent recourir à une cachette, ils se tiennent coîts et sans mouvement, jusqu'à l'instant où le regard de l'ennemi tombe sur eux. Avec le développement de leur propre vue, ils ont acquis ainsi que nous cette notion qu'un objet mobile frappe l'œil beaucoup plus vite que le même objet en repos[2].

Si, de tous les sens, la vue présuppose le plus grand usage du jugement, et par conséquent de l'intelligence, ce sont aussi les lobes optiques qui constituent les parties les plus volumineuses, dans le cerveau des vertébrés inférieurs. La vue se montre généralement, dans les différentes séries d'organismes, après tous les autres sens. Et c'est d'ordinaire avec la vue que paraît la tête, siége de leur centralisation[3].

1. *Ch. Darwin*, On the origin of species ; chap. IV.

2. *Arago*, Œuvres. Notices scientifiques; notice sur le tonnerre.

3. S'il y a un grand nombre d'animaux acéphales ou sans tête, il faut aussi remarquer que la tête n'est pas toujours un organe unique. C'est ce qu'on observe dans le *Taenia coenurus*, un vers intestinal du chien, qui durant la première phase de son existence est le *coenurus* cause du tournis des moutons. Pendant la première partie de sa vie cet animal n'a qu'une tête ; mais lorsqu'il se métamorphose en tænia, il en prend plusieurs qui poussent comme des bourgeons. D'autre part il n'est pas universellement vrai que les organes de la vue soient placés sur la tête. Chez quelques annélides par exemple les yeux occupent parfois une situation différente, et leurs nerfs partent d'un autre centre nerveux que

Parmi les mollusques, la tête proprement dite ne se montre que chez les plus élevés de ces animaux, les gastéropodes et les céphalopodes. Les articulés, au contraire, la possèdent presque tous ; et il en est de même des vertébrés, jusqu'à l'homme ; mais elle n'est pas aussi essentielle dans toutes ces espèces que nous sommes disposés à l'imaginer. Parmi les reptiles, par exemple, la salamandre *(Urodela)* peut vivre quelque temps décapitée. Duméril a conservé pendant trois mois, après lui avoir coupé la tête, une salamandre qui avait une conscience parfaite de son existence. Seulement les sens dont les organes étaient perdus faisaient défaut, et l'animal ressemblait à l'infirme qui comprend ce qui lui manque et ne va qu'à tâtons. Il ne marchait qu'avec précaution, et ne venait plus que de temps à autre s'exposer à l'air au dessus de la surface de l'eau [1].

La portée de la vue est fort inégale, non-seulement aux divers âges de la vie, mais aussi chez les différentes espèces animales. Quand nous regardons marcher un insecte, nous reconnaissons aisément par le jeu de ses antennes et par la direction de ses mouvements, qu'il ne voit pas aussi loin que ces antennes atteignent. Cet insecte, avec ses yeux multiples, qui s'adaptent aux plus courtes distances, et le préviennent du voisinage des poils des feuilles entre lesquels l'animal chemine, se jette étourdiment, lorsqu'il vole contre les obstacles, et nous prouve que malgré ses voyages aériens la sphère de sa vision distincte est fort bornée. L'oiseau de proie, au contraire, possède une vue remarquablement perçante ; son œil s'adapte à des distances très-inégales ; il distingue le lointain avec netteté.

Chez l'homme la portée de la vue est indéfinie, c'est-à-dire que l'œil peut s'adapter à toutes les distances, depuis celles de quelques centimètres jusqu'à l'éloignement immense des

le cerveau (*De Quatrefages*, dans les Annales des Sciences naturelles ; janv. 1850).

1 *Duméril* et *Bibron*, Erpétologie ; tom. I.

[ét]oiles. Cette propriété fait du regard une véritable *sonde de l'espace*, qui n'a pas plus de limites que la nature. De là ré[s]ulte un champ vaste et complet de notions. Mais il n'en est [p]as de même pour tous les animaux. La sphère se rétrécit, et [l]a vision perd ce caractère élevé, d'où devaient découler aussi [l]es notions élevées. L'œil du chien, par exemple, ne peut [g]uère s'adapter à des distances supérieures à cent mètres, [s]i ce n'est toutefois chez le levrier. Les lentilles de l'œil n'ont [p]as un jeu suffisant pour fournir des images nettes à une [d]istance considérable : en d'autres termes le chien est myope. [L]a vision à 200 mètres est pour cet animal ce que les physi[c]iens appellent *vision indistincte :* c'est le cas d'une lunette qui n'est pas au point. Il n'est personne qui n'ait remarqué que le chien, voyant venir son maître à cent pas de distance, n'est pas sûr de la personne, et d'aussi loin le reconnaît seulement à la voix.

Indépendamment de la netteté, il faut aux images une certaine étendue pour faire une impression sur l'œil. Mais la finesse du sens, sous ce rapport, augmente beaucoup par l'exercice constant à l'air libre[1]. Ce fut un Indien qui aperçut le premier le voyageur Bonpland, et qui le fit remarquer à Humboldt[2], lorsque vêtu de son *pongo* blanc comme la neige,

1. La myopie et le presbytisme sont fort rares parmi les populations d'Amérique et d'Asie. Quand l'habitant du Nouveau-Monde visite l'Europe, le nombre des personnes portant lunettes lui paraît excessif et surprenant. On se demande ce qui serait advenu de ces milliers d'hommes, si les verres n'eussent pas été inventés. Mais la supériorité des Américains et des Asiatiques n'est pas due seulement à l'influence de la vie au grand air : c'est l'effet de leur persévérance à se servir de l'œil nu. L'œil en effet revient souvent de lui-même à sa courbure normale, par les efforts et l'exercice, quand on ne prolonge pas la déformation par l'usage trop hâtif des lunettes. L'emploi des verres n'est donc pas si indispensable ni si précieux que beaucoup d'Européens le supposent. Dans la plupart des cas, il ne fait que rendre permanente une altération qui eût été seulement passagère, même chez le vieillard. Les animaux n'éprouvent pas de grande variation, aux divers âges de leur vie, dans la distance de la vision distincte.

2. *Al. de Humboldt*, Relation historique d'un voyage aux régions équinoxiales ; tom. VI.

il gravissait le Chimborazo lointain. C'étaient des cosaqu qui apercevaient le camp russe aux extrémités de la plair lorsque les officiers européens ne le distinguaient pas enco à travers leurs lunettes [1].

Si le chien est myope, en revanche beaucoup d'oiseaux so presbytes. Leur vision à longue portée s'adapte à la déco verte d'objets non-seulement d'un très-petit volume, ma difficiles à distinguer du fond du tableau. Schmidt ayant je à terre de petits escarbots pâle-gris qu'il ne parvenait pas voir sur le sol, une grive (*Turdus musicus*) qui était près c là, les aperçut immédiatement et les becqueta. La mésange longue queue (*Parus caudatus*), tout en volant avec rapidi au milieu des branches d'arbres, enlève de l'écorce unie de insectes qui sont microscopiques pour nous. Un rouge-gorg (*Sylvia rubecola*), perché à plus de cinq mètres au-dessus d sol, apercevait de là les moindres miettes de pain qui tom baient à terre, et descendait aussitôt pour les ramasser; enfi de la même distance une caille (*Coturnix major*) distinguai les fines semences du pavot. Ces deux derniers oiseaux regar daient de côté, et se servaient d'un seul œil dans ces cir constances [2].

Il serait donc inexact de considérer la vue comme un source de notions partout aussi riche, aussi féconde, pou les différentes espèces d'animaux. Il serait bien plus vrai de penser qu'un grand nombre d'espèces ne voient que dans une sphère bornée, et par suite ne vivent, mentalement, que dans un coin limité du monde. « La terre est vaste », s'écriait le régent du Thibet, en voyant sur la Mappe-Monde de M. Huc les nombreux pays qui couvraient la carte, en dehors des limites de la Chine. L'ignorance des peuples barbares sur l'étendue de la création, nous dépeint l'ignorance perpétuelle et forcée des animaux à vue bornée.

1. *Al. de Humboldt*, Asie centrale ; tom. I.
2. *Schmidt*, Blicken in der Haushalt der Natur ; Herausg. 1826 ; S. 26.

CHAPITRE VII.

ILLUSIONS DES SENS.

Tous nos sens sont susceptibles d'illusions ; il est possible de tromper jusqu'aux organes mêmes du toucher. Si l'on croise le doigt annulaire sur le majeur, et qu'on place une bille entre les extrémités croisées, l'impression produite est celle de deux billes, séparément en contact avec chaque doigt. Si l'on tient longtemps une main dans de l'eau très-froide, et l'autre main dans de l'eau très-chaude, puis que tout d'un coup on plonge les deux mains dans de l'eau à une température intermédiaire, l'impression est celle de deux liquides, à des degrés de chaleur bien différents. Ces expériences montrent le toucher géométrique et le toucher thermique tour à tour en défaut [1].

L'odorat et le goût nous trompent de même : l'odorat quand il nous fait attribuer une saveur à la canelle pilée, laquelle mise dans la bouche pendant qu'on pince le nez n'a pas de goût ; le goûter, quand nous faisons succéder rapidement des substances de saveurs différentes. On sait, par exemple, qu'en buvant alternativement, les yeux bandés, du vin et du lait de beurre, il devient impossible, après quelques alternatives, de distinguer ces liquides l'un de l'autre, par l'impression produite sur le palais.

Quant à la vue, c'est de tous les sens le plus trompeur. Les illusions auxquelles elle donne lieu sont trop nombreuses, et pour la plupart trop bien connues, pour qu'il faille ici les mentionner. L'ouïe a aussi ses notions fallacieuses, telles par exemple que l'impression de la voix humaine dans le sifflement plaintif du vent.

1. On peut rappeler en outre qu'en plongeant un membre dans l'acide carbonique, ce membre éprouve une sensation de chaleur.

Les sens des animaux ne diffèrent pas des nôtres ; il est donc naturel de croire qu'ils sont également sujets à des illusions. Dans un certain nombre de circonstances, nous pouvons le démontrer directement Richardson dit que si les chasseurs tirent sur les bœufs musqués (*Bos moschatus*) sans se montrer, ces animaux prennent le bruit de la carabine pour celui du tonnerre. Ils se forment en groupe, et se serrent de plus en plus à mesure que leurs compagnons tombent autour d'eux. Mais s'ils aperçoivent les tireurs, ou s'ils peuvent seulement en prendre le flair, ils sortent aussitôt de leur erreur, et se mettent à l'abri par une fuite soudaine et précipitée [1].

La mouche à viande (*Musca carnaria*) commet une erreur d'odorat fort remarquable, lorsqu'elle dépose ses œufs dans la fleur du *Stapelia hirsuta* qu'elle prend évidemment pour une charogne [2]. Mais toute l'analogie se borne à l'odeur; et la progéniture est condamnée à un avortement prochain. Cet exemple est d'autant plus intéressant qu'il offre matière à discuter si les actes d'instinct sont dus à une intervention directe providentielle.

La mouche domestique (*Musca domestica*) nous fournit un exemple analogue, où l'illusion est produite probablement par plusieurs sens à la fois. Lorsqu'en août et septembre on laisse une tabatière ouverte, cet insecte prend le contenu de la boîte pour de la poudrette, et vient y déposer ses œufs [3]. La vue, le toucher, l'odorat concourent sans doute à l'induire en erreur. La progéniture périt encore, car la larve après son éclosion ne trouve pas d'aliments.

On trompe l'odorat des chiens pour les exercer à la chasse. Ceux qui font métier de les dresser traînent d'abord un renard mort sur le sol, puis ils mènent les chiens près de la trace,

1. *Richardson*, Fauna boreali-americana ; art. musk ox.
2. *Er. Darwin*, Zoonomia ; part. I, sect. xvj, art. 11.
3. *Zinken*, dans *Germar*, Magazin der Entomologie ; Bd. I, Abth. ij, S. 189.

et en les encourageant, en les appelant du côté convenable, ils les exercent à découvrir et à suivre, par l'odeur, cette trace factice.

Les illusions de la vue sont très-nombreuses. Les plus simples de toutes ont leur source dans les rapports, faussement appréciés, entre la lumière et les ombres. L'effet des grandes éclipses de soleil appartient à cette catégorie. Il a sans doute un fondement physique dans la diminution du rayonnement solaire, et c'est ainsi qu'on explique l'influence qu'en ressentent les plantes. Durant l'éclipse du 18 juillet 1860, Lowe, à Fuente del Mar, en Espagne, a vu l'hibiscus africain *(Hibiscus africanus)* fermer ses fleurs à l'approche de l'obscurité totale. Pendant celle du 28 juillet 1851, G. P. Bond, à Lilla-Edet, en Suède, a noté que l'*Hesperis matronalis* qui n'émet son parfum que le soir, s'est mis à le répandre lorsque l'obscurité est devenue profonde. Mais chez les animaux les effets des éclipses ne sont pas limités à la vie automatique seulement : il y en a qui dépendent d'actions volontaires. Le seul fait que les poules reviennent au poulailler, et vont percher comme si la nuit approchait, le prouve d'une manière suffisante.

Une pareille illusion nous fait sourire, parce que nous possédons des moyens de redresser cette erreur de jugement ; mais nous ne sommes pas longtemps sans tirer aussi des conclusions erronées des effets de lumière et d'ombre. Si nous allons plus loin que l'animal, nous finissons cependant par trouver une limite applicable à notre espèce. Dans les jours sombres, lorsque la neige couvre la terre, nous sommes persuadés que cette couche de neige est plus éclatante que le ciel gris ; tandis que les mesures photométriques nous apprennent que ce jugement est une erreur [1]. En plaçant des objets gravés dans le microscope, le creux semble changé en relief et le relief en creux, uniquement parce que la direction

1. *Arago*, Astronomie populaire ; tome II, p. 168.

des ombres est renversée, par rapport à la source apparente de lumière[1]. Les illusions, pour l'homme sont d'une nature plus savante ; mais on en retrouve dans les mêmes ordres de phénomènes, et nous n'y sommes pas moins exposés.

Parmi les illusions de la vue chez les animaux, il n'y en a peut-être pas de plus curieuse que celle du jeune singe, capturé à la Guyane par Le Vaillant, qui prit une perruque pour sa mère. Le petit animal s'était accroché jusqu'au dernier moment à l'auteur de ses jours. Quand il ne vit plus sa mère, et qu'on le laissa libre dans la chambre, il sauta sur une perruque, posée sur un support à pied, et s'y fixa de tout son pouvoir. Il y resta, « dans son erreur, » pendant trois semaines, jusqu'à ce qu'il fût devenu familier avec les personnes de la maison [2]. Ne pourrait-on pas rapprocher ce fait de l'attrait des poulets pour la *mère artificielle,* dans les établissements où l'on pratique l'éclosion dans des fours ? Cette *mère* se compose d'une peau de brebis, tendue comme un ciel de lit, le poil en-dessous, et très-près de terre. L'espace entre le sol et la laine est seulement suffisant pour admettre les poussins. Ceux-ci se retirent d'eux-mêmes, et comme par une sorte d'instinct, sous le dais protecteur qu'on leur prépare.

J'ai eu l'occasion d'observer, dans les régions du golfe du Mexique, des perroquets *(Psittacus carolinensis)*, nouvellement pris, placés en présence d'un miroir. Je ne fais pas de doute que l'illusion pour eux ne fût complète. Ils s'approchaient de leur image, cherchaient à la toucher, et souvent ils essayaient un mouvement qui leur est naturel, celui de gratter la tête de leur semblable. Chacun a pu voir également les jeunes chats, jouer de la patte avec leur image, lorsqu'on pose un miroir devant eux. Quelquefois ils vont de l'autre côté dans l'espoir de trouver leur semblable. Les Patagons de la Terre de Feu faisaient précisément la même chose. Ils ne

1. *Brewster,* Letters on natural magic ; let. v.
2. *Le Vaillant,* Premier voyage ; introd.

ouvaient pas se persuader que le personnage visible dans le miroir fût leur propre image : ils faisaient le tour de la glace pour arriver à l'être mystérieux [1]. Il n'y a point à douter que a plupart des animaux ne soient sujets à cette illusion, qui parfois encore exerce une déception sur l'homme malgré l'expérience qu'il a acquise, et qui faisait dire à Shakespeare : « Si u cherches un fou, tu n'as qu'à regarder dans la rivière [2]. »

Mais de même que, pour l'homme, l'illusion, avant d'être complète, a besoin d'être entourée de circonstances particulières, il en est ainsi chez ces carnassiers qui font plus d'usage le l'odorat que des yeux. Le chien, par exemple, est difficile à tromper avec le miroir. L'odeur manque à l'image qu'on lui présente : il la flaire ; et cette épreuve est décisive pour lui. Il ne peut admettre un chien sans odeur. Tant il est vrai que l'expérimentation et le jugement présentent, dans les animaux supérieurs, les traits fondamentaux qu'ils offrent dans l'homme.

Si la distance est trop grande pour appliquer l'épreuve de l'odorat, le chien au contraire devient le jouet de la vue, aussi bien que tout autre animal. Livingstone rapporte que dans les plaines salines de Nchokotsa, dans l'Afrique Méridionale, les chiens étaient trompés par le mirage, en même temps que les chevaux [3].

Claudien nous dit qu'on se servait autrefois du miroir pour prendre l'ours ; mais ce n'était pas par l'image ; il s'agissait simplement de l'effet d'illumination auquel succombe encore l'alouette. C'est une tendance à peu près universelle des animaux de se porter vers la lumière, probablement par suite de la connexion qui existe entre les sources de lumière et de chaleur. Les mammifères sont attirés la nuit par le feu du bivac ; les oiseaux se jettent sur les lanternes [4] ; les insectes

1. *John Byron*, Narrative of the loss of the Wager man of war ; 25 mai 1740.

2. *Shakespeare*, As you like it ; act. III, sc. 2.

3. *Livingstone*, Missionary travels ; chap. III.

4. J'aurais pu citer aussi les poissons. On raconte que George Stephenson, le grand ingénieur, avait fait dans sa jeunesse, lorsqu'il n'était encore que l'hum-

surtout mettent tant d'imprudence à venir aux lumières, qu'il s'y brûlent souvent, et que les entomologistes les prennent *au sucre*, c'est-à dire en posant un enduit sucré sur les objet voisins d'un fanal.

Il paraît que les animaux, même certains animaux inférieurs, voient les couleurs à peu près comme nous, ou au moins sont influencés par la lumière de la même manière. En effet, Bert, ayant fait tomber les différentes parties d'un spectre sur un vase rempli d'eau où il avait mis des daphnies puces *(Daphnia pulex)*, ces petits crustacés cladocères non-seulement se groupèrent dans la partie éclairée du vase, mais principalement dans le jaune, qui est aussi pour nos yeux la partie la plus lumineuse [1]. Cette expérience montre que ces animaux, qui sont relativement assez peu élevés dans l'échelle, et qui n'appartiennent même pas à l'embranchement des vertébrés, sont affectés par la lumière à peu près comme le serait l'homme.

Mais si les animaux sont frappés de l'éclat lumineux et de la vivacité des couleurs, il est beaucoup plus douteux qu'ils soient sensibles aux effets que l'artiste a pour but de produire par la perspective et le modelé. Pline a beau raconter que les raisins d'un tableau de Zeuxis étaient peints avec une fidélité si grande que les oiseaux venaient y becqueter; ce fait, comme on va le voir, n'est qu'un succès vulgaire pour l'artiste. Toutes les peintures brillantes, à ramages, chargées de fleurs de fantaisie, ou même de tâches irrégulières vivement colorées, excitent la même attention. Trevilyan a vu le *Sphinx convoluta* voler le long d'un papier de tenture à fleurs brillantes, et

ble mécanicien des houillères de Killingworth, une lanterne qu'il pouvait plonger dans l'eau, et qui lui servait à attirer le poisson. Celui-ci se précipitait sur la lumière avec une sorte de furie (*Smiles*, Lives of the engineers; vol. III, p. 69). Il y a d'ailleurs des pays où on ne pêche qu'à la torche, c'est-à-dire en employant un fanal pour attirer les crustacés et les poissons.

1. *Bert*, dans les Comptes-rendus de l'Académie des sciences de Paris; 1869, 2me sem.

essayer des corolles capricieuses créées par l'imagination de l'imprimeur. Swainson cite un beau perroquet de l'Australie (le *Trichoglossus Swainsoni*), dont la nourriture habituelle est le miel des fleurs de l'eucalyptus, qui tentait l'expérience de sucer les images enluminées et les fleurs fantastiques des tissus de coton [1]. Cette conduite est celle qu'on devait attendre du développement mental de ces animaux. Saisir une ressemblance, dans une peinture, n'est pas tant le résultat d'une illusion sensible que l'effet d'un pouvoir cultivé de l'imagination. L'enfant, lorsqu'on lui montre les premiers dessins, nous demande ce qu'ils représentent : il ne reconnaît pas les objets sur-le-champ. Il en est exactement de même du sauvage. Les Australiens, par exemple, ne comprenaient rien aux dessins enluminés qu'on exposait devant eux. Un voyageur ayant représenté un des leurs à l'aquarelle, il n'y en eût pas un sur douze qui reconnût le portrait. L'un dit que c'était un vaisseau : l'autre un kangourou, et ainsi de suite en nommant les objets auxquels on se fût le moins attendu [2]. On ne peut donc pas assimiler les notions fournies par la vue aux personnes instruites et civilisées, à celles plus limitées qu'en retirent les hommes qui n'ont pas exercé parallèlement les yeux et le jugement. Mais quand le sens de la vue s'est développé, et qu'il s'est habitué à nos modes favoris de représentation, il faut un art plus parfait et des illusions plus savantes pour nous surprendre.

C'est à peine si les effets tellement remarquables du miroir concave et de ses images aériennes, feraient aujourd'hui l'impression qu'ils produisaient sur les anciens. Ce miroir luimême était hors de la vue des spectateurs ; les rayons entraient dans le temple par une ouverture habilement dérobée, derrière l'autel. L'image restait invisible aussi longtemps qu'il

1. *Swainson*, Zoological illustrations. — *Wells*, Annual of scientific discovery ; 1852, p. 350.

2. *Oldfield*, dans les Transactions of the ethnological society ; new series, vol. III.

n'y avait point d'écran pour la recevoir. Mais quand la fumée du sacrifice venait intercepter les rayons, les objets cachés dont le miroir projetait les formes, devenaient visibles pour les assistants[1]. Le Dieu semblait debout sur l'autel, au milieu des bouffées de fumée, et malgré son apparence corporelle il y avait quelque chose d'aérien dans cette apparition, à travers laquelle l'œil pouvait discerner. Hercule paraissait à Tyr dans son temple. Esculape se montrait à Tarse ; les déesses dans le temple d'Enguinum en Sicile. Le magicien Maxime fit rire la statue d'Hécate, en employant évidemment, pour origine de l'image, un sujet vivant[2]. A mesure que l'opérateur avançait ou reculait le miroir, les formes aériennes se rapetissaient ou bien grandissaient à son gré, et semblaient par conséquent s'éloigner ou se rapprocher des spectateurs. L'illusion, dont les moyens étaient invisibles, inconnus du vulgaire, devaient frapper vivement l'imagination. La « lanterne magique » de Kircher a donné plus tard les moyens de produire sur un écran des tableaux entiers, également visibles de toutes les parties de la salle. Sur les personnes simples ou non préparées, ces illusions physiques ne sont d'ailleurs qu'un premier moyen d'émotion, dont l'imagination amplifie ensuite les effets.

En résumé, les sens paraissent s'exercer de la même manière, chez tous les êtres qui sont pourvus d'appareils analogues. Et comme les impressions ont besoin d'interprétation, les sens sont sujets à des erreurs et des illusions, qui ont partout un même caractère. Le jugement est surtout essentiel pour interpréter les notions fournies par la vue ; dès lors l'usage de ce sens s'étend ou se resserre avec le développement ou la faiblesse du jugement. Dans une espèce donnée, les yeux servent d'autant mieux l'intelligence que cette intelligence est plus élevée. La vue est donc de tous les sens celui

1. *Proches*, Commentarii in Platonis rempublicam ; p. 380.
2. *Brewster*, Letters on natural magic ; let. IV.

dont l'exercice doit le plus au degré d'avancement intellectuel. On pourrait dire que le champ des notions qu'elle fournit à l'être est proportionnel aux aptitudes mentales de celui-ci.

—

CHAPITRE VIII.

CAS EXTRÊMES DE LA FINESSE DES SENS.

Nous avons passé en revue les divers chefs sous lesquels on classe d'ordinaire les rapports des êtres organisés qui occupent le sommet de l'échelle animale, avec les phénomènes du monde extérieur. Nous avons trouvé dans la plupart des mammifères, comme dans l'homme, les deux sens physiques de la vue et de l'ouïe, les deux sens chimiques du goût et de l'odorat, enfin le sens, ou plus exactement le double sens mécanique du toucher, qui fournit à la fois les notions de résistance et de température. Cette division est fondée principalement sur les fonctions de l'espèce humaine. Avant de passer à une autre classe de phénomènes, il est bon d'examiner si l'énumération est complète, c'est-à-dire si toutes les sensations des animaux rentrent dans le même cadre. N'existe t-il aucune manifestation qui nous révèle, chez certaines espèces des sources différentes de notions ? L'homme, en un mot, possède-t-il tous les sens qui existent parmi les espèces animales, ou bien lui manque-t-il une ou plusieurs de ces ressources, par lesquelles les animaux exerceraient ces pouvoirs, quelquefois extraordinaires, qui tiennent au premier coup d'œil d'une espèce de divination ?

S'il y a, en effet, des espèces qui n'ont qu'un sens ou deux, celui du toucher et celui du goût, d'autres qui en possèdent trois, puis quatre, puis enfin cinq, il n'est pas certain *à priori* que notre espèce réunisse le nombre maximum. Qui nous assure d'ailleurs que parmi les animaux qui n'ont pas autant de sens que nous, tous ces sens soient de la même espèce que certains des nôtres ? Il est donc prudent d'examiner si l'on ne rencontre pas quelque part des sens différents de ceux que nous possédons.

Toutefois avant de considérer certains phénomènes qui sortent en apparence du cadre que l'on assigne à nos sens, il est convenable de s'enquérir de la plus grande sensibilité des organes. Les faits qui se rapportent manifestement à l'exercice des sens connus, exaltés seulement en délicatesse, nous prépareront à soumettre à une critique plus judicieuse les exemples qu'on nous donne comme inexplicables ou inexpliqués.

Ce fut, par exemple, un spectacle étrange pour Spallanzani, lorsqu'il vit voler avec facilité des chauves-souris auxquelles il venait d'ôter les yeux; lorsqu'il les vit parcourir l'intérieur de la chambre sans se heurter aux murailles, suivre à quelque distance les courbes du plafond, éviter les branches des arbustes, et s'attacher au mur aussi facilement qu'avant leur cécité. Combien cet étonnement dut redoubler encore lorsque le naturaliste italien, désireux d'apprécier la perspicacité de cette vue mystérieuse, qui semblait survivre aux yeux de l'animal, eut tendu de simples fils de soie dans l'espace, et qu'il vit ses chauves-souris aveugles passer avec adresse dans les intervalles, et se jouer pour ainsi dire au milieu de ces obstacles, comme si elles eussent encore pu les voir.

Le sens était-il déplacé ? y avait-il un sixième mode de perception des objets extérieurs dont nous n'avions pas d'idée ? Ces questions se présentaient tout naturellement à l'examen des naturalistes ; et ceux-ci éclaircirent bientôt ce que l'expérience avait de mystérieux.

Carlisle répéta l'essai sur la grande chauve-souris d'Angleterre *(Vespertilio auritus)*. Il vit se reproduire tout ce que Spallanzani avait observé. Par une inspiration heureuse il soupçonna qu'il s'agissait surtout d'une délicatesse de toucher. Il couvrit tour à tour certaines parties du corps au ven de morceaux d'étoffe. Lorsqu'il enveloppait les oreilles mouvements de l'animal perdaient une grande partie de : sûreté. Cette idée fut suivie par Cuvier. Dans un mé-ire de 1796, ce grand naturaliste montra, par de nom-uses expériences, quels sont les siéges exquis du toucher it l'usage remplace celui des yeux. Il fit voir que le chei-tère n'a pas à la rigueur besoin de la vue pour se con-re. Les mouvements de l'air, la facilité de ce fluide à cou-dans les espaces libres, sa résistance dans le voisinage des stacles, sont des notions d'expérience que l'animal acquiert son jeune âge, grâce à la finesse exquise du toucher. Ce ucher délicat, incomparablement plus sensible que celui du age chez l'homme ordinaire, réside surtout pour la chauve-uris, dans la peau des ailes et dans les oreilles.

Un cheval âgé que je prenais souvent en voyage au Texas, qui me permettait de rêver indéfiniment quand j'étais en le, comprenait des mouvements de la bride qui étaient à ine marqués. Il m'arrivait, par exemple, en marchant sur points cardinaux, de remarquer que ma direction s'était rangée Je me disais intérieurement : passé tel buisson ou bosquet qui barre la route, il faudra que j'incline dans tel ns. J'atteignais le buisson ou le bocage; et la rêverie, qui ait repris son cours, m'avait fait oublier ma décision ojetée. Or, quel n'était pas souvent mon étonnement de voir cheval, à l'endroit désigné, obliquer comme de lui-même, me rappeler mon intention. On eût dit que ma réflexion i eût été communiquée. Je ne puis guère douter qu'en arri-nt au lieu indiqué je n'aie trahi, à mon insu, par un mou-ment à peine perceptible, mon intention devenue latente et ubliée. Ce mouvement, dont je n'avais pas conscience, l'ani-al le distinguait pourtant par ses caractères de tant d'autres coussses accidentelles de la main, certainement plus consi-érables. Le fait constatait à la fois deux phénomènes : la dé-catesse de l'observation dans le cheval, et la persistance de volition, même à son insu, dans l'homme.

L'éléphant apprivoisé *(Elephas indicus)* est sans doute c
de tous les animaux qui saisit le plus promptement la pe
de son maître, d'après des signes. L'intimité qui s'établit e
l'animal et son gardien ou *mohout* a quelque chose d'extra
dinaire. Un signe, à peine perceptible, indique à l'animal
qu'il doit faire. Ainsi, quand Tavernier voyageait dans l'I
avec l'armée mahométane du Grand Mogol, il n'en reve
pas d'étonnement lorsqu'il voyait les éléphants s'attaqu
comme d'eux-mêmes, aux idoles qui garnissaient l'extéri
des pagodes hindoues. Mais il finit par découvrir que les *n*
houts faisaient à leurs animaux des signes secrets qui su
saient pour les diriger dans une action aussi particulière
aussi neuve. Un éléphant qu'on montrait en Europe dis
l'âge de ses visiteurs en grattant le sol avec le pied autant
fois qu'ils avaient d'années. La vérité est qu'il marquait
terre autant de fois que son cornac touchait sa canne av
l'ongle [1]. Le chien sait apprécier des indices aussi délicats.

Le sauvage montre, en général, une perception correcte
prompte. Sa faculté d'observation s'applique surtout, comm
celle de l'animal, aux phénomènes immédiats, aux apparence
Celle de l'homme civilisé descend au contraire dans les détai
intimes; pour lui les personnes et les objets qui l'entoure
sont toujours assez bien connus, dans leurs caractères gén
raux. L'habitant de nos villes policées néglige les traits exté
rieurs, et perd insensiblement l'habileté particulière, néces
saire pour les observer. Il se servira avec fruit des instrumen
les plus délicats de la science; mais le sauvage le surpasser
dans l'usage direct des sens.

L'homme de la nature excelle dans l'observation immédiate
soit des objets physiques, soit des caractères. J'en donnera
seulement quelques exemples.

Les Indiens de l'Amérique du Nord devinent la présenc
de leurs ennemis, à une immense distance, par l'odeur d

1. *Broderip*, Zoological recreation; part. II, elephants, § 4.

leurs feux. Ils reconnaissent les marques des pas, dans des endroits où l'œil d'un Européen n'aperçoit rien ; ils comptent le nombre des personnes qui ont passé, et distinguent, d'après ces marques pour ainsi dire imperceptibles, les différentes nations qu'ils sont habitués à poursuivre ou à redouter[1].

Parmi les amusements des Hawaïiens, il y en a un qui consiste à cacher une pierre sous un quelconque de cinq mouchoirs rangés en ligne, et à faire deviner où est le caillou. Le naturel qui dépose la pierre la serre dans la main. Les cinq morceaux d'étoffe sont assez rapprochés pour se toucher; et la main passe successivement sur les cinq cachettes, en présence de tous les témoins. Il s'agit pour ceux-ci de deviner sous quel morceau d'étoffe la main s'est ouverte et la pierre a été laissée. Or que font ces témoins? Ils surveillent le bras nu du poseur. A l'instant où la pierre est lâchée, les plus habiles d'entre eux parviennent à distinguer un petit mouvement des muscles, à la naissance du bras, près de l'épaule, qui est concomitant avec l'ouverture de la main[2].

Je choisirai maintenant une observation de caractère. En 1767, les Cherokees firent, avec les Anglais, un traité d'amitié, entraînant la cession d'une partie de leurs terres. Le gouverneur Tryon, de la Caroline du Nord, négociait pour les Européens. Les Indiens ne l'eurent pas plutôt vu, dès la première conférence, qu'ils lui appliquèrent un surnom suivant leur coutume. Ils en choisirent un que toute la conduite du gouverneur vérifia parfaitement par la suite. Sans idée de critique, mais dans la naïveté d'une observation fine du caractère, ils lui attribuèrent le nom honorifique de Grand Loup[3].

J'ai déjà rappelé au chapitre VI, comment, chez l'homme

1. *Lafitau*, Mœurs des sauvages.

2. *Ellis*, Polynesian resaerches; 2me éd. vol. IV. p. 81. — Si l'on veut se donner la peine d'examiner pendant qu'elle écrit une personne ayant le bras nu, on distinguera très-bien, près du coude, le jeu incessant des muscles et des tendons.

3. *Bancroft*, History of the United States ; vol. VI, p. 87.

même, le développement des quatre autres sens supplée, dan une grande mesure, à l'exercice de la vue. J'ai cité les aveugles des quinze-vingts, à Paris, qui comptent les rues pa l'impression des courants d'air sur la peau. Mais il n'y a pas d'exemple plus remarquable que celui de l'aveugle Metcalf qui, de tous les hommes connus, a tiré le parti le plus extraordinaire et le plus étendu, du toucher, de l'odorat e de l'ouïe.

Né en 1717, dans la partie centrale de l'Angleterre, c'est à lui qu'on dut les premières bonnes routes du pays. Il s'était appliqué sans relâche à l'amélioration des voies de communication, et comme entrepreneur de travaux de viabilité, il n'avait pas de rival dans son temps. La petite vérole l'avait privé de la vue lorsqu'il n'avait encore que six ans. Depuis lors il s'était développé par toute espèce d'exercices du corps et de l'esprit. Il montait à cheval, grimpait aux arbres pour dérober les nids, nageait dans l'eau courante ; un jour même il eut le bonheur et la gloire de sauver un jeune homme clairvoyant qui se noyait. Chose plus étonnante encore, on lui doit la découverte d'une chaussée romaine. Il avait remarqué près d'un chemin une différence soudaine de terrain, d'herbe, de résonnance; et sûr de rencontrer une construction cachée, il avait fait ouvrir le sol.

Un jour une jeune dame nouvellement mariée, dans la bourgade que Metcalf habitait, vint à sa porte, au moment même où l'aveugle entrait dans la rue. L'apercevant de loin, « voilà M. Metcalf, se dit-elle ; on prétend qu'il est si fin ; je vais me tenir immobile et le bien voir sans qu'il puisse s'en douter. » Mais malgré la distance, le mouvement de la jeune dame n'avait pas échappé à l'ouïe subtile de Metcalf ; il savait quelle était la maison ; il devinait quelle était la personne ; et après avoir entendu cette personne s'avancer, il ne l'avait pas entendu rentrer. En passant devant la nouvelle mariée, « bonjour Madame X, » lui dit-il, au grand étonnement de cette dame ; et rencontrant le mari un peu plus loin : « je viens de passer à côté de votre femme; vous avez choisi une personne pleine d'amabilité et de douceur. »

On avait vu Metcalf entreprendre plusieurs fois, à pied et sans guide, le voyage de Londres. C'était un jeu pour lui de se rendre dans quelque ville voisine dont il n'avait jamais fait le chemin. Un jour, étant arrêté par un assez grand fossé, qu'il ne savait comment franchir, il accompagna un passant qui finit par trouver une planche. Il suivit bravement ce voyageur, se guidant, pour passer la planche, sur le bruit des pas de l'homme qui marchait devant lui. Telle était son habileté, telle était l'assurance de ses mouvements que son compagnon cheminait sans se douter qu'il eût un aveugle à ses côtés[1].

Ce n'est pas toutefois l'exercice seul qui développe l'acuité des sens. Il y a des circonstances, soit naturelles, soit artificielles, qui influent sur la sensibilité nerveuse, et qui quelquefois l'augmentent. Dans certaines phases du sonnambulisme, les sens et particulièrement celui de la vue, manifestent des pouvoirs plus élevés. Sous l'influence des anesthésiques, au contraire, les mouvements et la sensibilité cessent plus ou moins promptement. Les anciens pour éviter les douleurs aux patients, dans quelques opérations chirurgicales, leur faisaient boire le suc de la mandragore *(Atropa mandragora)*; et parfois, pour rendre le sujet insensible, il suffisait de lui en faire respirer l'odeur[2]. Les modernes ont recours à l'éther et au chloroforme. Or, dans le cours du procédé d'inhalation, il est un moment, avant que la conscience disparaisse, où l'intelligence gagne en activité, et les pensées en élévation[3]. Si l'on emploie le protoxyde d'azote, cette lucidité extraordinaire s'étend à l'exercice des sens. L'ouïe devient plus sensible, plus impressionnable ; la vue est aussi plus exaltée.

1. Memoirs of the literary and philosophical society of Manchester : vol. I. — *Smiles*, Lives of the engineers ; vol. I, p. 208 et suiv.

2. *Pline*, Historia naturalis ; lib. XXV, cap. 94.

3. *Figuier*, Histoire des principales découvertes modernes ; tome III, p. 289.

La lumière naturelle des astres, sinon peut-être celle des lampes, imprime dans l'œil des images plus remarquables et plus vives[1].

Même dans l'état normal, il existe entre les individus une grande inégalité sensuelle. Avec la suite des temps il se rencontre, dans une race, dans une nation, des hommes dont l'organisation dépasse, pour la délicatesse de la vue, de l'odorat ou de l'ouïe, tout ce que nous sommes habitués à rencontrer. La vue donne à ces natures exceptionnelles la faculté de faire des découvertes durables, d'apercevoir des objets qui ont échappé à tous les autres hommes, et qui sont en dehors des limites ordinaires de la vision. C'est ainsi que les peuples de l'orient de l'Asie, soigneux à enregistrer les cas particuliers, avaient reçu la connaissance d'astres qui sont pour nous télescopiques. Le père Kegler possédait une vieille carte chinoise, sur laquelle étaient portées quelques étoiles de la septième grandeur, par conséquent invisibles à l'œil nu pour la plupart des hommes. L'Encyclopédie japonaise fait mention des satellites de Jupiter. On a trouvé, en Écosse, un berger qui avait aussi la vue assez perçante pour apercevoir ces satellites. On eut la meilleure preuve de sa sincérité en lui mettant en main un télescope, qui présentait l'image renversée. Le berger ne put retenir l'expression de son étonnement, en trouvant les petites étoiles rangées différemment dans l'instrument. Arago a montré depuis que les satellites de Jupiter sont bien visibles, dans une lunette sans grossissement, qui ne fait que dépouiller la planète de sa fausse lumière[2].

La vision nocturne du chat et de beaucoup d'autres carnassiers n'annonce pas l'existence d'un sens distinct, ni même une modification radicale de l'œil. Sans parler des somnambules qui marchent dans l'obscurité et qui quelque fois descendent dans des puits et passent des rivières à la nage[3], il y

1. *H. Davy*, Researches on nitrous oxyde ; 1799.
2. *Arago*, Astronomie populaire.
3. *J. Jonston*, Thaumatography; class. X, ch. vij, art. 6.

a des hommes qui distinguent les objets la nuit, à peu près aussi bien que le jour. Au moyen âge, on regardait cette faculté comme une preuve d'énergie vitale. La vision nocturne plus ou moins développée est loin d'être rare dans l'espèce humaine. On n'a enregistré que les cas les plus remarquables, et seulement lorsqu'il s'agissait d'hommes qui, pour d'autres causes, avaient acquis quelque célébrité. Fée, dans ses notes intéressantes qui accompagnent la traduction de Pline d'Ajasson de Grandsague, cite Cardan, Scaliger le père, Théodore de Bèze, Mairan et Camille Desmoulins[1].

L'œil est, par sa nature, un instrument d'une délicatesse extrême. Il reconnaît des corps qui, dans leur ténuité, échappent au toucher. C'est ainsi que la raie jaune, laissée par le frottement de l'or sur la pierre de touche, est visible aisément tandis que le doigt le plus habile ne parviendrait pas à découvrir ce dépôt excessivement mince de métal. Si la puissance de l'œil est d'ailleurs fort inégale, chez les différents hommes, les limites de perspicacité des autres sens présentent des différences individuelles aussi grandes. Il en est ainsi de l'ouïe, par exemple. Le développement extraordinaire de la sensibilité de l'oreille, explique des faits qui sembleraient d'abord mystérieux.

Les expériences de Savart prouvent que la limite des sons perçus par les différents individus varie considérablement, surtout pour les sons aigus. Ce physicien a donné le nombre de vibrations mesurées par le monocorde, auquel divers auditeurs s'arrêtaient et cessaient d'entendre. Les nombres sont très différents et attestent l'inégalité marquée des diverses organisations. Pour plus de vingt quatre mille vibrations par seconde, bien que la corde s'agitât encore, et que les ondes existassent dans l'air comme auparavant, il n'y avait plus personne qui perçût rien. Wollaston a répété ces expériences, en employant des sons naturels. Il a trouvé des

1. Notes du Pline de Panckoucke ; tome VIII, p. 257.

hommes insensibles au bruit du grillon, d'autres au cri de la chauve-souris, d'autres encore à la voix stridente du moineau. Il en infère, avec quelque raison, que des sons trop aigus pour les oreilles de la plupart des hommes, peuvent très-bien être appréciables pour certaines espèces d'animaux. Le mammifère ou l'oiseau dont l'oreille parcourt le clavier le plus étendu, est prévenu de circonstances extérieures qui échappent à d'autres espèces.

On a remarqué, par exemple, que les petits oiseaux nourris dans le nid par leur mère, montrent souvent de l'agitation vers le moment de sa venue, avant qu'ils ne puissent l'apercevoir. Montagu, qui avait dans sa chambre un nid de roitelet *(Regulus cristatus)* que la mère visitait plusieurs centaines de fois, par jour, afin d'apporter la pâture, a remarqué que les jeunes s'animaient et se préparaient immédiatement avant l'arrivée de la nourrice. Il pense que la mère annonce son approche par un cri, qui échappe à l'oreille humaine, mais non à celle des roitelets [1].

Dans les pays sujets aux tremblements de terre, l'opinion populaire attribue une sorte de prescience aux animaux pâturants. Il n'est pourtant pas nécessaire de recourir à l'existence d'un sixième sens pour expliquer la conduite dans cette circonstance, des bœufs, des brebis ou des chevaux. Les ruminants se mettent à courir, avec tous les signes de l'effroi, quelques secondes avant la secousse [2]. Ils donnent à l'homme la première annonce ; et dans plus d'un cas cet avertissement sauve la vie aux habitants exposés de ces malheureuses régions, car il leur permet de fuir à temps hors de leurs demeures et de se mettre à l'abri de la chute des murs. Mais il est vraisemblable que toute la prescience des ruminants consiste à distinguer le bruit plus tôt et de plus loin. L'onde sonore, transmise par le sol, se propage plus vite que la

1. *Montagu*, Ornitological dictionary ; art. gold crested wren.
2. *Lardner*, Museum of science and art; vol. XII, p. 191.

secousse même, et la devance par conséquent un peu [1]. Les animaux de pâture ont un grand avantage pour la saisir dès ses premières traces. Ils sont isolés au milieu des prairies, loin des bruits incessants de l'activité humaine, qui ne troublent pas le repos des champs. Ils paissent avec l'oreille près du sol, préparés à remarquer le moindre phénomène extraordinaire qui peut se manifester dans le terrain.

La secousse elle-même n'arrive pas d'ailleurs avec une brusquerie instantanée. Une faible trépidation précède la crête de la vague, et passe avant elle, allant sans cesse en augmentant. Si courte que soit la transition du repos à l'agitation violente, elle suffit souvent pour avertir les personnes qui sont les plus fines à distinguer les petits mouvements. Gilliss parle d'une dame de Santiago qui percevait avant tout le monde, les faibles commencements d'un tremblement de terre, et qui avertissait toujours sa famille un instant très-court avant le choc. Étant un soir en visite pendant son séjour au Chili, il vit « cette dame se lever brusquement et sortir du salon en proférant l'annonce redoutée *temblor!* » Puis il ajoute : « le bruit et le mouvement ne devinrent perceptibles pour nous que quelques secondes plus tard [2]. »

Ici, c'était le mouvement, dans ses commencements à peine sensibles, qui servait de signe avant-coureur. Si l'on n'eût pas tenu l'explication de la personne même on aurait créé une faculté nouvelle, tandis qu'il s'agissait seulement d'une finesse exquise du toucher. Un cas semblable se présente souvent pour l'odorat. Le chasseur, contrarié de l'habileté avec laquelle le gibier l'évite, de l'adresse que quelques espèces mettent à éventer les piéges qu'il leur a tendus, recourt à des facultés particulières dont il dote un peu trop gratuitement les animaux.

C'est principalement faute d'exercice que la plupart des

1. *Mallet*, dans Transactions of the Irish academy ; vol. XXI.
2. *Gilliss*, Expedition to the Southern hemisphere ; vol. I, p. 128.

hommes laissent atrophier, pour ainsi dire, le sens de l'o rat. La finesse à laquelle certains individus parviennent. gr à l'éducation du sens, prouve que les manifestations qui n paraissent à l'abord extraordinaires, sont beaucoup moins dons de nature que le résultat de la culture et du dévelop ment.

Je rapporterai un fait comme exemple. Il existe près cap May, dans l'état de New-Jersey, aux Etats-Unis, u couche de boue terreuse, au sein de laquelle sont empâtés nombreux troncs de cyprès *(Cupressus thuyoides)* horizontau C'est une industrie, dans le pays, de déterrer ces troncs d'arbre et de les fendre pour bardeaux. Les hommes qui s'emploie à ce métier, sondent la tourbe avec un long fleuret de mineu Ils trouvent ainsi les arbres et sans les voir en assignent place et les principales dimensions. Mais avant de faire le tro ils aiment à s'assurer de la qualité du bois. A cet effet ils e extraient un petit échantillon. Ils jugent de la conservation d tissu. Ils reconnaissent à l'odeur du ligneux si l'arbre a ét renversé autrefois par le vent et tient encore à ses racines, o bien s'il est rompu à travers le tronc. Un certain exercice ren l'ouvrier capable de faire un tel emploi du sens de l'odorat[1].

Je puis ajouter, en outre, une observation qui m'est person nelle. Mon jardin, à la Jamaïque, est traversé par un torren sujet à des crues subites. Les noirs m'annonçaient souvent la venue du flot, d'une distance où il était impossible de le voir ni de l'entendre. Ils percevaient l'odeur. En dirigeant mon attention vers cet objet, je fus bientôt capable de distinguer moi-même, à l'arrivée du flot, une odeur de débris végétaux et d'argile humectée, qu'un courant d'air frais portait, avec la crue, le long du vallon.

C'est un fait bien connu qu'un grand nombre de mammifères et d'oiseaux ne peuvent être approchés que contre le vent.

1. *Kitchell*, Reports of the geological survey of the State of New-Jersey; vol. II, for the year 1855; Trenton, 1856, in-8°.

Mais cette circonstance même prouve que l'effluve odorant est l'agent qui trahit le chasseur. S'il est vrai, comme on l'affirme aux Etats-Unis, que l'élan *(Alces Americanus)* fuie l'homme rouge d'une plus grande distance que le blanc [1], cette circonstance prouverait seulement que l'animal est plus accoutumé à l'odeur de l'Indien, ou que l'Indien exhale une odeur plus forte. Quand nous voyons le chien de chasse lever la tête, dilater les narines, aspirer avec précaution, et partir, en flairant toujours dans l'air, vers une troupe de dindons sauvages, faut-il lui attribuer un autre guide que l'odeur? La distance à laquelle le sens s'exerce a beau nous paraître étonnante, et dépasser la portée de nos organes à nous, il n'est pas possible de se méprendre sur les moyens employés par l'animal. La plus grande mesure, digne de foi, que je trouve assignée à la portée de l'odorat dans le chien de chasse, est celle qu'Audubon attribue à un animal exercé, habitué à chasser le dindon sauvage *(Meleagris gallopavo)*. Il la fixe à près d'un demi-mille américain, ou environ huit cents mètres [2].

Les ruminants flairent de plus loin encore. L'historien de l'expédition du Major Long aux Montagnes Rocheuses, nous a donné une description pleine d'intérêt de l'effet produit à distance par l'odeur du train, qui était composé d'un grand nombre d'hommes et d'animaux sur un immense troupeau de buffalos *(Bison americanus)* paissant dans les plaines. On suivait alors la rive méridionale de la Platte, et le vent du sud, portant l'odeur de la caravane, se répandait, par delà la rivière, à travers des campagnes ondulées que l'œil pouvait embrasser au loin. L'effluve odorante prenait le troupeau par derrière; à mesure que l'odeur gagnait, on voyait les buffles s'agiter, montrer du malaise, se retourner, faire face au danger. On les voyait rebrousser chemin, et venir vers la caravane, à commencer par les rangs les plus rapprochés. Le mouvement

1. *Godman*, American natural history, 3e éd. vol. II, p. 99.
2. *Audubon*, Ornithological biography; vol. I, p. 10.

s'étendit rapidement sur une grande distance dans la zôr parcourue par le vent odorant. On pouvait suivre, avec lunette d'approche, les progrès de l'effluve qui s'étendire jusqu'à huit ou dix milles (de 13 à 16 kilomètres), d'apr l'estimation de Say [1].

Ces phénomènes dont l'explication saute aux yeux, nou préparent à examiner, avec une critique sévère, les observa tions dans lesquelles nous n'apercevons pas aussi clairemen par quels moyens l'animal reçoit ses impressions. L'étude qu nous venons de faire des pouvoirs extraordinaires des sen existants, nous met en garde contre les conclusions tro hâtives, qui tendraient à nous faire admettre légèremen l'existence de divers sens nouveaux.

Bien que l'odeur, comme le son, se transmette plus aisé ment et à de plus grandes distances dans la direction du vent, elle n'est pas cependant sans se propager également en sens contraire. L'observation suivante de Livingstone, sur les antilopes de l'Afrique, n'a donc rien qui ne puisse s'expliquer.

Le célèbre voyageur, d'ailleurs si sensible à tous les phénomènes de la nature, parle surtout des antilopes de Vardon *(Antilope Vardonii)*. « J'ai observé bien des fois, dit-il, que si j'approchais d'un de leurs troupeaux, en me cachant derrière une fourmilière surmontée d'un arbre, et si j'examinais ces animaux avec la plus grande précaution, ceux-ci montraient fort vite des signes de malaise. Le vent ne leur portait pas l'odeur, car je me plaçais du côté opposé. En voyant le sentiment de crainte qui s'emparait presque toujours des antilopes, ignorantes encore de la direction du danger, je me demande si chacune n'avait pas, comme les anciens l'imaginaient de l'homme, un esprit ou génie qui les dirigeait [2]. »

La dernière hypothèse n'est, bien entendu, qu'un moyen d'exprimer ce qu'il y avait d'étonnant dans le phénomène. Mais si l'on compare les situations et les effets, dans cette

1. *Say*, Journal of Long's expedition to the Rocky-Mountains.
2. *Livingstone*, Missionary travels; ch. xiv.

ɔservation et dans celle de la caravane de Long et des buf-
.los, que j'ai rapportée tout à l'heure, on ne trouve plus le ıême sujet de s'étonner. Si l'odeur d'un train d'hommes et ɛ chevaux, portée par le vent, communique une sensation :aire au bison à deux lieues de distance, l'antilope ne peut-lle pas recevoir, par le même agent, une notion confuse de ı présence d'un nouveau venu, à quelques centaines de ıètres, même quand l'homme est seul, et placé à l'opposite u vent.

Les anciens avaient observé que d'autres ruminants, des ɛrfs, passaient quelquefois en grandes troupes, de la côte de :ilicie dans l'île de Chypre. Ils traversaient la mer à la nage. Iais le point réellement curieux de ces entreprises, c'est que ı distance est trop grande pour voir la terre. Il fallait donc ue ces animaux, en se mettant à l'eau, eussent reçu par une utre source que la vue, la notion de l'île pour laquelle ils artaient résolûment. Pline, en rapportant ces faits, se lemande si, dans l'impossibilité de voir la terre, ils la entent[1].

Le capitaine Roberts, dans une traversée de la Virginie au :ap Vert, a vu des oiseaux qui dévoraient une baleine morte ı plus de trois cents lieues des terres les plus proches[2]. Les 'aisseaux reçoivent souvent des visiteurs ailés, à des distances ɛnormes des côtes. Un ouvrage spécial a été consacré à la 'elation de ces circonstances[3]. On y lit, entre autres, que leux espèces de coucous de la Nouvelle-Hollande passent à la Nouvelle-Zélande, à une distance de trois cents lieues, sans rouver dans l'intervalle un seul îlot pour se reposer ou pour se guider dans leur route.

Les oiseaux qui habitent le rivage, font souvent de grandes excursions au-dessus de la mer, et retrouvent le chemin de leur gîte, à moins qu'ils ne soient repoussés par les vents.

1. *Pline*, Historia naturalis ; lib. VIII, cap. 50.
2. *Laharpe*, Abrégé de l'histoire des voyages ; tom. I, p. 209.
3. Visitants of ships at sea.

Darwin a même observé une immense colonne de papillons (du genre *Colias)*, qui prenaient l'air de l'océan à trois lieues de la côte de Chili [1]. Toutefois quand de pareils voyageurs viennent en mer librement, ils connaissent la direction de leur vol : il leur suffit, pour retourner à terre, de voler dans le sens opposé. On ne peut nier cependant que l'oiseau n'ait des moyens de déterminer la direction des rivages les plus proches, lors même qu'il ne les a jamais visités. Dans les mers de l'Inde, les anciens navigateurs ne se guidaient pas d'après les astres. Ils emportaient avec eux des oiseaux, et les lâchaient quand le pilote était incertain de sa course, afin de connaître, par la direction où portait leur vol, le gisement des terres voisines [2].

Cette faculté des oiseaux avait été observée fort anciennement dans les deux continents opposés. Noé, avant de sortir de l'arche, lâche d'abord une corneille, puis une colombe [3]; et Coxcox, dans la tradition des Aztèques, donne après le déluge la liberté à un pigeon [4].

CHAPITRE IX.

LA FACULTÉ DE S'ORIENTER DÉPEND-ELLE D'UN SENS PARTICULIER ?

C'est certainement une chose capable d'étonner, que la facilité avec laquelle le pigeon et l'hirondelle reviennent à leur nid, d'une très-grande distance, sans faire beaucoup de détours ni d'essais. L'emploi des pigeons-messagers a pris

1. *Darwin*, Narrative of the voyage of the Adventure and Beagle ; vol. III p. 185.
2. *Pline*, Historia naturalis; lib. VI, cap. 24.
3. Genesis; ch. VIII, v. 7, 9, 11.
4. *Gemelli, Carreri*, Giro del mondo, éd. Naples, 1700 ; tom. VI, p. 38.

d'abord naissance en Asie [1]. On cite plusieurs exemples célèbres, dans lesquels ces courriers ailés ont porté à travers le pays ennemi, les nouvelles des armées. Pendant la guerre engagée contre Antoine, Decimus Brutus s'en servit pour communiquer avec les autres troupes des consuls [2]. Au siége de Leyde par les Espagnols, en 1575, les assiégés eurent recours à des pigeons pour donner de leurs nouvelles au prince d'Orange [3]. Enfin chacun a présent à l'esprit l'usage qu'on en a fait dernièrement au siége de Paris. Quelque détour qu'on fasse faire à ces oiseaux en les transportant, ils trouvent leur direction promptement. A peine les pigeons-messagers sont-ils lâchés de leur cage, qu'ils s'élèvent en hélice, décrivant de grands cercles dans l'air. Ils montent au départ, à une cinquantaine de mètres, ce qui dépasse la hauteur ordinaire de leur vol. Il est inutile de dire, cependant, que cette élévation est insuffisante pour découvrir, après un long trajet, le gîte d'où les animaux sont partis. Il est manifeste seulement que les oiseaux s'orientent, en recouvrant leur liberté. Nous ne prétendrons pas qu'ils se dirigent par l'odeur, à des distances de plus de cent lieues. Mais si l'on n'aperçoit pas dès l'abord la nature des moyens, tout annonce pourtant qu'elle tient de certains procédés d'orientation.

Imagine-t-on que les oiseaux de passage, qui reviennent bâtir leur nid chaque année dans un même canton, et parfois sous le toit hospitalier du même campagnard, trouvent leur route par la mémoire seulement? La plupart font un trajet de trois cents ou quatre cents lieues, quelquefois plus encore, et en partie au-dessus de l'eau. Nos hirondelles domestiques reviennent, au printemps, des campagnes intérieures de l'Afrique. Il s'est passé six ou sept mois depuis leur départ d'automne ; et la mémoire précise de l'immense panorama

1. *Voltaire*, Essai sur les mœurs des nations ; ch. CLXIV.
2. *Pline*, Historia naturalis; liv. X, cap. 53.
3. *Voltaire*, Ubi supra.

qu'elles ont traversé à tire-d'aile est une impossibilité. Il y a même des espèces qui voyagent de nuit, lorsqu'elles n'aperçoivent rien sur la terre.

Un faucon *(Falco peregrinus)*, envoyé par le vice-roi des Canaries au duc de Lerme, ne jouit pas plutôt de sa liberté qu'il prit son vol pour sa patrie ; et dans le court espace de seize heures, il était de retour d'Andalousie à Ténériffe, où il arriva épuisé de fatigue, et se laissa prendre à la main [1]. Ici le voyage s'était accompli au-dessus de l'eau, l'uniformité de la mer ne fournissait pas à l'oiseau le moindre point de repère ; et cependant la promptitude de son voyage prouve qu'il n'avait pu faire beaucoup de détours.

On a d'autres exemples du même genre. Un faucon lanier *(Falco lanarius)*, qui appartenait au roi Henri IV, s'échappa un jour de Fontainebleau, et fut trouvé le lendemain, vers la même heure, à Malte, où il avait été élevé. On calcule qu'il avait fait le trajet avec une vitesse de vol d'au moins cent vingt kilomètres à l'heure [2]. Ce trajet était en partie au-dessus de l'eau.

Les animaux fouisseurs nous donnent la preuve qu'ils se dirigent vers leur but avec une très-grande précision, sans employer pourtant d'autres procédés que les moyens les plus élémentaires de la géométrie souterraine. Azara raconte qu'un de ses amis « avait préparé une attrape pour les chiligouzons, en y plaçant, par forme d'appât, un coq auquel il avait laissé une provision de maïs. Quelques grains de ce blé passèrent entre les planches qui formaient le fond de l'attrape. Un tatou *(Dasypus)* survint pendant la nuit, et convoita le maïs. Il ouvrit une galerie à quelque distance de l'attrape, et sans dévier le moins du monde de la ligne droite, il poussa sous la place même où le grain était tombé et s'en empara » [3].

1. *Laharpe*, Abrégé de l'histoire des voyages ; tom. I, p. 153.
2. *Montagu*, Ornithological dictionary, 2e éd., art. flight.
3. *Azara*, Historia natural del Brasil; art. tatou.

Il est évident que l'animal avait pris sa direction par-dessus terre, et l'avait poursuivie au-dessous.

Le vol de l'abeille, lorsqu'elle revient à la ruche, jette quelque lumière sur la faculté d'orientation des animaux. C'est un fait bien connu que l'abeille, en cessant de butiner, et lorsqu'elle se sent une charge suffisante, part pour sa demeure en suivant la plus courte direction. Son retour au gîte se fait selon une ligne tellement droite, que le vol d'une abeille chargée indique la position de la ruche, avec autant de sûreté que pourrait le faire une file de jalons. Les chasseurs de gâteaux ont même tiré parti de cette circonstance. Ils saisissent une abeille et lui donnent du miel, avec lequel elle part aussitôt pour la ruche. Voilà la direction connue ; mais faut-il chercher le dépôt loin ou près ? Pour se renseigner davantage le chasseur s'écarte, à quelques centaines de pas de cette première direction. Il répète alors l'expérience sur une autre abeille ; et l'intersection des deux droites obtenues marque précisément le but [1].

La possibilité d'employer un procédé semblable, montre assez avec quelle exactitude l'insecte prend sa direction. Si des fleurs nouvellement écloses l'attirent jusqu'à deux kilomètres, ainsi qu'on l'a rapporté plus haut [2], l'odeur de sa ruche pourrait-elle lui servir de guide à des distances trois ou quatre fois plus considérables? La réponse à cette question nous est fournie par une expérience extrêmement facile à répéter. Lorsqu'on déplace la ruche, pendant que les ouvrières sont en campagne, et qu'on la porte à cent ou deux cents mètres, les abeilles reviennent à l'endroit où elles ont quitté leur demeure, et ne savent pas même, à ces courtes distances, trouver le nouvel emplacement de leur habitation.

Les oiseaux et les insectes ne sont pas seuls à posséder le don, ou plus exactement le pouvoir d'orientation. Les mam-

1. Philosophical transactions ; 1721, p. 148.
2. Voir ci-dessus, Part. I, sect. I, chap. 4.

mifères le partagent et en donnent quelquefois des exemples frappants. Un jour que j'avais visité pour la première fois quelques petites vallées bien boisées, à huit ou dix kilomètres de ma résidence au Texas, je me trouvai, après maint détour, tout à fait ignorant de ma direction. Le ciel était couvert, et je n'avais pas de boussole. L'idée me vint de mettre à l'épreuve la faculté d'orientation du cheval que je montais. Cet animal était à cette époque, bien habitué à mon habitation ; il montrait d'ordinaire de l'empressement pour y revenir. Chaque fois que je cessais de poursuivre une excursion, fût-elle de quelques heures ou de plusieurs journées, je l'avertissais en le tournant du côté de ma demeure, et en disant *go home !* Le jour dont je parle, je commençai par l'arrêter, et lui permis de se régaler des pousses tendres du mezquitte *(Prosopis glandulosa)* qui venaient à la hauteur de sa tête. Insensiblement je le laissai libre de se tourner comme il lui plaisait. Alors, sans agir sur les rênes, et le touchant seulement des talons, je lui donnai le signal *go home*[1]. Il ne montra aucune hésitation, partit au pas à travers les arbres, passant parfois des fourrés passablement épais ; et quand au bout de vingt minutes nous gagnâmes un espace ouvert, d'où je reconnus au loin des points familiers, nous faisions route, avec toute la précision que comporte un pays coupé, vers le gué qu'il fallait passer à mi-chemin de mon habitation.

Des divers faits que j'ai rencontrés dans les auteurs, je choisirai ici le plus remarquable, parmi ceux qui paraissent bien constatés. Il a pour garant le lieutenant colonel Alderson de l'armée anglaise, qui l'avait communiqué à Kirby ; et il est accompagné de détails et d'explications précises, qui militent en faveur de son authenticité.

En mars 1816, la frégate anglaise l'*Ister* avait embarqué différents animaux à Gibraltar. Un gros temps survint lorsqu'on était près de la Pointe de Gat, sur la côte d'Espagne, à

1. Vas à la maison.

plus de trois cents kilomètres du port de départ. La position du navire étant critique, les animaux furent lancés à la mer, dans l'espoir qu'ils pourraient gagner le rivage à la nage. Un âne entre autres parvint à terre. Il avait appartenu au bourreau, et servait autrefois à attacher ignominieusement les criminels qui recevaient le fouet. Il avait, en conséquence, les oreilles trouées, suivant le vieil usage espagnol ; et ce signe seul le rendait odieux aux habitants, qui ne pouvaient songer à se l'approprier. Laissé, par cette circonstance, à la pleine latitude de ses mouvements, l'animal se mit, en toute liberté, à chercher sa route. Le pays lui était inconnu, mais la direction de son gîte était imprimée dans sa pensée. En peu de jours il se retrouva dans son étable, devant sa mangeoire, à Gibraltar [1].

Ce fait d'ailleurs n'est pas isolé. Au Texas, j'ai entendu parler de chevaux qui retournaient en droite ligne vers leur ancien champ de pâture, à vingt ou trente lieues, après qu'on les avait conduits de place en place par les circuits les plus compliqués. Si les moyens auxquels ils ont recours ne sont pas différents de ceux employés par l'homme, que ne faut-il pas attendre de l'intelligence plus développée de notre espèce? Aussi les exemples ne nous manquent-ils pas de ce côté.

Constatons toutefois dès ce moment que ce n'est pas l'odorat qui ramène l'animal au gîte. Nous avons fait voir que ce n'est pas la vue directe de son but, puisque le pigeon-messager revient de Paris à Bruxelles, et même de Bordeaux, de Tours ou de Lyon. Ce n'est pas non plus la mémoire des lieux intermédiaires. L'itinéraire du retour n'est pas celui de l'aller ; l'oiseau, bien souvent, ne jouit pas dans le transport, de la vue de la route ; cette route quelquefois s'étend au-dessus d'une mer vaste, où l'uniformité du spectacle ne fournit aucun point de repère à l'œil. Mais si l'animal ne se dirige, dans son vol, ni par la mémoire, ni par la vue de son but,

1. *Kirby* et *Spence*, Introduction of Entomology ; let. xvij.

ni par l'odorat, est-il pourtant indispensable d'admettre une nouvelle faculté ?

Lorsqu'un jeune chien perd son maître en sortant pou première fois, on peut voir ses efforts pour retrouver le c min de sa demeure. Ils n'attestent pas une clairvoyance p ticulière à distance, ni l'existence d'un lien physique en l'animal et sa demeure, ni même aucune espèce d'attracti ni d'attrait. J'ai réussi à perdre de jeunes chiens, âgés quatre à six mois, dans leur première sortie. La conna sance des lieux ne pouvait pas alors les aider. Leur prem soin était de chercher ma trace par l'odorat ; mais lorsqu ne réussissaient pas dans cette épreuve, ils se décidaie promptement à retourner au logis. S'il y avait des rues des chemins tracés, ils suivaient la route par laquelle avaient passé. S'il s'agissait de la campagne vierge, ils ab geaient en général les circuits, mais ne les supprimaient poi tout à fait. On eût dit que la mémoire leur fournissait certain nombre de points de repère, qui divisaient la rout et sur lesquels ils marchaient successivement non par l'œ (car la vue du chien est basse), mais par la connaissance, o si l'on veut, le souvenir des directions. Inscrivant ainsi d longues cordes dans la courbe par laquelle je les avais am nés, ils retournaient à leur habitation.

Il m'est arrivé de perdre un chien de cinq mois, alors à première sortie, dans un terrain très-varié, très-coupé, trè difficile, de l'autre côté d'une rivière qu'on ne pouvait pass à pied sec que sur un arbre renversé. Ce chien n'avait jamai été à l'eau : il en avait peur et il n'y est jamais entré plus tar sans que je l'y forçasse. Après de vains efforts pour retrouve ma trace, je le vis s'arrêter, lever la tête, et se tourner no pas vers le pont naturel, mais dans la direction assez diffé rente de l'habitation. Je le suivis quelque temps ; toutefois cinq cents mètres environ je le perdis de vue, et quand j'ar rivai au logis vers six heures du soir, il n'y était pas. Pendan la nuit, ma petite maison de pionnier, étant toujours ouvert à tout venant, j'entendis du bruit dans la pièce voisine de celle où je dormais. C'était le chien qui se désaltérait au baquet. Il était fatigué, mais ses pattes ne portaient point de boue ni molle ni séchée et prouvaient qu'il n'avait pas passé le cours d'eau à la nage. Il avait donc retrouvé, après de longues recherches, l'arbre qui servait de pont naturel; il était pour cela revenu sur ses pas. Un homme aurait-il agi d'une autre manière? Et cette expérience ne prouve-t-elle point que le chien, en retrouvant sa demeure ne fait pas usage d'une faculté spéciale qui nous manquerait.

Rien n'établit d'ailleurs que dans l'habileté à retrouver un lieu, ou à déterminer une route, l'espèce humaine le cède aux animaux. L'orientation est une connaissance qui se développe à un point remarquable dans l'homme qui vit à l'air libre. Le besoin stimule la réflexion. Une foule d'indices transmis par tous les sens, sont mis à contribution. Dans nos pays peuplés et civilisés, où les routes sont toutes tracées, où l'homme marche toute sa vie entre des maisons, des haies ou des barrières, ce genre d'observation devient superflu. Nous ignorons les pouvoirs du sauvage, parce que nous n'avons pas développé les nôtres, qui sont complétement atrophiés.

Mais il n'en est pas de même au milieu de la nature. Le sauvage n'a pas sa route tracée entre deux clayonnages ; il ne rencontre pas de poteaux indicateurs, ni d'habitants pour l'informer du chemin. Il n'a pas même de boussole ; et dans le jour il ne trouve qu'un guide, le soleil. Néanmoins nous le voyons partir d'un camp sur l'Arkansas ou la Canadienne, traverser de grandes montagnes, s'engager seul et pour la première fois dans des gorges profondes, sinueuses, obscures, ou traverser de vastes forêts. Et nous le voyons gagner un autre camp sur Grand River ou sur la Rivière Verte, avec une sûreté de marche, qui eut fait honte aux pauvres moines de Saint-Martin de Tournai, retournant piteusement au bercail sans avoir découvert l'abbaye des Ferrières [1].

1. En 1095, des moines de Saint-Martin de Tournai étaient partis pour l'ab-

J'examinerai plus tard (Part. I, sect. II, chap. 3) l'étendue des connaissances topographiques du sauvage. Il suffit de rappeler, en ce moment, combien les faits de direction et d'orientation sont familiers à ceux qui vivent avec la nature. J'ai pu apprécier, au Texas, les effets d'une éducation spéciale sur ce point. Les émigrants nouvellement arrivés se perdent quelquefois dans une petite vallée. Le vieux *frontierman* possède une espèce de préscience non-seulement pour éviter les mauvais pas, et pour découvrir les eaux, les gués, les pâturages, mais même pour indiquer au-delà de l'horizon, l'existence d'une habitation. Il n'y a rien cependant de surnaturel dans ses procédés. Un ensemble de remarques délicates, d'observations minutieuses, de déductions auxquelles son esprit s'est accoutumé, composent toute sa magie. Au milieu des mêmes conditions, en face des mêmes besoins, les animaux pourvus des mêmes sens, atteignent aussi dans leur sphère, un résultat semblable.

Une troupe d'Indiens, après avoir poussé la chasse à cinquante ou à cent lieues de distance du village, dans une région qu'aucun d'entre eux n'a visitée auparavant, se décide tout d'un coup au retour. Les charges sont lourdes : au lieu des mille circuits qu'on a faits en venant, lorsqu'on traquait le buffle ou le cerf de prairie en prairie, on prend cette fois le chemin le plus court. On revient au village à peu près comme l'abeille revient à sa ruche, ou le pigeon voyageur à son colombier.

Je citerai un fait surprenant d'un *frontierman* américain, pour lequel Audubon me sert d'autorité. La mémoire y a quelque part sans doute ; toutefois le pouvoir d'orientation y tient la place principale, et ce pouvoir y est exercé avec dessein et perspicacité.

Daniel Boone qui vivait de mémoire d'homme, était le pre-

baye des Ferrières, située au-delà de Paris, sur la route de la Loire. Mais après de longues recherches par voies et par chemins, ils revinrent à leur monastère sans l'avoir trouvée (*Dachery*, Spicilegium ; tom. II, p. 90).

mier « settler » du Kentucky. Il vécut longtemps de chasse, dans ces magnifiques bocages de l'Ouest, avant que les fermiers ne vinssent s'y établir, et que le sol ne fût ouvert par la charrue. Les Indiens le tenaient en haine. Un jour qu'ils le rencontrèrent à l'improviste, ils réussirent à s'emparer de lui, et le chargèrent aussitôt de liens.

L'infortuné prisonnier, destiné au plus affreux supplice, fut conduit sur le champ au bivac des rouges. Mais la même nuit, par un ensemble de circonstances heureuses, il parvint à se rouler jusqu'aux tisons encore allumés du foyer, et réussit à brûler ses liens. Devenu libre, il s'empare d'une hache ; puis fuyant à perdre haleine, il court au milieu de la nuit, dans les profondeurs de la forêt.

Après avoir franchi une assez grande distance, il rencontre un cours d'eau ; et non loin de la rive, en commémoration de sa délivrance dont il aimait de fixer la place, il marque d'une entaille de sa hâche, un des vieux arbres du bosquet.

Un grand nombre d'années se passent ensuite. Daniel Boone avait quitté le canton peu de temps après cet événement ; il n'avait jamais revu l'endroit terrible de sa fuite. Les blancs étaient arrivés se partageant la terre, éclaircissant les bois, et semant le blé dans les sillons. L'ancien pionnier, maintedant avancé en âge, revint cependant visiter ses vieux champs de chasse, revoir le Kentucky pour une dernière fois. Il chercha l'endroit de l'épisode effrayant avec les Indiens. Il trouva d'emblée la clairière où avait brûlé le feu du bivac. De là, se tournant, comme il s'était tourné au moment de sa fuite, « dans cette direction, dit-il, est la rivière et par là se trouve l'arbre que j'ai marqué ». La distance est franchie, le cours d'eau conservait encore sur ses bords les bois qui lui servaient d'ombrage. Boone n'y avait passé que la nuit, une seule fois, dans l'empressement de la fuite, un bon nombre d'années auparavant. Au milieu de cette succession indéfinie de sites qui se ressemblent et que rien ne signale à l'attention, il entre dans le bosquet même d'autrefois ; il désigne un arbre, sur lequel ses compagnons ne découvrent rien. « Ce doit être là, dit-il ; c'est ainsi que je suis arrivé, et c'est ici que j'ai frappé de la hâche ». Le temps avait réparé l'écorce. Mais l'expert *frontierman* l'ouvre doucement, avec prudence, et l'enlève du bout de son couteau. Sous l'enveloppe, adroitement écartée, la cicatrice de quinze ans apparaît[1] !

L'orientation n'est pas une faculté par elle-même ; c'est la résultante d'une foule de notions et de remarques qui sont fournies par diverses facultés. L'exactitude et la rapidité de l'application dépendent de toute l'éducation à l'air libre, beaucoup plus que d'un don distinct et d'une faculté innée.

Que pourrait-on même conclure si le pouvoir d'orientation était quelquefois plus marqué, dans certains animaux qu'il ne l'est dans l'homme ? Nous avons vu des espèces animales, qui l'emportent sur nous par la finesse ou la portée des sens. Les notions sensibles étant la base de ces combinaisons ingénieuses d'où l'orientation dérive, l'animal doué de ces sources plus fécondes, ne peut-il pas atteindre aussi un résultat plus saillant ?

Quoi qu'il en soit, lorsqu'on envisage le pouvoir d'orientation dans les animaux, on n'y trouve aucun signe extérieur, général, constant, qui dévoile l'existence d'une action sensuelle. Le sens d'orientation n'est pas, dans l'acception rigoureuse du mot, un sixième sens. Même la grande étendue de ce pouvoir ne nous autorise pas, dans les circonstances où il s'exerce, à créer, pour l'expliquer, une faculté physique qui mette l'animal et le gîte en rapport.

Le talent de s'orienter ne dépend pas, par conséquent, d'un sens particulier à certains animaux, et qui serait refusé à l'homme. Qu'il témoigne d'une grande aptitude à coordonner certaines remarques, à profiter de certaines impressions, il est impossible de le mettre en doute. Mais qu'il suppose une organisation possédant d'autres sens que les nôtres, nous

1. *Audubon*, Ornithological biography ; vol. I.

ouvons à présent le nier. On demandera, je le sais, comment l'oiseau, lâché en pleine mer, prend son vol vers une côte qu'il n'a jamais visitée, et qu'il ne peut apercevoir. Ce pouvoir est un peu différent, sans doute, du simple pouvoir de retour ou d'orientation. Mais l'oiseau est extrêmement sensible aux diverses qualités de la brise. Il a, en outre, une vue d'une longue portée; il n'est pas impossible qu'il ne retire des indices de la nuance du ciel, dans les différentes portions de l'horizon.

Un autre enfant des campagnes vierges, le mulâtre Lislet-Geoffroy a prouvé, en effet, qu'un objet très-petit, un simple navire, par exemple, encore caché par la rondeur de la terre, produit une sorte de tache dans le firmament. Cet habile observateur de la nature, annonçait l'arrivée des vaisseaux, avant qu'ils eussent paru sur l'horizon. Si les épreuves qu'il a tentées sous nos climats du nord n'ont réussi qu'en partie, celles qu'il a faites sous un beau ciel suffisent pour constater que ce phénomène est une réalité. Biot a même pu répéter à Paris une partie de ces expériences curieuses. Il a pu distinguer l'ombre de nuages qui n'étaient pas encore sur l'horizon[1].

Ainsi, pour l'homme attentif à saisir les signes de la nature, une petite nuée ou un simple vaisseau font une marque dans le ciel, avant d'être visibles directement. Quel effet d'ombre ou de nuance ne doit donc pas produire une côte toute entière ? Et des oiseaux accoutumés à vivre sur le littoral, à voler tour à tour vers la mer et vers le rivage, n'ont-ils pas vraisemblablement acquis la connaissance de tous les indices qui distinguent l'un de l'autre le côté de la terre et le côté de l'eau.

1. *Biot*, Dans les Comptes-rendus de l'Acad. des sc. de Paris. — Dans les climats où l'atmosphère est habituellement sereine, j'ai eu moi-même d'assez nombreuses occasions d'observer au ciel les ombres d'objets cachés par l'horizon. L'instant le plus favorable est vers le lever ou le coucher du soleil. Le cône d'ombre d'un nuage caché par la terre, forme alors une raie fort visible, qui n'échappe pas même aux observateurs inattentifs.

On ne peut douter que la fraîcheur de la mer ne se f
sentir, dans une zone de quelque largeur, le long du riv
L'odeur de la végétation qui couvre la terre, se répan
même à une certaine distance sur la mer. Nous avons
quelle est la finesse de différentes espèces d'animaux, p
saisir les effluves dont l'atmosphère est chargée. Si ces gui
ne sont pas aussi sûrs pour l'homme, nous apercevons
pendant où réside la source des notions.

Dans la narration de Bougainville, nous lisons que le
juin 1768, avant la venue du jour, une odeur suave qui i
prégnait l'air annonçait le voisinage de la terre, laquelle
fut découverte pourtant que vers l'heure du lever du sole
On rapporte également que plus de vingt-quatre heures av
d'avoir la vue de la terre, Colomb, à son premier voyage, é
prévenu de son approche non seulement par la visite des
seaux ou par la flottaison des herbes, mais encore par u
sorte de parfum répandu dans l'air[2].

Le poisson marin se montre éminemment sensible aux m
difications de salure, et probablement au moindre mélan
d'eau de rivière, cette eau portant avec elle son limon et s
débris organiques particuliers. A l'époque du frai, quand l
poissons de mer cherchent à pénétrer dans les rivières, ils
dirigent de fort loin vers les embouchures, prévenus évide
ment par quantité d'indices, du débouché par lequel cou
l'eau douce.

Bien que toutes les vagues se ressemblent à nos yeux, l
habitants des eaux ont leurs remarques et tiennent leur dire
tion, tout aussi bien que nous le faisons dans une plaine o
dulée. Ce que les anciens disaient du poisson pilote *(Na
crates ductor)* n'est peut-être pas tout à fait impossible. I
étaient persuadés que ce poisson, qui parfois accompagne le

1. *Bougainville*, Voyage de *la Boudeuse*, 10 juin 1768. — Il s'agissait d'u
des îles Salomon.

2. *Colomb*, 1er voyage, 10 octobre 1492.

navires pendant des semaines, vivant des déchets jetés par dessus bord, montrait la direction à suivre, lorsque le temps était longtemps couvert. Si la direction du vaisseau a été en droite ligne pendant plusieurs jours, le poisson pilote n'est-il pas habitué à cette direction ? Et n'est-il pas naturel qu'il s'y tienne en précédant le navire, comme le chien qui précède son maître dans la prairie vierge.

Spallanzani, que j'ai si souvent l'occasion de citer, a fait quelques observations curieuses sur les anguilles *(Muraena helena)* du lac de Comacchio, près de Venise. Comme la plupart des murênes, ces poissons entreprennent des voyages sur terre, dans certains moments. Les anguilles de Comacchio ne sortent du lac que par les nuits sombres et orageuses ; le moindre rayon de la lune les rend immobiles. Or, c'est toujours vers la mer qu'elles se dirigent. Elles passent dans l'obscurité profonde, une suite de prairies et des champs. La situation de l'eau salée leur est évidemment connue ; et dans ces circonstances, on n'aperçoit guère que la qualité du vent qui puisse les guider.

Humphrey Davy rapporte qu'un de ses amis découvrit un jour dans le sable sur une plage de l'île de Ceylan, les œufs d'un crocodile *(Crocodilus palustris?)*. Il eut la curiosité d'en casser un ; l'œuf était à terme, et le jeune reptile sortit, complet de structure, et libre dans ses mouvements. Il se dirigea aussitôt du côté de l'eau, son élément. Quand on l'arrêtait, il prenait un aspect menaçant, et mordait le bâton qu'on lui présentait [1].

Le fait suivant a quelque chose d'éminemment caractéristique. Le Connecticut eut à souffrir, en juillet 1758, d'une sécheresse extraordinaire. Un étang de sept à huit kilomètres carrés, situé près de la bourgade de Windham, vint à se dessécher complétement. Cette pièce d'eau nourrissait plusieurs milliers de grenouilles *(Rana palustris?)*, qui bientôt souffrirent

1. *Humph. Davy*, cité par *Ch. Bell*, The hand; p. 256.

cruellement de la soif. Il n'y avait d'eau cependant qu'à huit kilomètres de distance : telle était la largeur de terre sèche qui séparait l'étang de Windham de la plus proche rivière digne de ce nom, le Winnomantic. Une nuit, cette multitude de grenouilles se mit en route pour l'eau courante, par la ligne la plus courte, en traversant le village, et troublant le sommeil de ses habitants étonnés [1].

On voit paraître ici autre chose que la sensibilité immédiate: il y a, dans ces actions, des traces de l'attrait qui porte l'être à chercher la satisfaction de ses besoins. Cette sagacité, dont les notions premières viennent des cinq sens, s'exerce surtout en vue des désirs et des goûts de l'animal. C'est ainsi qu'on peut se rendre compte d'une observation fort intéressante de Bonnet.

Il y a dans l'Angoumois une teigne (*Tinea*), qui fournit deux générations par année. Les premières nymphes éclosent, dans les greniers, au mois de Mai ou de Juin ; les secondes seulement en automne. Quand les premiers insectes acquièrent leurs ailes, les blés sont debout dans les champs. Les teignes s'envolent et vont poser leurs œufs dans les épis. Mais à l'époque où la seconde génération prend ses ailes, les blés sont abattus et rentrés. Eh bien, les teignes d'automne ne font pas le moindre effort pour sortir du grenier qui les a vues naître. Les campagnes moissonnées n'ont plus d'attraits pour elles: elles pondent sur les grains de blé du magasin [2].

1. *Warden*, An acount of the United States ; Edinburgh, 1819 ; vol. II. page 9.
2. *Bonnet*, Œuvres; tom. IX, p. 370.

CHAPITRE X.

LES ANIMAUX ONT-ILS UN SENS QUI LES AVERTIT DES CHANGEMENTS DE TEMPS?

Frappé de la sagacité des animaux, pour découvrir les conditions présentes de la nature, l'homme a fait d'eux des astrologues, ou tout au moins de profonds météorologistes, chargés de lui prédire le temps à venir. Mais ici les notions des sens, immédiates et actuelles, ne suffiraient plus. Si l'insecte ou l'oiseau possédait réellement la faculté qu'on lui attribue, cette puissance attesterait plus que l'existence d'un sens nouveau : elle prouverait l'application du jugement aux faits à venir, la déduction scientifique dans ce qu'elle a de plus élevé. Or, cette faculté est bien supérieure à l'observation, même la plus délicate, des faits qui tombent présentement sous les sens.

Mais la vérité est que les animaux n'ont pas la préscience météorologique. Leur connaissance des variations de l'atmosphère est basée, avant tout, sur les phénomènes présents ; cette circonstance vient encore à l'appui des idées que nous avons émises tout à l'heure, touchant la véritable source du pouvoir d'orientation et de direction.

On ne peut nier que beaucoup d'animaux ne soient très-sensibles aux premiers signes des changements de temps. Cette circonstance n'est pas d'ailleurs bien étonnante chez des êtres qui vivent au milieu de la nature. La sensibilité hygrométrique est très-élevée chez certaines espèces d'animaux ; elle est aussi très-remarquable dans quelques plantes [1]. L'irritabilité nerveuse est parfois plus accessible aux effets de l'électricité. L'approche des tempêtes, des pluies, des orages

1. On connaît, par exemple, le cas du *Nepenthes distillatoria* de l'Afrique méditerranéenne, dont l'opercule s'élève ou s'abaisse, selon l'état hygrométrique de l'atmosphère.

a souvent d'ailleurs des signes sensibles, qui n'échappent pas plus aux animaux qu'à nous. L'hirondelle se dépêche à prendre les moucherons. Le canard arrange ses ailes et s'assure, en y jetant de l'eau, qu'elles sont suffisamment graissées et que la pluie glissera dessus [1]. Les mouettes, les hérons, les corbeaux, les canards donnent d'assez bons indices de la pluie prochaine. A l'époque où les courants atmosphériques sont près de changer, les chats se lavent plus fréquemment qu'à l'ordinaire ; les poules se roulent dans la poussière ; le coq plus agité répète vingt fois sa note de clairon. Mais toutes ces actions ne sont pas néanmoins des preuves de prévision ; elles sont avant tout en rapport avec les influences présentes.

Il n'est pas difficile de le prouver. Les animaux sont trompés, comme nous, quand le changement météorologique ne suit pas les signes avant-coureurs. Ils se guident pas à pas sur les faits accomplis, sans avoir la préscience ni l'instinct de ceux qui doivent suivre. On a vu maintes fois les oiseaux d'été, arrivés par une douce température, périr par des gelées tardives, qu'à coup sûr ils n'avaient pas eu le talent de prévoir. On a vu des papillons sortir trop tôt de leur chrysalide, et tomber victimes des froids du printemps ; bien plus, dans la même saison, on a vu d'autres papillons de la même espèce, qui avaient attendu plus longtemps, succomber à leur tour sous l'action d'une dernière gelée. Tous ces faits étaient déjà connus des anciens [2].

Si les animaux avaient l'intuition des phénomènes de la nature, comment se laisseraient-ils surprendre par les plus hautes marées, sur lesquelles il est facile de voir qu'ils ne comptent jamais ? Les rats se nichent dans les jetées, au-dessus du niveau qu'atteignent les marées ordinaires des syzygies ; mais les marées extraordinaires les inondent et viennent

1. *Wilson*, American Ornithology ; vol. VII, p. 95. — L'oiseau dont les ailes sont mouillées (pénétrées) ne se tient plus sur l'eau qu'avec difficulté.

2. *Pline*, Historia naturalis ; lib. XVIII, cap. 57.

les chasser tous les deux ou trois ans. C'est ainsi que le 13 décembre 1863, je les ai vus chassés de leurs trous, sur les quais de Philadelphie, durant une pleine mer très-haute, favorisée par le vent. Montagu rapporte que les œufs de l'huîtrier *(Haematopus ostralegus)*, déposés par l'oiseau le long des grèves, sont enlevés par les flots dans les mêmes circonstances, c'est-à-dire quand l'eau monte exceptionnellement plus haut que l'oiseau n'avait calculé [1].

Ces exemples sont de nature à jeter des doutes sur les observations qui tendraient à attribuer à certaines espèces une prévision nette et positive des grandes eaux. Des raisons particulières et des coïncidences accidentelles rendraient compte peut-être du petit nombre d'exemples qu'on cite, sans attester des moyens généraux de prévision. On est frappé des cas de succès, et l'on oublie de relever les nombreux cas de déception. L'enregistrement des phénomènes n'est pas complet. D'après le petit nombre des succès cités, on serait même tenté d'admettre qu'il n'y a autre chose que des rencontres accidentelles dans les précautions signalées des animaux. On dit qu'une femelle de cygne avait haussé son nid de près de deux pieds, en empilant des matériaux, justement avant une grande pluie, suivie d'une élévation du niveau des eaux. Mais c'est là un fait isolé et d'autant moins concluant qu'en voyant l'oiseau à l'œuvre, on lui avait fourni d'abondants matériaux pour continuer [2]. On rapporte que les castors *(Castor fiber)* de l'Elbe avaient fait une année des digues très-hautes, et que cette année les eaux montèrent à une élévation qu'elles atteignent rarement [3]. Mais avant de conclure, il faudrait avoir sous les yeux la hauteur des digues et le niveau de l'inondation durant une certaine suite d'années ; il faudrait des nombres et non pas de vagues estimations. Ne serait-il pas naturel

1. *Montagu*, Ornithological dictionary ; 2e éd., art. Oyster-Catcher.
2. *Yarrell*, British birds ; swan.
3. New-Sporting magazine ; juil. 1840.

d'ailleurs de penser que les digues les plus hautes, qui offr plus de résistance, sont exposées à être entraînées par l eaux, et conviendraient mieux, au contraire, aux anné sèches. Les castors ne prouvaient-ils pas qu'ils s'attendaie à une réduction du débit du fleuve, au lieu d'une augme tation?

Les anciens attribuaient au hérisson (*Erinaceus europae* une connaissance très-fine des variations de l'atmosphèr qui lui permettait de prévoir les changements de temps. « (a souvent remarqué, dit Aristote, que quand le vent passe d Nord au Sud ou du Sud au Nord, les hérissons qui vive dans la terre changent l'ouverture de leur trou, et ceux q sont élevés dans les maisons passent d'une muraille à l'autr et l'on rapporte qu'un Byzantin s'était acquis la réputation c prédire le temps, pour avoir simplement observé ces hab tudes du hérisson [1]. » Ce fait, en l'acceptant tout entier, n prouverait pas encore que certains animaux aient une pré science météorologique, puisqu'on nous dit que le hérisso ne faisait que suivre les changements accomplis du vent.

Je ne nie pas d'ailleurs que les animaux qui ont souven l'observation fine, les sens délicats, et qui vivent près de l nature, ne puissent prévoir les changements prochains e même en distinguer peut-être les signes avant nous. Mais j ne puis apercevoir aucune preuve, jusqu'ici, qu'ils puissen prévoir les phénomènes météorologiques par des moyens inconnus à l'homme, ni qu'ils possèdent une prémonition, une intuition de ces phénomènes. Ceux qui croient à pareill faculté ont encore à en démontrer l'existence. Humphrey Davy [2] ne voit rien d'inexplicable dans l'habitude des hirondelles de voler plus bas, de raser la terre et l'eau, à l'approche des pluies. Ces oiseaux se nourrissent de mouches, de teignes et de papillons. Or, dans un refroidissement de

1. *Aristote*, Historia animalium ; lib. IX, cap. 7.
2. *Humph. Davy*, Salmonia.

l'air, qui souvent précède et détermine les pluies, les insectes cherchant les couches les plus chaudes, se rapprochent de l'eau ou du sol qui ne sont pas encore refroidis. Au contraire quand le courant équatorial fait irruption et nous annonce de beaux jours, l'air est plus chaud que la terre, les insectes volent haut, et les hirondelles qui les poursuivent sont forcées de s'élever. Il ne s'agit donc pas de prévision, mais de conséquences ; le thermomètre nous en aurait appris autant que l'oiseau.

J'ai relaté ailleurs une observation que j'ai eu souvent l'occasion de faire en Belgique. Elle est d'autant plus concluante, que l'insecte auquel elle se rapporte, l'abeille domestique, craint excessivement la pluie, et selon l'assertion d'Huber, retourne souvent à sa ruche, lorsqu'il y a un simple nuage devant le soleil [1]. Il m'est arrivé cependant bien des fois de rencontrer des abeilles, dans les champs, et loin du rucher, durant les pluies soudaines [2], fait qui prouve que malgré leur crainte des ondées, ces insectes n'avaient pas pu les prévoir.

Au reste, en matière de météorologie, il n'est pas aussi difficile qu'on pourrait le penser, de se faire passer pour prophète. Si les années individuelles diffèrent, les phénomènes suivent toutefois une même marche générale et connue. La simple moyenne de trois ou quatre ans d'observation, fournirait une notion première du climat, d'un lieu quelconque, et du cours ordinaire des saisons. Cette base étant donnée, une prédiction qui spécifie au hasard, en se conformant aux caractères généraux de la date, se vérifie sept fois sur vingt-quatre ou à peu près une fois sur trois [3]. Il serait évidemment impossible qu'elle se trouvât toujours en erreur. Un petit nombre de succès isolés et de rencontres heureuses suf-

1. *Huber*, Observations sur les abeilles; tom I, p. 136.
2. *J.-C. Houzeau*, Règles de climatologie ; p. 81.
3. *Lardner*, Museum of science and art; vol. I, p. 69.

fisent pour en imposer au vulgaire ; et celui-ci n'exige p plus sans doute, des pronostics qu'il tire des animaux. L admirateurs de la science météorologique des oiseaux, r nous ont pas encore fait connaître si la gent volatile est fav rable ou opposée à la théorie de l'influence de la lune sur temps.

En automne le passage des oiseaux qui volent du nor vers le midi est déterminé par l'épuisement des vivres, au tant que par l'état de la saison. Les canards quittent seule ment les étangs, lorsque la glace est venue les envahir. Il n' a pas d'intuition de l'avenir dans ces résolutions motivée non point d'après le futur, mais d'après le présent. Les Sué dois attribuent il est vrai au lemming (*Lemmus norvegicus*), un véritable prévision [1]. Mais examinons sur quelle base cett croyance repose. On cite un seul fait saillant. En 1742, l'hive fut très-doux dans la province d'Uléa, tandis qu'il fut très-ri goureux dans la province voisine de l'Umea. Or, il se trouv que les lemmings avaient émigré de bonne heure de cett dernière province, tandis qu'ils restèrent tout l'hiver dan l'autre. Avant de se prononcer sur cette circonstance isolée il faudrait toutefois réunir sur les premiers symptômes pa lesquels le froid s'était déclaré, et sur l'état des subsistance à la fin de l'automne, des données que nous ne possédon pas.

CHAPITRE XI.

DE LA COMMUNICATION INSTANTANÉE.

Jusqu'ici nous n'avons pas trouvé dans une seule division du règne animal un sens qui n'existe point chez l'homme. On observe, parmi certains animaux qui marchent à la file, un procédé de communication sur lequel nous devons nous ar-

1. D'*Orbigny*, Dictionnaire universel des sciences naturelles : art. Lemming.

rêter un instant. Dans ces troupes dont les membres cheminent un par un, sur les pas les uns des autres, il y en a dont les individus maintiennent le contact en marchant. Chacun touche celui qui le précède [1]. La chaîne étant ainsi formée, il s'établit une espèce de communication.

Mais dans une pareille chaîne, la transmission mécanique du mouvement ne peut se faire qu'avec le temps et de proche en proche. Si la tête de la colonne s'arrête, le centre et la queue marchent encore, se serrant pendant quelques instants. Lorsqu'un obstacle barre le passage à une troupe de fourmis, ou, dans l'espèce humaine, à une file de soldats, même de ceux qui marchent en emboîtant le pas, l'avis de cet accident ne se transmet pas au même moment jusqu'à la queue : la halte des divers individus est successive, et représente à l'œil une espèce de propagation vermiculaire, si j'ose m'exprimer ainsi.

Il n'en est plus de même de certaines chenilles, notamment de celle du pityocampe *(Cnethocampa pityocampa)*. Quand la première s'arrête, nous dit Bonnet, toutes s'arrêtent instantanément [2]. Des files de plusieurs centaines, qui se développent sur dix ou quinze mètres de longueur, paraissent se mouvoir comme par une impulsion unique. De Villiers, qui a étudié plus récemment cette curieuse espèce, a vu s'arrêter d'un coup une file de six cents. Il suffit de toucher la chenille qui marche la première. Suivant l'expression de cet observateur, on dirait qu'un choc électrique passe d'un bout à l'autre de la chaîne [3].

On connaît quelques insectes, notamment la punaise ronde *(Reduvius serratus)* des Indes occidentales qui donnent des secousses électriques. Il n'est donc pas impossible que chez

1. Sur la marche à la file, tant parmi les animaux que parmi les sauvages, voyez ci-après, Part. I, sect. III, chap. 3.

2. *Bonnet*, Œuvres ; tom II, p. 57.

3. *De Villiers*. dans les Annales de la Soc. entomol. de France ; tom. I, p. 201.

la chenille pityocampe, l'agent ne soit aussi l'électricité. Mais ce fait autoriserait-il la création d'un sens nouveau ? C'est une propriété spéciale et non un sens additionnel, qui distingue les poissons électriques, la gymnote du Gange, le silure du Nil, la torpille de la Colombie. Tel était déjà le point de vue sous lequel Aristote envisageait ces phénomènes ; et Gallien et Oppien l'ont suivi. L'homme lui-même est quelquefois un réceptacle d'électricité. Il y a des personnes qui, dans un temps sec, émettent des étincelles[1]. Après avoir passé sept ans non loin du tropique, mes cheveux et ma barbe étaient souvent électriques, durant les premiers froids secs que je rencontrai dans le nord. Le peigne produisait une sorte de crépitation ; et dans l'obscurité je voyais luire les étincelles comme on l'observe sur le poil d'un chat ou d'un chien. En pareil cas la sensibilité de la peau est très-exaltée ; la moindre pression a un effet presque douloureux.

Il n'y aurait donc rien de surprenant si parfois l'électricité jouait un rôle dans la communication rapide d'un choc d'individu à individu. Il n'y a certainement pas de raison suffisante pour attribuer l'action de la chenille pityocampe à un nouvel ordre de rapports avec les êtres extérieurs, à un sixième sens.

CHAPITRE XII.

DE LA FASCINATION OU ACTION DE CHARMER.

On a cru voir dans ce qu'on a nommé la fascination, les signes d'un mode particulier de relation et d'influence. Mais ceux qui s'étonnent de l'immobilité de l'oiseau devant le serpent, n'ont pas étudié ce qui se passe dans toute l'étendue de la nature, et jusqu'au sein de notre propre espèce.

Je ne parlerai pas de l'influence morale du regard, et je n'en

1. *Brewster*, Letters on natural magic : let. xiij.

iscuterai pas ici le caractère. Mais, pour me borner à des aits, je rappellerai que parmi le gibier, certaines espèces ont comme paralysées, sous le regard fixe d'un chien d'arrêt. Tout animal qui craint cherche à lire dans les yeux l'intention le l'animal qui le menace. L'homme produit un effet semblable sur les bêtes féroces, dans quelques cas particuliers. C'est là 'un des secrets, par exemple, des principaux dompteurs d'animaux. Or, la vue dans l'homme est un sens simple, dont l'exercice s'opère par des moyens connus.

J'ai eu un jour l'occasion de remarquer la perspicacité extrême d'un animal, pour découvrir mes intentions dans mes traits. Étant moi-même un des sujets de l'observation, j'étais bien sûr de la nature des moyens que j'employais et de l'absence de toute préméditation dans l'exercice de ces moyens. J'avais résolu de tuer une chatte, trop féconde pour mon établissement de colon. Un matin que je la voyais venir à travers les buissons de la prairie, je jugeai l'occasion favorable, je saisis mon fusil, et je m'approchai. L'arme était bien connue de tous mes animaux domestiques ; jamais cette chatte n'en avait témoigné d'appréhension. Je ne m'étais pas encore arrêté, et je me contentais d'examiner fixement l'animal, avec une expression probablement inaccoutumée, lorsque je vis la chatte se serrer au pied d'un arbuste et regarder dans mes yeux avec une extrême anxiété. J'étais trahi ; mais ce n'était évidemment que par les moyens physiques les plus vulgaires et les plus naturels. J'eus la dureté d'appeler Minette ; et je la vis se rassurer et quitter sa position. Toutefois l'instant d'après, mon regard ayant repris son sérieux, la chatte, qui n'avait cessé de tenir son œil sur le mien, se mit à fuir de toute sa vitesse. Je fus obligé de la tirer à la course, comme un lièvre qu'on a fait lever.

Les anciens Égyptiens passaient pour exercer une sorte de pouvoir magique sur les reptiles et les oiseaux [1]. Les psylli

1. *Ælien*, Natura animalium ; lib. VI, cap. 33,

de la côte des Syrtes exécutaient avec des serpents des tours hardis et prodigieux [1]. Les hommes, qui font métier de charmer ces reptiles, possèdent-ils quelque secret ou quelque faculté nouvelle ? On pourrait soulever la question si l'on avait des preuves certaines de leur succès dans la pratique de leur art. Mais faute précisément de posséder des moyens surnaturels, ces prétendus charmeurs ne peuvent pas empêcher le reptile de leur sauter parfois à la figure. En 1850 un vieil arabe a donné une représentation de son talent au jardin zoologique de Londres. Le naturaliste Broderip, qui l'avait suivi avec attention, nous dit qu'il tenait les regards fixés fortement sur les serpents, et que ceux-ci en devenaient à peu près immobiles. Mais si occupés qu'ils fussent d'observer ses yeux, ils ne laissaient pas de reprendre par moment l'offensive, et ils se jetaient, pour mordre, sur le visage et sur les mains. Aussi le prudent enchanteur avait-il soin de n'employer que ses propres serpents, auquels il avait arraché secrètement les dents venimeuses [2].

Une expérience qu'on peut répéter aisément, montre que l'immobilité de certaines espèces en présence de leur ennemi, tient à ce que l'animal est entièrement absorbé par la pensée de surveiller cet ennemi. Sa fuite dépendra des mouvements ultérieurs de l'assaillant. Aussi longtemps que celui-ci ne

1. *Lucien*, Pharsalia ; lib. IX.

2. *Broderip*, Note book of a naturalist. — Sonnini, qui a été témoin d'une scène semblable à Rosette, dit aussi que le reptile était privé de ses dents. Les jongleurs profitent de la ressemblance qui existe entre l'érix des Turcs et la vipère cornue (*Cerates Hasselquistii*) de l'Egypte, qui porte au-dessus des yeux une paire d'appendices courbés. Ils greffent des éperons d'oiseaux sur la tête du serpent inoffensif et le font passer pour la vipère. Le Muséum du Jardin des Plantes, à Paris, possède un érix préparé de cette manière (*Deleuze*, Histoire et description du Muséum d'histoire naturelle; chap. II, § 6). En tous pays, cette prétention de charmer les serpents n'est qu'une jonglerie. J'ai vu à Matamoros, en septembre 1862, un Indo-espagnol qui maniait un prétendu serpent à sonnette. L'animal n'était qu'un serpent non venimeux, auquel ce Mexicain avait attaché les castagnettes d'un crotale. Bien entendu, l'innocent reptile ne jouait pas de son instrument d'emprunt.

paraît faire aucun effort pour s'élancer sur sa proie, la victime demeure sur la défensive: elle se borne à observer, et c'est ce qui la perd. Lorsqu'un pigeon domestique est posé sur le sol, marchons droit à lui pour le saisir et il s'envolera. Mais si nous décrivons autour de lui une spirale, dont les anneaux vont en se rétrécissant, il nous suivra de l'œil; tournant sur lui-même à mesure que nous tournons autour de lui. Préoccupé de la seule direction de notre marche, et n'étant pas menacé de front, il se contente de nous observer, sans tenir compte de la diminution de la distance. Si nous continuons à tourner autour de lui, nous pourrons l'approcher à portée de la main, et le saisir, avant qu'il se soit déterminé à prendre son vol dans une direction plutôt que dans une autre. Nous n'avons cependant rien fait pour le fasciner.

L'absence d'agents spéciaux dans la fascination ne peut être établie d'une manière plus complète, qu'en citant la relation d'un homme qui s'est trouvé, pendant quelques instants, sous la griffe et sous le regard du lion. Cette relation a d'autant plus de prix qu'elle n'émane pas seulement d'un profond observateur et d'un philosophe, mais en même temps d'un médecin, préparé, par des études en physiologie, à l'examen critique des faits. Ce serait faire tort au lecteur de changer un seul mot à ses paroles, que je vais m'efforcer de traduire, m'attachant au sens littéral.

« Le lion, dit Livingstone, m'attrapa l'épaule en sautant, et nous tombâmes ensemble sur le sol. Tout en rugissant affreusement à mon oreille, il me secoua ainsi qu'un chien basset secoue un rat. Le choc me paralysa, comme la souris paraît l'être après la première étreinte du chat. C'était une sorte de rêverie, où je n'éprouvais plus de mal ni d'effroi, bien que j'eusse conscience de tout ce qui m'arrivait. C'était pour ainsi dire l'état du patient, en partie sous l'influence du chloroforme, qui voit l'amputation et qui ne sent pas le fer. Cette situation étrange n'était pas le résultat d'une opération mentale. La secousse avait fait passer la peur; et je n'éprouvais pas de sentiment de terreur en jetant les yeux sur la bête. Cet état particulier est produit, sans doute, dans tous les animaux qui sont tués par des carnassiers. S'il en est réellement ainsi, un créateur bienveillant a marqué par là sa pitié, en diminuant pour eux les angoisses de la mort[1]. »

Plus on examine avec un esprit critique, les phénomènes, dans lesquels on a cru découvrir chez diverses espèces, des sens que nous n'avons point, et plus on demeure persuadé que l'animal n'emploie pas de moyens qui, par leur nature, diffèrent des nôtres. Ce sont bien partout les mêmes sens. Si nous ne les trouvons pas toujours tous réunis, nulle part cependant nous n'en rencontrons plus de cinq. C'est uniquement par leur portée, par leur délicatesse, par leur acuité que ces sens diffèrent l'un de l'autre. Et souvent les limites dépendent moins de la structure même des organes que de l'éducation résultant du besoin ou de l'utilité.

La différence immense des usages des sens, chez l'homme civilisé et chez le sauvage, est accompagnée d'une différence aussi grande dans leurs pouvoirs. Même au milieu de nos sociétés, leur degré de délicatesse varie suivant l'éducation de l'individu. Les inégalités sont telles, que, si on les étudie, on en est bientôt étonné. Tous les organes des sens nous présentent des différences aussi remarquables que celles qui existent entre la main calleuse du forgeron, et les doigts délicats du sculpteur ou du peintre.

Mais les inégalités résident dans le développement et non dans la nature de la fonction. En suivant ces différences dans la série des animaux, nous ne trouvons pas non plus de distinctions qualitatives.

1. *Livingstone,* Missionary travels ; ch. i.

SECTION II.

INSTINCTS.

L'instinct est un complément si nécessaire de chacune des fonctions du corps, qu'on n'a pas plus sujet de s'en étonner que des fonctions elles-mêmes. Pourrions-nous satisfaire, par exemple, à l'alimentation si l'instinct ne nous désignait pas notre nourriture, et par conséquent, du même coup, ne nous éloignait pas de ce qui serait impropre ou dangereux? Ce rapprochement vers les substances assimilables est-il plus étonnant que l'opération du végétal, qui choisit dans le terrain entre les corps chimiques ? Est-il plus étonnant que l'adjonction au cristal de molécules choisies au sein de l'eau mère? Est-il plus étonnant enfin que l'affinité du sang veineux pour l'oxygène de l'atmosphère ?

Ce que les impressions sont aux sens, les instincts le sont aux besoins. A chacune de nos fonctions animales correspond un instinct simple, qui s'y rattache directement.

CHAPITRE I.

DE LA PEUR & DE L'INSTINCT DE LA CONSERVATION.

A la tête des phénomènes de la vie automatique, de ceux qui dépendent principalement et souvent presque exclusivement de la vie organique, figure l'instinct de la conservation. C'est la garantie de l'existence de l'individu. En effet, il ne suffit pas que l'être soit formé, il faut qu'il subsiste, au moins jusqu'au temps où il aura rempli sa destination. « Aucun animal, dit Sénèque, ne parvient à la vie, qui n'ait en lui la crainte de la mort[1]. » Sans l'instinct de la conservation, l'existence des êtres deviendrait précaire, le but de la nature serait compromis, la plupart des espèces seraient mort-nées. Cet instinct qui s'applique à l'être dans son ensemble, est comme l'expression synthétique et la plus élevée de la vie.

Ses effets sont universellement connus. Il n'est personne qui n'ait remarqué, dans nos jardins, le sifflement plaintif du rouge-gorge à l'approche de l'oiseau de proie. Il n'est pas un cavalier qui n'ait observé l'inquiétude et l'agitation de son cheval, quand vient à bourdonner à ses oreilles l'*OEstrus equi*, dont les œufs pour éclore doivent être introduits dans l'estomac de ce noble animal. La même crainte instinctive du danger se retrouve jusque dans des espèces infimes. On la suit dans le domaine microscopique comme parmi les grands animaux. Un tout petit crustacé, le lincée sphérique (*Linceus sphericus*) sert de proie à des larves aquatiques de coléoptères, notamment à celle de la naïs. Aussitôt que celle-ci s'approche, les jeunes lincées qui accompagnent la mère se serrent à ses côtés et vont se cacher sous son armure [2].

En manifestant l'instinct du danger, l'animal fait souvent preuve d'une perspicacité qui nous étonne. Lorsqu'il fut arrêté, au Jardin des Plantes de Paris, de détruire une partie des ours de cet établissement, on jeta aux victimes désignées des gâteaux imprégnés d'acide prussique. Les ours, ordinairement friands de pâtisserie, se défièrent de ce présent trompeur. Ils flairèrent les gâteaux, et venant à leur auge, les lavèrent maintes fois successivement. Quand l'odeur fut entièrement dissipée, ils se hasardèrent enfin à les manger, et ils n'en éprouvèrent point de mal [3].

Cette faculté est surprenante sans doute. Il paraît difficile

1. *Sénèque*. Epistolae ; ep. cxxj.
2. *Lardner*, Museum of science and art ; vol. I, p. 93.
3. *Flourens*, De l'instinct et de l'intelligence des animaux.

cependant de douter, dans cette circonstance, que l'animal n'ait été prévenu par l'odeur. Dans d'autres cas, les formes et les allures de ses ennemis l'avertissent du danger qui le menace. Les répugnances sont fondées, avant tout, dans la nature de celui qui les éprouve.

D'un autre côté, si puissant que soit l'instinct de la conservation, aussi longtemps que l'organisme exécute ses fonctions vitales, il ne paraît pas cependant que cet instinct persiste jusqu'à la mort. Un médecin distingué, Henry Halford, a fait beaucoup d'observations sur ce point. Il affirme que quand le désordre est complet et la mort devenue inévitable, l'attachement à la vie se trouve éteint. Le moribond peut regretter de se voir séparer de ses proches, ou de cesser d'être utile aux autres ; mais c'est ici un sentiment moral. Son désir de conserver la vie pour lui-même disparaît avec la possibilité de guérir.

Il est donc permis de penser que l'instinct de conservation n'a pas sa source dans une force physique particulière, que nous serions capables d'isoler. C'est un résultat de toutes les forces et de toutes les dispositions de notre nature ; un effet d'ensemble et non pas un effet de détail. L'instinct de conservation est universel dans le règne animal. Il se montre dès la naissance des individus, longtemps avant qu'ils ne soient en état de réfléchir ni de prévoir. La peur en est le premier signe, et la peur n'est pas un résultat de l'expérience : elle a quelque chose d'inné.

L'effroi se manifeste chez les animaux comme chez l'homme, à peu près dans les mêmes circonstances, et accompagné des mêmes signes extérieurs. Les membres sont saisis d'un tremblement nerveux ; l'œil est effaré ; dans les mammifères et aussi dans les oiseaux, j'ai souvent constaté l'accélération des battements du cœur. « Au premier moment où un cheval aperçoit l'ours, dit un narrateur de chasses à l'ours *(Ursus ferox)* en Californie, il se met à trembler quelle que soit la distance ; son cœur bat si fort que le cavalier l'entend très-distinctement. Et de même que la peur de no. conscrits, engagés sur le champ de bataille, passe après l: première volée, aussitôt que le cheval sent par la tension dt lasso que l'ours est saisi, il revient de sa peur, à laquelle suc cède un vif enthousiasme[1]. » Erasmus Darwin cite un serir canari *(Fringilla canaria)* qui tremblait de peur chaque fois qu'on nettoyait sa cage, et qui pâlissait à la naissance du bec[2].

Say, qui accompagnait l'expédition du major Long aux Montagnes Rocheuses, a décrit la frayeur de son cheval au premier aspect des buffalos. Une troupe immense de ces animaux s'avançait, conduite par un mâle énorme, dans un sens qui croisait la route du train. « Jugeant par la direction du buffle qui marchait en tête de la colonne, qu'il sortirait du fond de la vallée par une sorte de brêche creusée dans les talus à force d'y passer, je poussai mon cheval en avant, dit l'historien de l'expédition, afin d'examiner de plus près cette troupe curieuse. Je venais d'arriver, lorsque le guide formidable, escaladant le talus, posa ses deux pieds de devant sur la plaine et s'arrêta court, en jetant des regards terribles au cheval qui se trouvait devant lui. Le cheval fut frappé de terreur par cette apparition soudaine ; tous ses membres tremblaient de peur ; il eût fait volte-face et pris la fuite, si son cavalier n'avait mis tous ses efforts à le retenir. Il recula toutefois de quelques pas, puis se laissa tomber sur la croupe. Le bison, arrêté un instant, fut bientôt poussé par la pression irrésistible de la colonne qui le suivait ; il reprit sa marche et vint passer tout près du cheval affaissé[3]. »

Si naturelle, si innée que soit la peur, il est probable cependant qu'il y entre un certain calcul de la puissance de l'obstacle ou de l'ennemi. Si cet ennemi échappe à notre con-

1. Cité dans *Goodrich*, Illustrated natural history ; vol. I, p. 163.
2. *Er. Darwin*, Zoonomia ; part. I, sec. xvj, art. 8.
3. *Say*, Journal of Long's Expedition to the Rocky Mountains.

trôle, la peur est expliquée. Tantôt l'opinion se forme d'après le volume; et tantôt l'être s'effraie de mouvements dont la rapidité défie les siens. Le volume qui implique *a priori* l'idée de force, est l'épouvantail ordinaire chez les animaux. L'agilité ne produit d'impression que sur les êtres les plus lourds et les natures lentes. La souris effraie l'éléphant; mais la plupart des carnassiers la poursuivent, y compris ceux qui ne sont pas assez alertes pour l'attraper.

Ainsi toute la conduite des animaux nous prouve que si la peur est instinctive dans son origine, ce sentiment est cependant modéré et réglé par un certain usage du jugement. L'expérience, principalement celle du toucher, l'exercice de le sensibilité générale, la connaissance des obstacles, enfin l'appréciation des forces extérieures, posent, avec le temps, les limites de l'instinct de la peur.

J'emmenai un jour, dans un petit voyage, un jeune chien de huit mois, que j'avais dressé soigneusement à chasser les vaches qui s'approchaient des limites de mon jardin. En traversant un bosquet, sur le flanc d'une colline, l'animal aperçut, pour la première fois de sa vie, une troupe de porcs vaguants. Je l'observais avec attention : il s'arrêta court à l'aspect de ce spectacle nouveau. La surprise et la peur étaient peintes dans son attitude, et, si j'osais parler ainsi, j'ajouterais volontiers dans ses traits. Sa contemplation dura vingt-cinq secondes, pendant lesquelles je me gardai de l'appeler ou de l'encourager. Puis tout d'un coup, il s'élança comme il l'eût fait sur des vaches ou des bœufs ; et son action fut si soudaine qu'il mit toute la bande de porcs en déroute, y compris cette fois les truies et leurs marcassins.

Il suffit de l'observation la plus simple pour reconnaître que le courage grandit, dans le chien, avec l'âge, et surtout avec l'éducation. On affirme la même chose du cheval. « On ne voit jamais ou presque jamais la panique s'emparer des chevaux qui ont eu du service[1]. » Egalement, parmi les ani-

1. British Cyclopedia of natural history ; art. horse.

maux sauvages, ce sont les plus âgés, les plus expérimentés, qui sont aussi les plus courageux.

Il existe une harmonie remarquable qui a été signalée par Ch. Bell. Certains animaux ont la faculté de passer immédiatement de l'attitude de station à la course ou à la marche; mais il y en a d'autres qui ne peuvent s'élancer qu'en se pliant préalablement sur eux-mêmes, afin de donner aux muscles moteurs une inclinaison sur les os. Parmi ces derniers figure l'homme qui, lorsqu'il est au repos, doit se plier, par exemple avant de sauter. Mais les animaux qui ont la faculté de partir d'emblée, parce que leurs os sont naturellement obliques les uns aux autres dans le repos et que les muscles ont ainsi plus de prise, ces animaux, dis-je, sont précisément, comme les antilopes, les plus timides des mammifères, et ceux par conséquent qui sont portés aux mouvements de fuite les plus prompts [1].

Les animaux ont peur de tout ce qui leur paraît plus puissant qu'eux. S'il n'est pas exact qu'ils fuient tous devant l'homme [2], la plupart évitent cependant de se mesurer avec lui. Dans les prairies du Rio-Grande, les chevaux sauvages font d'abord face aux chasseurs, et ne se retirent qu'en voyant l'inutilité de la résistance. Mais s'ils ont affaire à des loups, ils livrent parfois un combat opiniâtre dans lequel il tombe des victimes des deux côtés. Du reste, les animaux en général se conduisent en présence des singes anthropomorphes comme ils se conduiraient devant l'homme. Les grands quadrumanes d'Afrique forcent l'éléphant lui-même à respecter l'asile des bosquets où ils se sont établis.

Les carnassiers, non seulement parmi les mammifères ou

1. *Ch. Bell*, The hand; p. 68. Tout chasseur a remarqué toutefois que le lièvre se baisse avant de s'enfuir.

2. Comparez Genesis, ch. IX, v. 2; et Proverbia, ch. XXX, v. 30. — Je rappelle en un autre endroit (Part. II, sec. V, chap. 2) que dans les terres nouvellement découvertes, les oiseaux et même les mammifères se laissent approcher par l'homme.

les poissons, mais aussi parmi les insectes, attaquent souvent une proie redoutable, et déploient tous les attributs du courage en luttant pour s'en emparer. Néanmoins la bravoure, qualité qui se développe avec l'âge, ne triomphe pas chez tous les individus de l'instinct de la peur. Les masses animales sont composées à cet égard comme les masses humaines. La scène suivante, que j'emprunte à Fremont, démontrera suffisamment la vérité de cette assertion.

Il s'agit encore d'une troupe de buffalos *(Bison americanus)* dans les prairies immenses du Far West. A notre approche, dit le célèbre voyageur, « les bisons les plus avancés se mirent en marche vers les collines, et en quelques secondes, le mouvement s'était communiqué à tout le troupeau. Un escadron de mâles serrait les derniers rangs comme à l'ordinaire ; et de temps en temps quelques-uns d'entre eux faisaient demi-tour et nous regardaient comme s'ils eussent été à peu près disposés au combat. Mais nous avions forcé la course ; la déroute devenait générale ; et nous arrivions derrière le troupeau comme le vent. A trente ou quarante pas de distance, nous lançâmes un grand cri, le *pas de charge* du chasseur ; puis nous pénétrâmes dans la troupe. Pendant que nous entrions d'un côté, la masse se dispersait confusément en tous sens. Beaucoup de mâles, moins vifs et moins agiles que les femelles, préoccupés d'ailleurs des chasseurs et ne faisant point attention où ils marchaient, tombaient avec force, roulant sur eux-mêmes au milieu d'un nuage de poussière qui les cachait[1]. »

Cette description s'appliquerait en quelque sorte mot pour mot à la déroute d'une armée de barbares. Le même mélange de la bravoure acquise et de l'instinct de la peur, se retrouve chez l'homme : une multitude flottante ; des chefs qui, selon le mot du Philoctète de Sophocle, sont plus fiers en paroles que vaillants dans l'action [2] ; et des Archiloques jetant

1. *Fremont*, Narrative ; 1 juill. 1842.
2. *Sophocle*, Philoctetes act. V, sc. iij.

leur bouclier [1] ou des Falstaffs qui se sauvent à la course [2].

Ce n'est pas que je nie le courage ni l'audace. Je me borne, en ce moment, à constater dans toute l'étendue du règne animal et de l'espèce humaine, l'instinct inné de la peur. Je ne conteste ni la fermeté de Scanderbeg [3], ni la force d'âme de Jérôme de Prague sur son bûcher, ni le sang-froid d'André Caraffa, qui dit au bourreau « frappe moi par devant, pour que je voie venir le fer de ta hache [4]. » Le tableau des morts héroïques, soit parmi les hommes civilisés, soit parmi les sauvages, m'entraînerait trop loin. Si j'avais besoin d'attestations, je n'aurais d'ailleurs qu'à rappeler le courage des martyrs. Mais tous les animaux non plus ne sont pas des lâches. Les combats du cirque, les arênes de taureaux, en fournissent des preuves éclatantes. Le lion sert d'emblême à la bravoure. Et ce singe gorille qui venant au devant de ses assaillants arracha le fusil de l'un d'eux, le brisa, et tenta ensuite d'en écraser le canon, entre ses dents, n'était pas sans doute un poltron [5].

Mais tous ces actes d'individus adultes ou convenablement développés, ne contredisent en rien l'existence d'un instinct de naissance, que j'ai nommé l'instinct de la peur. Celui-ci appartient, comme la faim et la soif, à notre nature animale. Cet instinct a, dans l'homme, une expression puissante. Il commence à se montrer dès l'âge le plus tendre. L'enfant témoigne à peine de la conscience de la vie, qu'il appréhende déjà la douleur et la mort. La femme, l'homme viril, le vieillard, nous fournissent des observations analogues, qui dif-

1. *Aristophane*, Pax, v. 1296. — *Strabon*, Geographia ; lib. XII, p. 159, ed. Casaub.

2. *Shakspeare*, First part of king Henri IV ; act. V, sc. iv. — Et dans ces vers :

He who fights and runs away
May live to fight another day.

3. *Sismondi*, Histoire des Républiques italiennes ; ch. lxxix.

4. *Michaud*. Biographie universelle ; supplém. art. Caraffa.

5. *Du Chaillu*, Explorations in equatorial Africa ; chap. xvj.

ent seulement par les formes diverses qu'elles tirent des férents caractères. Je me réduirai à un petit nombre de ıtions, qui peignent ces manifestations sous leur jour ·itable.

‹ Si nous faisons sauter l'enfant dans les bras, dit un ɔfond observateur, il reste immobile lorsque nous l'éle- ns; mais pendant la descente, il se débat et fait des efforts... and la nourrice le pose sur ses pieds, en formant un cercle ses bras autour de lui, il apprend lentement à trouver quilibre et à se soutenir, non sans y mettre une grande nidité. Il neprétend se tenir tout seul qu'à une petite distance s genoux de sa nourrice, assez près pour se jeter dans son ron s'il allait tomber. Dans ses premiers essais de force usculaire, il est sous l'empire d'une peur, que l'expérience : peut encore avoir produite [1]. »

La peur se montre donc, dans l'espèce humaine, dès l'âge plus tendre; et plus tard on en retrouve partout l'expres- on. Le 10 octobre 1837, le bateau à vapeur le *Home*, qui isait le service de New-York à Charleston, porta sur les bri- ns, près du cap Hatteras, et périt avec cent trente personnes bord, dont deux seulement sont parvenues en vie au rivage. endant plusieurs heures, le navire naufragé s'en allait pièce ır pièce, sous la furie des flots. Cette destruction graduelle ffrait une scène affreuse d'agonie. Quelques femmes implo- ıient qu'on les sauvât. « Papa, disait un petit garçon, vous e sauverez n'est-ce pas ? Vous pouvez nager avec moi au vage ; ne sauriez-vous m'y porter, papa ?[2] » C'est l'amour e la vie dans l'enfant.

Shakspeare a exprimé avec une fidélité naïve l'amour de la ie chez les femmes. Le dialogue entre Desdémona et Othello, l'instant où ce dernier veut la mettre à mort, est peint avec

1. *Ch. Bell*, The hand ; p. 233.
2. Tiré littéralement du récit de l'un des survivants, conservé par *Marryat*, diary in America ; part. II, vol. I, p. 71. Cet exemple est pris sur nature.

la vérité de la nature. Desdémona s'écrie : « Oh, banniss moi, Seigneur, mais ne me tuez pas. — Meurs, indigne ! Tuez-moi demain ; laissez-moi vivre ce soir. — Non, si résistes... — Seulement une demi-heure. — La chose éta pas de répit. — Mais le temps de dire une prière ! — Il trop tard! (Il l'assassine.)[1] »

Je montrerai enfin le même instinct dans l'homme vi Le canot qui portait Fremont et ses compagnons, chav dans les rapides de la branche septentrionale de la Plat L'un des Canadiens qui composaient l'équipage ne savait p nager. Un de ses amis le saisit dans l'eau par les cheveux. « Lâche pas, lâche pas, cher frère », dit l'homme qui se noya C'est l'expression calme et digne de l'amour de la vie. La r ponse mérite d'être citée : « Je m'en vais mourir avant q de te lâcher[2]. »

Un des navires de l'escadre d'Anson s'est brisé au mili de l'archipel de la Terre de Feu, en sortant du détroit de L maire. « Dans cette conjoncture effrayante et critique, l'un des officiers, il eût fallu être soi-même insensible danger pour observer convenablement les signes variés de terreur, suivant les différents caractères et les divers temp raments. Mais il y eut quelques traits si remarquables qu'i n'eussent pu échapper qu'à un homme entièrement privé l'usage de ses sens. Quelques uns, en effet, étaient étrange à tout ce qui passait. Un homme, dans l'hallucination du d sespoir, arpentait le pont en brandissant un coutelas ; il prétendait le roi du pays, et frappait ceux qui l'approchaien jusqu'à ce que ses compagnons, ne voyant pas d'autre moye de s'en garantir, l'eussent terrassé. Quelques uns, affaibl de longtemps par les souffrances et le scorbut, semblaie dans ce moment pétrifiés, et privés de toute connaissan comme des soliveaux ; les secousses et le roulis les jetaient

1. *Shakspeare*, Othello, act V, sc. 2.

2. *Fremont*, Narrative ; 24 Août 1842. Les paroles sont données par Fremo dans le français de ces Canadiens, telles que je les ai rapportées dans le texte.

droite et à gauche, sans qu'ils fissent le moindre effort pour se retenir. La vue des brisans couverts d'écume était si terrible qu'un des plus braves de l'équipage ne pouvait s'empêcher de marquer son effroi, en disant que le spectacle était trop affreux pour le supporter, et il se serait jeté du tillac dans la mer, si on ne l'en avait empêché. Mais en même temps, il ne manquait pas d'hommes qui conservaient un sang-froid vraiment héroïque.... [1] »

Lorsque le *Centaure* revenait des Indes Occidentales, après que l'amiral Rodney eut battu le comte de Grasse, ce navire subit de telles avaries, pendant une tempête, qu'il fit de l'eau avec une rapidité extrême et fut bientôt au moment de sombrer. « L'équipage, dit le capitaine, avait travaillé jusque là sans murmurer ou sans se plaindre, déterminé à surmonter les difficultés. Mais voyant que tous les efforts étaient inutiles, un grand nombre fondirent en larmes, et se mirent à pleurer comme des enfants. » [2] Expliquant ensuite comment il avait quitté le vaisseau, le capitaine expose, avec toutes les apparences de la franchise, les impressions que lui-même éprouvait. « Il était près de cinq heures, dit-il, lorsqu'en sortant de la cabine je vis un groupe nombreux regarder avec attention par dessus l'un des bords. Examinant aussi, je reconnus que plusieurs personnes s'étaient emparées de la chaloupe, et que d'autres cherchaient à y entrer. L'idée me vint comme un éclair de m'assurer de cette embarcation, avant que la masse la fît chavirer...... Il n'y avait qu'une seconde pour délibérer : il fallait rester et périr avec un équipage auquel je ne pouvais plus être utile, ou bien saisir la chance d'échapper, en abandonnant des hommes dont j'avais été si hautement satisfait dans tant de circonstances, et pour lesquels il me semblait que j'eusse donné ma vie, si elle avait pu les sauver. Ce fut une lutte pénible que

1. *John Byron*, Narrative of the loss of the Wager man of war.
2. *Inglefield*, Loss of the Centaur man of war ; 23 Avril 1782.

nul, je pense, ne peut décrire; celui qui n'a pas passé par cette situation n'en a pas d'idée. L'amour de la vie l'emporta. J'appelai M. Rainy, le second du vaisseau, qui était alors le seul officier sur le pont, et lui dis de me suivre. En un clin d'œil, j'étais dans la chaloupe, par les chaînes de derrière ; mais ce ne fut qu'avec une grande difficulté que nous pûmes nous éloigner du vaisseau. [1] »

Dans le voyage affreux, de cent dix-sept jours, exécuté en Cafrérie, par les passagers et les marins naufragés du *Grosvenor* (1782), la traversée des fleuves présentait à chaque pas d'immenses périls. Les voyageurs n'avaient pas d'autre moyen que de construire sans outils des radeaux grossiers. A la seconde rivière, deux hommes refusèrent de se risquer [2] ; tant la crainte d'une fin immédiate l'emporte sur la perspective d'une misère prolongée et d'une mort lente.

L'attitude des cadavres, après les catastrophes soudaines, donne une certaine idée des caractères. Le grand tremblement de terre de la Calabre (5 février 1783) enterra des milliers de personnes sous les ruines. On remarqua que les hommes avaient fait partout des efforts pour se dégager. Les femmes, pour la plupart, avaient porté les mains sur la tête; celles qui avaient des enfants les serraient dans les bras [3].

Au siége de Numance par Scipion, les habitants affamés mangèrent les malades et les bouches inutiles [4]. Dans les sociétés inférieures où les instincts ont le cours libre, où l'être ne connaît guère d'autres mobiles que son intérêt, le sentiment de conservation passe même avant l'amour maternel. On verra les mères, pressées par la famine, se repaître de leurs enfants, dit le Deutéronome [5]. Et le fait est vérifié par des témoignages historiques. Au siége de Jérusalem, par

1. *Inglefield*, loc. cit.
2. *Hynes*, Evidence on the loss of the Grosvenor indiaman.
3. W. *Hamilton*, Account of the earthquakes in Calabria and Sicily, in 1783.
4. *Appien*, De bellis hispanicis. — *Tite-Live*, Epitome, lib. LIX.
5. Deuteronomium, cap. XXVIII, v. 57.

Titus, une mère avait tué, préparé et dévoré le fruit de ses entrailles [1]. Au siége de Mexico, par Cortez, en 1521, les femmes aztèques égorgeaient leurs enfants pour les manger [2].

Même dans les sociétés civilisées, l'instinct de la conservation personnelle est le plus énergique de tous; et bien qu'il ne puisse pas détruire l'amour maternel, il passe pourtant avant lui. Cette vérité est rendue apparente par le fait qui suit. Après l'explosion du bateau à vapeur la *Moselle*, en 1837, à Cincinnati, explosion qui coûta la vie à plus de cent personnes, une femme fut retirée de la rivière et portée sur le quai. « Grâce à Dieu, je suis sauvée », s'écria-t-elle. Puis, après une seconde pensée, qui traversait l'esprit comme un éclair, « où est mon enfant », dit-elle, avec une anxiété poignante ? On le lui montra et elle s'évanouit [3].

L'instinct de la conservation est donc le premier et le plus puissant de tous. C'est lui qui donne l'énergie dans le danger. En tant que cette énergie s'exerce par de simples moyens matériels, elle est pour ainsi dire automatique. Mais l'énergie mentale dépend essentiellement de la volonté. « Nos doutes, dit Shakspeare, sont des traîtres, en nous retenant, ils nous font perdre le fruit que nous pourrions souvent cueillir [4]. »

1. *Josèphe*, Bella Judaeorum; lib. VI, cap. 8.
2. *Prescott*, History of the conquest of Mexico ; book VI, ch. 8.
3. Récit d'un témoin, conservé par *Marryat*, A diary in America ; part. II, vol. I, p. 84.
4. *Shakspeare*, Measure for measure, act. I, sc. 5. — Un tableau de l'énergie mentale a été tracé par Robertson, dans les termes suivants : « Ce n'est pas en regrettant ce qui est irréparable que nous pouvons accomplir rien de réel, mais en tirant le meilleur parti du présent. Ce n'est pas en nous plaignant que nous n'avons pas les outils convenables, mais en employant ceux que nous possédons... La marche virile et sage c'est de regarder les obstacles en face et de voir quel parti l'on peut en tirer. La vie, comme la guerre, est une suite de mécomptes, et ce n'est pas le meilleur chrétien ni le meilleur général qui font le moins de faux pas. La pauvre médiocrité peut les éviter. Mais le plus habile c'est celui qui gagne ses plus belles victoires pour racheter ses défaites. Oublions les mécomptes, et des revers mêmes faisons sortir les succès. »

L'énergie du caractère a certainement des signes extérieurs. Elle se lit dans le regard, dans le geste, dans les traits. Elle a aussi quelques rapports, plus éloignés sans doute, avec la couleur des cheveux et le pigment général de la peau. Des albinos ont été signalés dans toutes les races humaines. Parmi les Africains, ce sont ces hommes aux cheveux laineux, au nez épâté, aux grosses lèvres, mais à la peau d'une blancheur maladive, connus sous le nom de *nègres blancs* [1]. Des variétés individuelles correspondantes existent chez plusieurs espèces d'animaux. On conserve, par exemple, au Musée de Philadelphie, un castor albinos [2]. Il n'est pas extrêmement rare de trouver la même particularité chez les lièvres. Et le fameux merle blanc, dont on a mis l'existence en doute, n'est aussi qu'un cas particulier de décoloration [3].

Un vieux preneur de rats disait à Francis Buckland qu'il existe, parmi ces animaux, de très-grandes différences individuelles dans l'énergie et dans la combativité [4]. Ces inégalités sont bien connues dans les combats du cirque et dans les arênes de taureaux. On ne peut pas douter que la même échelle de caractères, dont la race humaine offre l'exemple, ne se retrouve, en quelque mesure, au sein des espèces animales.

Les abeilles par exemple n'ont qu'une reine, parce que la plus courageuse tue les autres. Dans le genre des bourdons (*Bombus*), les femelles se battent entre elles dans les nids. Elles sont forcées d'ailleurs de défendre leurs œufs contre les mâles, qui s'en repaissent volontiers [5]. En sorte que la combativité dans un sexe est accompagnée de la destructivité dans l'autre.

1. *Prichard,* Natural history of mankind; 3me éd. vol. II, passim.
2. *Godman*, American natural history ; 3me éd. vol. I, p. 279.
3. Sur l'existence du merle blanc comme variété individuelle, voyez *Cuvier*, dans ses notes du Pline de Pankoucke ; tom. VII, p. 401. Il y a un merle blanc au Musée du Hâvre.
4. *Fr. Buckland*, Curiosities of natural history : vol. I, p. 151.
5. *Kirby* et *Spence*, Introduction to entomology; let. xviij et xj.

Cette exubérance d'énergie, qui pousse l'individu au combat, s'exerce alors même que sa vie n'est pas immédiatement menacée. Si l'existence est une lutte, si les individus de l'espèce se limitent les uns les autres, l'attaque n'est après tout qu'une défense par anticipation. Il y a des animaux qui ont la combativité dans leur nature. Il y en a d'autres qui ne l'ont point. Tous ne pourraient pas être dressés à la lutte. Mais le coq, le dogue, le caméléon [1] et une foule d'autres espèces, montrent un penchant incontestable pour le combat.

On peut, ce me semble, tirer de ce chapitre les conclusions suivantes. L'instinct de la conservation est universel dans le règne animal. La peur en est la première manifestation, et dans la plupart des espèces l'être paraît l'apporter en venant au monde. Mais, par le développement des facultés, on pourrait dire par le développement des phénomènes de volition, les conditions changent graduellement. La peur, qui était automatique et d'instinct, fait place au courage, qui est volontaire et d'acquisition.

Si l'on demandait par quel enchaînement d'effets et de causes, l'instinct de la peur, qui précède l'expérience, peut se trouver lié aux attitudes du corps, il ne serait pas impossible peut-être de satisfaire un instant le lecteur. Le trouble de nos fonctions organiques est accompagné de malaise. De même, en concluant par analogie, toute situation en désaccord avec la condition actuelle de nos forces, doit nous causer une gêne, qui serait comme l'origine de la peur. On verrait ainsi pourquoi l'enfant, qui manque de fermeté sur les jambes, éprouve de la répugnance à se tenir debout. Mais c'est une erreur si commune et si grossière d'expliquer les fonctions par des douleurs, qu'on ne peut s'engager dans cette voie sans une défiance extrême. Il ne faut pas oublier l'exemple de Mylius, qui disait que la chenille filait sa soie dans un accès de colique, déterminé par une surabondance de gomme dans les

1. *Fr. Buckland*, loc. cit. ; vol. I, p. 68.

intestins, et que le cocon prenait sa forme ronde à mes
que les tranchées amenaient des contorsions [1].

Il est certain que la peur, même sous sa forme primit
n'est pas une gêne seulement. Les considérations que j'ai p
sentées sur ce point me serviront d'excuse, si je m'abstien
l'avenir de discuter les causes des instincts.

—

CHAPITRE II.

INSTINCT DE SE NOURRIR.

Aristote était évidemment trop exclusif, lorsqu'il souten
que notre première instruction s'acquiert tout entière p
l'imitation[2]. L'enfant ne prend pas le sein parce qu'il l'a
prendre. L'animal élevé seul de son espèce n'a pas de modè
L'insecte qui n'éclot qu'après l'extinction de la générati
précédente, n'a pas d'exemple sous les yeux. Il est manife
qu'il y a certaines connaissances auxquelles l'être parvi
spontanément. Erasmus Darwin a pris quelque peine po
démontrer que l'animal acquiert bien réellement par ses p
pres efforts, et ne doit pas tout à l'imitation [3]. Si l'on adm
que le premier individu de chaque espèce ait été livré à l
même, il faut bien convenir que l'animal qui aurait don
pour la première fois l'exemple d'une action nouvelle a, da
cette hypothèse, été créateur. Mais on prouve que l'initiati
appartient, pour certaines catégories d'actions, à tous les i
dividus d'une espèce, qui, chacun à son tour, s'élèvent à l
exécuter. Le mammifère et l'oiseau ingèrent avant de sor
de leurs enveloppes : le poulet consomme le blanc de l'œu
l'enfant boit l'eau de l'amnios, et il en est de même du ve

1. Cité par *Kirby* et *Spence*, Introduction to entimology ; let. xxvij.
2. *Aristote*, Poetica ; cap. 4.
3. *Er. Darwin*, Zoonomia ; part. I, sect. xvi, art. 2.

et de la plupart des mammifères. Cette alimentation fœtale est l'origine des selles souvent copieuses des animaux nouveaux-nés. Mais le veau fait plus encore. Il est démontré qu'il se lèche dans le corps de sa mère : on trouve dans son estomac, avec l'eau de l'amnios, des paquets de son propre poil[1]. Il est donc bien vrai que chaque animal est capable d'agir de lui-même, et que l'exemple est pour lui comme pour l'homme un simple secours.

L'instinct de se nourrir porte l'être non seulement à se jeter sur ce qui l'entoure, mais à faire un choix entre les objets qui se trouvent à sa portée. Ce choix est tout aussi spontané que l'action même de prendre de la nourriture. Ainsi Joseph Banks racontait qu'il avait vu un poulet, au sortir même de l'œuf, et l'écaille lui collant encore à la queue, becqueter une mouche qui s'était posée tout près de lui[2]. Je citerai un autre exemple. L'animal carnassier éprouve à tout âge, et sans instruction préalable de ses parents, un attrait marqué pour les proies préférées de son espèce. Le lion d'Afrique est très-friand du dromadaire. Quand ce dernier animal fut amené pour la première fois en Europe par l'armée de Xerxès, les lions de la Thrace, qui ne l'avaient jamais vu ni flairé, arrivèrent pendant la nuit, et sans toucher aux hommes, aux bœufs ni aux mules, se jetèrent sur les malheureux dromadaires[3]. D'où l'on voit que l'attrait était indépendant à la fois de l'expérience et de l'éducation. Le singe élevé en captivité a la même aversion pour le serpent que le singe de la nature. L'aversion se déclare la première fois qu'il aperçoit le reptile, à quelque âge qu'il soit soumis à cette première épreuve.

Il faut donc conclure que l'instinct de se nourrir est inné, comme le besoin même de prendre de la nourriture ; qu'il se manifeste chez le jeune animal indépendamment de l'exemple

1. *Flemyng*, dans les Philosophical transactions ; 1755.— *Blasius*, Anatomia animalium; p. 122.
2. *Ch. Bell*, The hand ; p. 255.
3. *Hérodote*, Historia ; lib. VII, cap. 125.

ou de l'enseignement maternel ; enfin qu'il ne porte pas l'être indifféremment vers tous les objets, mais vers une certaine classe d'objets. Il y a dans ce dernier trait quelque chose qui rappelle les distinctions ou choix qu'on remarque dans les phénomènes de l'affinité chimique.

CHAPITRE III.

INSTINCT DE SE MOUVOIR.

« Le jeune veau, dit Galien, essaie de frapper de la tête avant d'avoir des cornes[1]. » Le petit canard couvé par une poule, se jette à l'eau dès la première fois qu'il peut l'apercevoir. A peine sorti de la chrysalide, le papillon se met à voler; et l'on peut ajouter qu'il est à peu près aussi maître de ses mouvements lorsqu'il s'élève pour la première fois, qu'il l'est jamais par la suite. Le fœtus fait dans la matrice différents mouvements. L'embryon de l'oiseau agite les membres dans l'œuf, et finit par briser à coup de bec sa coquille. On peut donc regarder le mouvement comme une faculté innée chez les animaux.

Dans le règne animal, la contractilité, la motilité, la progression ou locomotilité, sont des termes qui se suivent, et qui, fondés sur une base commune, expriment des phénomènes de plus en plus complexes et plus importants. On peut suivre le fil de ces manifestations non seulement jusqu'aux animaux inférieurs, mais jusqu'au sein du règne végétal lui-même. Comme s'il n'existait qu'une seule filiation d'idées dans toutes les créations de la nature, les mêmes fonctions

1. Le veau frappe de la tête le pis de sa mère, pour faire venir le lait, comme le carnassier les presse avec les pattes, comme l'enfant lance les poings contre la mamelle, et le jeune éléphant la trompe.

se retrouvent, associées à d'autres fonctions fort variées, dans des êtres dont le plan général est ainsi différent.

Je passerai rapidement sur la physiologie du mouvement; je vais me borner à signaler les principaux anneaux d'une grande chaîne, dont il n'est pas sans intérêt de bien apprécier la continuité et les développements.

A. CONTRACTILITÉ.

Tout le monde connaît l'irritabilité des mimosées et de quelques autres végétaux. Dans les prairies sèches de la vallée supérieure du Kansas, la *Schrankia angustata* ferme ses folioles à l'attouchement le plus léger. Il y a une dionée *(Dionaea muscipula)* qui prend les mouches. Dès qu'un insecte vient se poser sur l'une de ses feuilles, les lobes se rapprochent, les cils dont la feuille est armée se redressent, et percent le visiteur imprudent. On croirait voir, dans ce mouvement, l'action des nerfs et des muscles. Mais il y a plus encore, car suivant les recherches récentes du naturaliste Cohn, la mouche est bientôt digérée dans les plis de la feuille, comme elle le serait dans l'estomac d'un animal.

B. MOTILITÉ.

La motilité a pour premier résultat le jeu relatif des parties. L'adresse et la promptitude auxquelles atteignent certains êtres, a quelque chose de prodigieux. Le cousin commun *(Culex pipiens)* qui produit par le battement rapide de ses ailes le son traînant qui nous annonce sa présence, imprime à ces organes jusqu'à cinquante vibrations par seconde[1]. La mouche de maison *(Musca domestica)* dont le bourdonnement a une origine semblable, met dans ses battements une promptitude bien plus grande encore. Elle frappe six cents

1. *Westwood*, Modern classification of insects; vol. II, p. 509.

coups d'aile par seconde, au moyen desquels elle avance d'un mètre et demi lorsqu'elle n'emploie qu'une force ordinaire, et de dix mètres lorsqu'elle fuit pour échapper au danger[1]. Dans l'homme, nous ne pourrions mettre en parallèle que les vibrations des cordes vocales, qui ne sont pas des organes libres comme les ailes. La langue ne frôle pas le palais plus de douze fois en une seconde; et dans la conversation la plus animée nous ne parvenons pas à prononcer plus de huit syllabes dans la même durée.

C. LOCOMOTILITÉ.

La locomotilité est l'expression la plus élevée du mouvement spontané des êtres. Il fallait pour la réaliser, non seulement que les différentes parties fussent mobiles, mais qu'elles se prêtassent un appui mutuel. Il fallait, pour soutenir les parties molles, un squelette articulé, intérieur ou extérieur, dont les pièces diverses concourussent au but commun[2]. Les formes géantes ont même pu se réaliser plus aisément dans l'eau, où la densité du milieu soulage les efforts de la charpente rigide, qu'elles n'ont pu se développer dans l'air. C'est ainsi que parmi les êtres fixés, les plus grands, tels que les arbres forestiers, vivent sur la terre. Mais parmi les êtres libres, les géants, comme les ichthyosaures et les cétacés, vivent dans l'eau. Pour compléter l'analogie entre la fibre ligneuse et le squelette des animaux, on observe qu'il se dé-

1. *Nicholson's* Journal; vol. III, p. 36.

2. N'est-il pas digne de remarque que les plus grands succès obtenus dans la construction des automates, ont été dus à la reproduction du plan de la nature? Vaucanson n'a cessé de se rapprocher de plus en plus de l'ostéologie réelle des êtres qu'il imitait. Malgré la complication apparente, il devait reconnaître que c'était, tout considéré, le plus court et le meilleur chemin. Dans son dernier et plus beau chef-d'œuvre, le canard, chaque os du squelette avait son représentant dans l'automate, et cet os était doué de ses véritables mouvements. Le modeleur soutient l'argile ou la cire par des verges rigides qui représentent les os, et autour desquelles il façonne la matière plastique.

pose quelquefois de la silice dans le ligneux, comme il y a du phosphate et du carbonate de chaux dans les os.

La conception vulgaire qui attache aux végétaux l'idée absolue de fixité, et aux animaux celle non moins absolue de mouvement de transport ou de liberté, est absolument erronée. La vérité est qu'il existe des ordres entiers d'animaux qui vivent attachés au sol comme les plantes : tels sont entre autres les madrépores, les actinies, les spongiaires, certaines hydres. Ces animaux passent leur existence à l'endroit où le destin les a fixés. Mais s'ils demeurent en place pour accomplir leurs fonctions et se reproduire, les rejetons toutefois voguent en liberté. Les germes émigrent, pour se fixer dans des situations nouvelles, où l'animal ira passer sa vie et mourir. Or, n'est-il pas frappant que telle soit aussi la loi chez les plantes? Les semences sont indépendantes et mobiles; les eaux et les vents les transportent; le germe va se développer dans une situation nouvelle; mais arrivé là il s'attache, croît sur place, vit, se reproduit à son tour, et meurt.

D'autre part, une locomotilité bornée paraît déjà chez quelques végétaux. Les *Volvox*, les *Protococcus*, on pourrait même dire toutes les algues, sont aussi actifs, durant une partie de leur existence, que les êtres correspondants qui occupent la base de la série animale. On a pris longtemps les desmidiées et les diatomées (*Desmidiaceae* et *Diatomaceae*) pour des infusoires. Parmi les végétaux plus élevés, on a souvent cité les *Orchis* dont chaque bulbe nouveau se place d'un même côté de la plante, gagnant par conséquent chaque fois dans une direction donnée, et transportant peu à peu le végétal hors de sa position première, comme si l'être eût réellement marché. Cette progression est lente et indirecte, il faut en convenir. Mais en trouvons-nous une plus élevée parmi les bivalves lamellibranches, tels que les huîtres ou les pectens? Ici il n'existe pas non plus d'organes particuliers de locomotion. L'animal ne se dirige pas à son gré; il ne peut ni se guider ni entreprendre une excursion réelle. Il ouvre et ferme rapidement les valves de sa coquille. Il en résulte un saut; le mol lusque tombe où le hasard des circonstances le porte. Il es aveugle et sourd, comme la plante. Il a changé sa position d quelques mètres, demain ou tantôt il la changera encore mais sans avoir autre chose qu'une conscience vague de so existence, dans ce monde de silence et de ténèbres au milie duquel il vit.

Je ne m'arrêterai pas longtemps à la locomotion dans l'ea et en l'air, qui nous intéresse moins que celle sur terre. Ce deux locomotions ont chacune leurs modes bien variés. Le polatouche *(Pteromys volucella)*, par exemple, qui s'élance de branche en branche, soutenu comme par un parachute au moyen de la membrane de ses flancs, les ptérodactyles et les cheiroptères dont les doigts sont liés par une peau tendue, n'emploient pas le même mécanisme que l'oiseau qui vole par tout son bras, et qui n'a de doigts qu'en vestige. Il en est de même dans les allures. Le pigeon pesant rame fortement; la perdrix s'élance par longs jets; le moineau vole par secousses; l'alouette et l'hirondelle décrivent des courbes, l'une en s'élevant dans l'air, l'autre en glissant pour ainsi dire tout près de la surface des moissons [1].

Mais si les moyens organiques et si les formes d'exécution diffèrent, il existe pourtant un trait commun. Les animaux qui se soutiennent en l'air ne sont jamais en équilibre hydrostatique dans ce milieu : ils n'y sont pas suspendus par leur légèreté spécifique, et ne forment point aérostat. Il faut pour se soutenir qu'ils recourent à un déploiement constant de pouvoir, qui fait du vol la plus rude épreuve des forces musculaires. Nous ne connaissons pas un seul organisme assez léger pour flotter spontanément dans l'air tranquille; nous trouvons tout au plus le cas du parachute, ou celui de la poussière que le vent entraîne, mais qui doit finir par tomber.

Le poisson, au contraire, est comme un aérostat dans l'eau.

1. *Bernardin de Saint-Pierre*, Harmonies de la nature : éd. d'A. Martin. tom. II, p. 19.

Il reste suspendu sans avoir à faire aucun effort ; il monte et descend en vertu des simples lois de l'hydrostatique, sans perdre de gaz ni de lest : il lui suffit de contracter un peu ou de dilater sa vessie natatoire[1]. Tandis que l'animal qui vole a besoin de force pour se soutenir et pour se déplacer, l'animal qui nage ne doit en employer que pour se mouvoir. Le premier déploie une puissance immense; et le second glisse et progresse par l'impulsion la plus légère, à peu près sans rien dépenser.

La ressemblance du nageur et du voilier est donc toute superficielle. Le poisson volant lui-même (*Exocoetus volitans*) se soutient à peine une minute dans l'air, malgré les coups puissants de ses nageoires, tandis qu'il repose, sans faire le moindre effort, au sein de l'eau. L'organisme entier doit différer en présence d'actions si distinctes et si inégales à remplir. Le poisson ne respire que la petite quantité d'air contenue dans le liquide, son sang ne subit qu'une combustion lente: il est froid ; et le travail développé par ses muscles en une journée n'atteint qu'une très-faible valeur. L'oiseau non seulement respire dans l'air ; mais il a une respiration double, le sang chaud, et une puissance musculaire immense relativement aux dimensions de son corps[2].

1. Les oiseaux plongeurs ont aussi, dans une certaine mesure, la faculté de contracter le volume du corps. Le plus habile de tous les plongeurs, le petit guillemot *(Alca alle)*, l'oiseau de la glace des Groenlandais, possède ce pouvoir d'une façon très-prononcée.

2. « Jusques dans les derniers détails, l'économie tout entière des poissons contraste avec celle des oiseaux. » (*Cuvier*, Histoire générale des poissons ; liv. II, ch. 1). Voilà le jugement prononcé, après un examen profond, par le naturaliste. On peut voir maintenant ce qu'il y a d'erroné et de superficiel dans l'appréciation suivante de l'homme de lettres : « Qui a donné aux oiseaux et aux poissons ces rames naturelles qui leur font fendre les eaux et les airs ? Ce qui peut-être a donné lieu à leur créateur de les produire ensemble, comme animaux d'un dessin à peu près semblable ; le vol des oiseaux paraissant être une espèce de faculté de nager dans une matière plus subtile, comme la faculté de nager dans les poissons est une espèce de vol dans une liqueur plus épaisse. » (*Bossuet*, Elévations.)

En ce qui touche le développement de force mécanique, les animaux terrestres tiennent le milieu entre les créatures aquatiques et les êtres aériens. Une espèce ou une classe n'est pas toujours bornée d'ailleurs à un mode exclusif de locomotion. Parmi les insectes, il y en a qui nagent comme les poissons, qui volent comme les oiseaux, qui rampent comme les serpents, qui marchent, courent et sautent comme les quadrupèdes ; et souvent le même être passe d'un de ces modes à l'autre, dans les différentes phases de son développement[1].

Les poissons, bien qu'ils se meuvent principalement par suspension, n'offrent pas moins beaucoup d'exemples de l'emploi de leurs nageoires ou de leurs épines, pour s'appuyer ou saisir. Le blépharis ou cordonnier de la Martinique *(Zeus ciliaris)* enroule les rayons de ses nageoires dorsale et annale autour des tiges des plantes, et reste ainsi accroché. La perche sauteuse *(Perca scandens)* grimpe aux arbres à l'aide des rayons de ses nageoires et des épines placées sur les opercules des ouïes. Renau, dans son Histoire des Poissons, dit qu'il a connu un arlequin *(Lophius histrio)*, qui sortait de l'eau, et marchant en quelque sorte sur les nageoires pectorales, qui ressemblent à des pattes courtes et sont palmées à leur extrémité, se promenait autour de la maison à la manière d'un chien.

Dans le seul ordre des mammifères insectivores, nous en trouvons de nageurs comme les desmans *(Mygalidae)*, de fouisseurs comme les taupes *(Talpidae)*, de marcheurs comme les musaraignes *(Soricidae)*, de sauteurs comme les macroscélides *(Macroscelidae)*, de grimpeurs comme les tupaïas *(Tupaidae)*. Presque tous les mammifères terrestres sont capables de nager, pendant un temps plus ou moins long. L'homme aussi se soutient sur l'eau avec un peu d'intelligence et de très-simples efforts.

1. *Cuvier*, Anatomie comparée ; tom. I, p. 444.

D. MODES DE PROGRESSION.

Les modes de progression sur terre renferment quatre termes distincts : ramper, marcher, sauter, courir. Le premier appartient aux limaces et aux serpents. Mais ici encore on voit quels moyens différents la nature emploie, dans des organismes distincts, pour produire des effets extérieurs semblables. La limace rampe par la contraction d'un disque charnu placé sous le ventre. Le serpent progresse, au contraire, par le jeu compliqué de tout un système de vertèbres. Les moyens sont subordonnés à la structure de l'animal.

La première apparition des membres se voit, dit Charles Bell, dans les cils menus qui partent du corps des vers, et s'attachent à la surface où ces animaux rampent. Dans la souris de mer (*Aphrodita aculeata*) ces pointes forment des mamelons fournis de muscles appropriés. Dans les myriapodes, le premier ordre des insectes, chaque pied a une articulation distincte. La mouche (des Diptères) a une cuisse, une jambe et un tarse, avec un système de muscles fléchisseurs, extenseurs et abducteurs. Dans les articulés supérieurs, on gravit un nouvel échelon : les pieds de devant deviennent des tentacules ou des mains, qui sont capables de préhension[1].

Le premier exemple de la marche parut, comme un mode exceptionnel, parmi des animaux nageurs. C'est ainsi que le poulpe *(Octopus vulgaris)*, quand les flots le jettent sur le rivage, fait usage de ses pieds pour marcher. Les quadrupèdes, bien qu'ils se servent de quatre membres, doivent pourtant leur principale force d'impulsion au train postérieur seulement[2]. Les membres antérieurs n'ont guère d'autre office

1. *Ch. Bell*, The hand ; p. 161.

2. Le quadrupède pourrait être comparé sous ce rapport à une locomotive à quatre roues, dont la dernière paire constituerait les roues motrices. Un auteur très-exact établit, dans les termes suivants, que l'impulsion est donnée par les pieds de derrière : « incipit gressus pede postico ». (*Borelli*, De motu animalium.)

que celui de soutenir le corps. C'est de la puissance du trai de derrière que dépend la rapidité de la course et la longueu du saut. En s'élevant dans l'échelle des mammifères, on ar rive ainsi, par degrés, aux êtres qui se passent momentané ment du train de devant dans la locomotion, et enfin à ceu qui, comme l'homme, finissent par s'en passer tout à fait.

En revanche, le rongeur, lorsqu'il est à la course, se se quelquefois de sa queue comme d'un ressort. Il ajoute, par c nouveau point d'appui, à l'impulsion qu'il tire du train d derrière. Ce sont les rats qui nous offrent particulièremen l'exemple de cette ressource nouvelle. Aussi leur queue est elle l'une des plus complexes dans le règne animal, elle ren ferme plus de muscles, dit Cuvier, que cette partie tant ad mirée de l'économie humaine, notre main. C'est aussi parm les rongeurs que nous trouvons ce singulier écureuil à queu piquante (*Anomalurus Beecheroftii*), de l'Afrique centrale, qu porte à la base de la queue des épines solides, dont il se ser pour grimper aux arbres à la manière des fers qu'emploien nos bûcherons. Les kangourous, comme les rats, font usag de la queue en sautant[1], et nous rappellent l'homme qui s'aide d'un bâton.

Nous arriverions ainsi à la queue prenante des singes du nouveau continent, organe si puissant que l'animal s'en sert pour se suspendre aux branches, et si délicat que quelques atèles, tels que le chameck (*Ateles pentadactylus*) s'en servent pour pêcher. On voit même le singe qui est tué sur l'arbre, rester accroché après la mort[2]. Voilà un organe qui fait défaut à notre espèce. N'allons pas trop vite cependant. Comme pour rappeler la communauté du type, la queue se présente quelquefois en rudiment dans l'espèce humaine. Il y a des hommes qui ont le coccyx plus saillant qu'on ne l'ob-

1. *Fr. Buckland*, Curiosities of natural history ; vol. I, p. 126.

2. C'est ce qu'on observe notamment dans le beau singe hurleur de Cumana (*Alutta caraya*), dont le mâle est d'un noir brillant, et la femelle comme les jeunes couleur de paille.

serve à l'ordinaire. Cuvier cite notamment un peintre, qui jouissait de quelque célébrité à Paris. Mais il ajoute que de ce prolongement du coccyx à une queue velue, la distance est encore grande[1].

Les quadrumanes, pour jouir de la liberté des membres antérieurs, n'ont pas exclusivement besoin de s'asseoir. Beaucoup d'entre eux sont capables de se soutenir un certain temps debout et sur deux pieds. Telle n'est pas toutefois l'allure normale du plus grand nombre. A cet égard, ils vont seulement un peu plus loin que l'ours, qui fait la transition des carnassiers aux quadrumanes, et qui se plaît à se lever sur ses pieds plantigrades postérieurs. Les mouvements que l'ours fait de la patte de devant sont assez faciles pour qu'on enseigne à cet animal à enlever, comme avec une main, le chapeau de son maître. Dans l'état de nature, on voit l'ours aller à la pêche, choisissant les heures du matin et du soir, où il a le plus de chances de réussir. Il s'assied sur son train de derrière, les pattes de devant pendantes et libres, au bord du courant, dans une telle immobilité qu'il trompe jusqu'à l'œil exercé de l'indien, qui le prend pour un tronc d'arbre à demi-brûlé. Et quand le poisson passe, il le saisit avec la patte antérieure, par un mouvement d'une incroyable célérité[2].

Les gorilles, les chimpanzés, les orangs, s'appuient en marchant sur les membres thoraciques ; mais ce n'est pas en ouvrant la main et en posant les doigts à terre, comme les carnassiers ou les rongeurs : ils marchent et courent sur les poings. Les bras sont longs ; tellement que dans cette attitude même, le corps est plutôt incliné qu'horizontal. De là jusqu'à se dresser complétement, il n'y a plus qu'un dernier pas. Le

1. *Cuvier*, dans ses notes au Pline de Pancouke, tom. VI, p. 170. Diemerbroeck affirme qu'une femme effrayée par un singe, dans le commencement de sa grossesse, avait mis au monde un enfant, qu'il a vu, portant une queue articulée. (*Diemerbroek*, Anatomia ; éd. d'Utrecht 1672 ; p. 929.)

2. *Ch. Bell*, The hand ; p. 253.

gibbon siamang *(Hylobates syndactylus)* se rapproche pe
être plus de l'homme sous ce rapport que toute autre esp
de singes. Il marche debout et sur deux pieds, lorsqu'il
sur un terrain plat [1].

Les oiseaux également marchent sur deux pieds ; et b
que le vol soit leur allure habituelle, nous trouvons par
eux une famille entière, celle des autruches (*Struthionida*
qui ne s'enlève point de terre, et ne renferme que des espè
qui marchent ou qui courent. Les ailes ne font qu'aider
mouvement, comme des rames ; et quelquefois même el
s'effacent, comme dans les *Apteryx* de la Nouvelle Zélan
au point qu'on les sent à peine sous les plumes. Mais
oiseaux, entièrement terrestres, et marcheurs comme no
ne le cèdent pas toujours à nos meilleurs coursiers. L'a
truche africaine (*Struthio camelus*) devance le cheval pour
deux ou trois premiers kilomètres ; puis elle tombe épuis
et se laisse saisir. L'arabe du désert la prend parfois pour
monture. Livingstone en a étudié soigneusement la course.
évalue sa plus grande vitesse à 42 kilomètres par heure [2].

Dans cet intervalle l'oiseau exécute 10,800 pas. Delisle
étudié une petite mouche, à peine visible à l'œil nu, qui
faisait près de 65,000, non point en une heure, mais en u
minute. Cette infime créature n'aurait guère franchi qu'u
tiers de kilomètre par heure [3] ; et cependant proportion ga
dée, c'est-à-dire par rapport aux dimensions de son corp
sa rapidité était bien supérieure à celle du cheval et
l'autruche.

Les vitesses obtenues dans nos courses publiques ne su
passent guère 55 kilomètres par heure pour les chevaux a
galop, et 38 kilomètres pour les chevaux, attelés, au trot. En
core ces vitesses ne sont-elles soutenues que pour quelque

1. *Bennett*, Wanderings in New South Wales; vol. II, chap. viij
2. *Livingstone*, Missionary travels; chap. vij.
3. *Lesser*, Théologie des insectes ; l. i, p. 248, note 24.

minutes seulement. Le chien devance le cheval à la course ; et l'antilope saïga des steppes russes, aux belles cornes translucides, échappe à la poursuite des meilleurs chiens [1]. Un renard poursuivi dans une chasse célèbre du Yorkshire, dont le *Sporting Magazine* a rendu compte, a fourni en 35 minutes une course de 25 milles, qui s'est terminée par sa mort[2]. C'était une vitesse de 68 à 69 kilomètres par heure. L'homme à la course, dit le professeur Marshall, ne peut guère dépasser la vitesse de 24 kilomètres par heure. Ainsi nous le cédons sous ce rapport à un grand nombre de quadrupèdes terrestres et d'oiseaux coureurs.

Si j'envisageais la progression dans d'autres milieux, je montrerais aisément qu'il y a des animaux plus agiles que l'homme, soit dans les eaux, soit dans les airs. Marshall accorde au requin et au saumon une vitesse natatoire de 26 à 27 kilomètres par heure ; et l'espadon est probablement plus rapide encore. Dans l'air, qui offre une plus faible résistance, les chiffres sont beaucoup plus grands. Si le pigeon-messager ne fait pas plus de 42 kilomètres à l'heure [3], Audubon a prouvé que la colombe voyageuse (*Columba migratoria*) des Etats-Unis en fait au moins 80, puisqu'elle arrive à New-York portant encore dans l'estomac des grains de riz de la Caroline, avant qu'ils soient complétement digérés[4]. Le pétrel des tempêtes (*Procellaria pelagica*), et même la modeste hirondelle de rivage (*Hirundo riparia*), lorsqu'elle prend des mouches sur l'eau, ont des vitesses encore plus grandes ; et quelques oiseaux de proie dépassent probablement la vitesse prodigieuse de 100, 150, et peut-être 200 kilomètres à l'heure.

Les plus rapides des insectes ailés échappent à l'homme le plus agile, bien que les grandes troupes d'orthoptères, dans

1. *Malte-Brun*, Précis de géographie ; éd. 1832, tom. VI, p. 85.
2. Nimrod's hunting tours ; Yorkshire.
3. *Lardner*, Popular lectures ; vol. I, p. 327.
4. *Audubon*, Ornithological biography ; vol. I, p. 320.

leurs migrations, ne se meuvent pas avec une grande rapidité. La colonne de sauterelles (*Locusta migratoria*) que Chappe a vu passer à Tobolsk, en 1761, faisait seulement 15 1/2 kilomètres par heure. Les animaux qui rampent sont généralement les plus lents. Marshall a suivi des vers, qui ne progressaient qu'à raison de 9 mètres par heure.

Mais pour l'accomplissement des grandes fonctions de la vie, il faut moins considérer la vitesse extrême, développée seulement un instant, que l'allure soutenue qui permet à l'être de voyager. Les hirondelles sont infatigables. Les mouettes des Barbades (*Larus marinus*) vont à deux cents milles de distance, chercher leur nourriture quotidienne, faisant ainsi un trajet de 640 kilomètres chaque jour.

Il est très-remarquable que dans les hauts faits relatifs à la marche, la vitesse moyenne diminue avec la distance totale parcourue tout d'un trait. Cette circonstance prouve sans réplique que l'homme ne peut pas soutenir son allure, et que dans la marche ou la course ses forces vont sans cesse en s'épuisant. Buffon a rapporté beaucoup d'exploits dans l'exercice de la marche [1], qui peuvent servir à fixer les limites de la puissance humaine de ce côté. Voici quelques faits historiques qui suffiront pour démontrer que, comme nous venons de le dire, plus le marcheur va loin plus sa vitesse se ralentit.

Un Indien qui accompagnait Murray fit à pied 160 kilomètres, dans un intervalle de vingt-quatre heures [2], d'où l'on déduit seulement une moyenne d'à peine 7 kilomètres par heure. Quand le feu sacré s'éteignit dans le temple de Platée, Euchidas s'offrit pour aller chercher d'autre feu à Delphes, et il fut de retour avant le coucher du soleil [3], ayant fait environ 185 kilomètres, dans une durée probablement moindre

1. *Buffon*, Histoire naturelle de l'homme ; art. jeunesse.
2. *Murray*, Travels in North America, New-York, 1839 ; vol. I, p. 193.
3. *Plutarque*, Vita Aristidis.

de douze heures. C'était une moyenne de 15 à 16 kilomètres par heure ; et cet exploit coûta la vie à son auteur. Voici enfin un courrier de profession, exercé et développé dans son art, Philonide, coureur d'Alexandre. Nous le voyons franchir en neuf heures la distance de Sicyone à Elis [1], ou environ 110 kilomètres, à raison par conséquent d'un peu plus de 12 kilomètres par heure. Pline parle encore de coureurs qui étaient capables de faire dans le cirque 160 milles ou 235 kilomètres par jour, et d'un jeune garçon qui franchit entre midi et le soir une distance de 75 milles ou 110 kilomètres [2], faisant par conséquent au moins 16 kilomètres par heure.

En général, plus la durée de l'expérience est courte et plus les vitesses sont grandes, ce qui prouve sans conteste que les pouvoirs du coureur vont sans cesse en diminuant. Les messagers aztèques et péruviens, qui se succédaient par longs relais, et qui se trouvaient par conséquent à peu près dans le cas d'Euchidas, arrivaient aussi à la même moyenne. Le fait n'est pas sans intérêt, puisqu'il s'agit d'une autre race, et d'un autre état de civilisation. Nous voyons que leur maximum était de 320 kilomètres en vingt-quatre heures [3], ou 13 kilomètres par heure. En sorte que le sauvage ne paraît pas différer de l'homme civilisé, pour les pouvoirs de locomotion.

L'animal s'épuise comme nous-mêmes, s'il continue longtemps à courir. En examinant les distances franchies par les traîneaux des Esquimaux, attelés de chiens, je trouve, au maximum, pour trajet de 23 heures, 9 kilomètres à l'heure, et pour un trajet continu de deux jours, 4 kilomètres seulement [4].

La marche proprement dite, la marche isolée, dans une

1. *Pline*, Historia naturalis, lib. II, cap. 73.
2. *Id*, ibid ; lib. VII, cap. 20.
3. *Prescott*, History of the conquest of Mexico ; bk. I, chap. 2. Le même auteur donne pour la vitesse des courriers péruviens un maximum moindre, qui conduirait au chiffre de 10 kilomètres par heure. Voyez son History of the conquest of Peru; bk. I, chap. 2.
4. *Laharpe*, Abrégé de l'histoire des voyages ; tome XXIV, p. 204 et 193.

nature sans routes, est la première phase de la locomotilité humaine : c'est l'état sauvage. Plus tard, l'homme rassemble quelques animaux domestiques ; il les charge de son bagage et les fait marcher avec lui : c'est l'époque des caravanes. Les étapes dépendent de la situation des eaux et des herbes. On avance habituellement à petites journées. En marche, on fait, en Egypte, 3 700 mètres par heure [1]. Mais il est un autre mode de voyage, que l'homme primitif emploie, souvent même avant qu'il monte les coursiers. Il se livre au cours de l'eau dans son canot ou sa pyrogue. Bientôt il trouve moyen de se diriger, de se pousser avec des rames. Ce n'est pas encore de l'industrie proprement dite : c'est un autre moyen d'employer ses propres forces ; il se fait aller avec les bras. Mais il ne gagne guère au change, si ce n'est qu'il trouve dans la rivière une route ouverte, au lieu des impénétrables forêts.

Les canotiers canadiens sont les premiers rameurs du monde. Le nombre dont se compose un équipage est en rapport avec les dimensions du bateau. Douze hommes montent les embarcations les plus légères. Ils partent, à la manière des sauvages, dont ils ont imité la coutume, pour de longues excursions sur les eaux. Ils frappent environ un coup par seconde, avec cette mesure et cet ensemble qu'une longue pratique de l'art peut donner. Mais le plus grand parcours horaire auquel ils arrivent dépasse à peine neuf kilomètres et demi [2].

L'homme de la nature est donc borné dans ses chasses journalières, et dans ses excursions et ses voyages, par la mesure même de ses forces locomotrices. Il n'a pas l'agilité de l'hirondelle, du cheval, de l'antilope ni du chien. Mais il est éminemment plus mobile que le reptile et la plupart des

1. *Linant de Bellefonds*, Carte hydrographique de la Basse Egypte.

2. *Basil-Hall*, Travels in North America ; vol. I, chap. XIII. — Dans les concours de vitesse à la rame, dont j'ai été témoin sur l'Hudson et la Delaware, j'ai vu la vitesse aller jusqu'à 12 kilomètres par heure ; mais il y avait toujours des effets de marée, dont il est difficile de tenir compte.

animaux terrestres inférieurs. A une certaine époque de l'histoire, nous le trouvons dispersé sur presque toute la face de la terre habitable. Nous voyons le sauvage en possession de divers produits des contrées lointaines, qui présupposent de grands voyages, même dans l'hypothèse où le transport se ferait en partie de peuplade en peuplade et de main en main.

Dans les habitations lacustres de la Suisse, qui remontent à l'âge de pierre, on ne trouve pas seulement de l'ambre de la Baltique, mais du jade, qu'il fallait apporter de l'Orient [1]. Dans les tumuli de l'Ohio et du cours moyen du Mississippi, il y a, parmi les ornements des sépultures, des produits qui sont tirés de grandes distances, et des quatre points cardinaux : du cuivre du Lac Supérieur, du mica des Alleghanys, des coquilles marines du golfe du Mexique, et de l'obsidienne des systèmes rocheux mexicains [2]. Les voyageurs trouvent entre les mains des Caraïbes du bas Orénoque les beaux jades néphritiques du Brésil ; et Montézuma conservait à Mexico des bois de cerf énormes qui étaient venus sans doute, de mains en mains, d'une distance de plus de quinze degrés en latitude géographique [3].

On peut même prouver que chez les indigènes de l'Amérique, il existait autre chose qu'un commerce de proche en en proche : quelques Indiens visitaient personnellement les pays lointains. Il se trouvait des hommes capables de décrire avec exactitude le cours des grandes rivières et la direction des montagnes. Des Illinois de Peoria renseignèrent La Salle, en 1680, sur l'allure et les caractères du Mississippi jusqu'à son embouchure [4], à une distance de 12 degrés de latitude, et 1 500 kilomètres de leur station.

Lorsqu'on prend en considération la notion du temps, il

1. *Lyell*, Antiquity of man ; chap. ij.
2. *Lyell*, Antiquity of man ; chap. ij.
3. *Humboldt*, Essai sur la Nouvelle Espagne; éd. in-8° tome II, p. 455.
4. *Bancroft*, History of the United States ; vol. III, p. 165.

n'y a rien d'étonnant dans la dispersion de l'homme sauv
A raison seulement de 10 kilomètres par jour, le voyag
Peoria à La Balize n'aurait pris que 150 jours, ou cinq m
Les montagnes même, dans leurs chaînes les plus imposan
ne sont pas des obstacles infranchissables. Les hautes val
ont souvent leurs tribus de montagnards, qui connais
tous les passages, et se plaisent au milieu des rochers et
glaciers. Les zônes qui manquent de subsistances constitu
des barrières bien plus puissantes. Quand les communicati
s'arrêtent, c'est souvent que le gibier est rare, ou que le
ne produit rien.

La mer elle-même n'est pas cette barrière éternelle, ab
lue, qu'on imaginerait d'abord. Les eaux prêtent partout a
communications, au lieu de les restreindre. Il en est ai
dans la diffusion des espèces végétales, et dans la dispersi
de la plupart des animaux. L'homme cède à la loi co
mune. L'eau ne lui est pas antipathique. Le long des fleuv
au bord des baies, dans les îles, il se joue avec cet éléme
C'est un fait bien connu que les peuples de rivage sont m
rins. Les insulaires de l'Océanie voguaient hardiment da
leurs pyrogues, et ceux des îles Sandwich paraissaient vra
ment nés pour la mer. Les Japonais, ces Anglais de l'Orien
naviguent mieux que tous les autres peuples de la race jaun
Et quant aux Anglais eux-mêmes, il suffit de citer le mot
Scaliger : « *nulli melius piraticam exercent quam Angli.* »

Le sauvage va pêcher le long de la côte dans sa nacelle; u
gros temps survient et l'entraîne. Un canot périt, et de mêm
un second et un troisième. Mais un jour vient où le vent
le courant portent les naufragés dans une autre terre. Le
trajets immenses du sauvage, perdu sur l'Océan, seraient pou
ainsi dire incroyables, s'ils n'étaient souvent bien constatés
Il suffit de lire les exemples recueillis par Lyell [1] pour aper
cevoir les conséquences. L'équipage des canots vit de poisso

1. *Lyell*, Principles of Geology ; 1re édit. vol. II, p. 121.

et d'eau de pluie. Un seul voyage qui réussit, dans la suite des âges, suffit pour établir une colonie, et développer le fait géographique de la dispersion.

Mais l'homme, en peuplant la terre, n'a pas été le simple jouet des agents naturels, comme le sont les graines flottantes, ou l'oiseau qui fuit les frimas. Il nourrit en lui la passion des voyages. Plus même ces sociétés se consolident et deviennent puissantes, et plus elles tendent à se porter au dehors, à communiquer leurs idées et leurs arts aux autres peuples[1]. Depuis l'antiquité jusqu'aux temps modernes, on a vu les nations les plus policées coloniser les terres lointaines, en transportant des masses entières dans des pays distants. Hannon, partant de Carthage pour fonder des villes liby-phéniciennes par de là les Colonnes d'Hercule, emmenait avec lui soixante navires à cinquante rames, chargés de trente mille hommes, femmes et enfants[2]. Les Grecs avaient une tendance à coloniser ; et grâce à cet esprit d'expansion ils ont porté leur langue, leur civilisation et leurs arts, dans une aire immense relativement à leur nombre et à la contrée d'où ils sont partis. Les Romains transportaient des populations entières. Constantin avait repeuplé l'Italie en y introduisant trois cent mille Sarmates. Charlemagne déposséda dix mille familles saxonnes sur les bords de l'Elbe, les transporta dans l'ouest, et les remplaça par des Francs[3]. Enfin de notre temps nous avons vu la Russie envoyer en Sibérie, dans les années 1863 et 1865, près de deux cent mille Polonais.

Indépendamment de ces émigrations forcées, il y a la tendance de toute société puissante à se répandre au dehors. Ce n'est pas seulement en Europe qu'on observe ce phénomène. Les Arabes et les Mongols ont poussé au loin leurs conquêtes. Les Malais étaient colonisateurs. Avant l'arrivée des Euro-

1. *Rossi*, Cours d'économie politique ; tom. II, p. 376.
2. Hannonis Periplus.
3. *Voltaire*, Essai sur les mœurs des nations ; chap. XV.

péens, les Hawaïiens des îles Sandwich avaient établi des colonies, sous le règne de leur roi Kamapiïkai [1].

Aujourd'hui l'émigration s'accomplit d'elle-même, comme par un besoin de notre nature. Mais elle n'a pas perdu ses caractères principaux : elle s'opère encore de la forme sociale la plus élevée vers la forme sociale inférieure ; elle s'opère de la population la plus dense vers la population la plus rare ; elle porte avec elle le langage et les lois de la mère-patrie, son culte, ses idées, comme ces Grecs qui emportaient du feu sacré du Prytanée d'Athènes, pour le mettre dans le Prytanée du lieu où ils allaient s'établir. Tant il est vrai que la race humaine, malgré l'instinct de dispersion qui la pousse, ne perd jamais l'idée première d'unité et de fraternité.

E. DEGRÉS D'ACTIVITÉ.

Il n'est pas sans intérêt de remarquer que les phénomènes de dispersion se retrouvent chez les animaux aussi bien que chez l'homme. Il en est de même de tout ce qui se rattache aux exercices nécessaires, aux occupations indispensables pour le maintien de l'existence. Le travail est une des grandes lois de la nature. C'est la phase active et spontanée de la vie, aussi nécessaire à notre bien-être que la phase réceptive et passive. Il faut qu'un temps soit accordé au repos, à la satisfaction des besoins et à la jouissance. Mais réduite à ses proportions normales et à ses intermittences réglées, l'activité, et pourquoi ne pas dire l'activité appliquée, nous semble aussi nécessaire que la respiration et la chaleur. De même que les poumons se dilatent dans un air salubre, et que la promenade sur la pelouse fleurie est accompagnée de plaisir, le travail modéré, varié, proportionné aux forces et aux goûts de l'être, n'est aussi qu'une impulsion de la nature. L'organisme y aspire, bien loin d'y trouver une peine et d'en éprouver un mal.

1. *Ellis*, Polynesian researches ; 2e éd. vol. IV. p. 442.

Toutefois cette activité modérée, qui est une des sources du bien-être, n'est réservée, dans chaque espèce, qu'à un nombre restreint d'individus. La rareté des subsistances, la difficulté d'exister, obligent la plupart des êtres à aller au-delà d'une dépense normale de forces. Dès ce moment, le travail exagéré n'est plus qu'une souffrance, et l'individu le repousse par instinct.

C'est un fait remarquable que la docilité des bêtes de trait, et leur contentement apparent dans le travail, quand nous prenons soin de les ménager. Dans ces conditions, le service que nous exigeons d'elles n'est qu'un équivalent, sous une autre forme, de la dépense de force qu'elles devraient faire pour soutenir leur existence, dans les pâturages et les bois. Le carnassier, que la nature de son estomac dispose à des repos très-longs, part pour la chasse, quand la période d'activité arrive, plein de satisfaction et d'entrain.

Aussi, quand nous prenons en considération la limite des forces, les besoins d'activité, les périodes naturelles de repos, nous saisissons la clef, pour ainsi dire, des phénomènes de travail, d'oisiveté et de paresse. Mais comme dans toutes les manifestations de ce genre, les écarts ne s'arrêtent pas aux actes successifs d'un même individu; ils s'étendent aux différents individus de l'espèce. Nous ne voyons pas seulement, dans le même être, des périodes de labeur, d'oisiveté et de fainéantise; nous trouvons aussi des individus marqués par des caractères permanents : des travailleurs diligents, des oisifs, et des paresseux.

Dans les espèces sociables, l'exemple a une grande influence sur les déterminations : un seul prend l'initiative pour toute la masse. Il en est ainsi au combat, parmi les chevaux sauvages, dans les prairies immenses des pampas [1]. Il en est ainsi, au travail, parmi les abeilles. Il y a une première ou-

1. *Flourens*, dans le Dictionnaire universel d'histoire naturelle de D'Orbigny; art. sociabilité.

vrière, plus diligente que les autres, qui se met spontanément à l'œuvre. C'est toujours l'exemple, dit Huber, qui détermine la masse à s'appliquer au labeur.

D'après le même observateur[1], les fourmis prennent des mesures particulières pour entamer leurs travaux avec le jour. Elles ont pendant la nuit des vedettes qui montent la garde. Ces veilleurs descendent dès que paraissent les premières traces de la lumière. Ils débouchent les portes extérieures, qui ont été closes plus ou moins hermétiquement pendant la nuit. Ils vont éveiller les dormeurs en les frappant avec les antennes ; et si cet avertissement n'est pas écouté ils ne se font pas faute de mordre.

Il suffit de la moindre observation pour se convaincre que, dans le sein d'une même espèce animale, il existe aussi bien que chez l'homme des natures individuelles plus actives, et d'autres natures plus lentes. La fourmi alourdie, qu'il faut mordre le matin, ne rappelle-t-elle pas l'écolier rebelle au réveil? Et le type se retrouve dans toute l'étendue de la vie. Il y a des hommes qui arrivent toujours après les autres. Ils sont nés sans doute une heure trop tard, dit un peintre de caractères, et ils n'ont pas encore été capables de regagner la différence[2].

L'agitation et l'impatience se remarquent dans les animaux supérieurs, aussi bien que dans l'espèce humaine. Le chien, en voyant son maître qui se prépare à la chasse, la vache à la vue de son veau, le cheval lorsqu'il gratte la terre de ses pieds de devant, nous montrent que le temps est trop lent pour eux. Le chat s'anime vers la chute du jour, et demande la liberté de courir et de rôder. Si, contre l'habitude, on le tient renfermé durant la soirée, son impatience

1. *Huber*, Recherches sur les mœurs des fourmis ; p. 74.

2. « The presumption is that he must have been born an hour or so too late, and that he had never been able to make up the difference. » (*Joseph Neal*, Charcoal sketches.)

devient extrême; il visite toutes les issues, et ne cesse pas un moment de se mouvoir et de s'agiter.

Les animaux herbivores sont en général beaucoup plus patients que les animaux carnassiers. Une corrélation analogue avec le régime existe en quelque sorte dans l'espèce humaine, lorsqu'on envisage ses différentes races, et même dans une race les individus. La rapidité dans la succession des opérations intellectuelles, a un rapport, qui a été souvent signalé, avec la rapidité de la circulation. Il est certain d'autre part que dans différents états mentaux le cours de nos actions est plus ou moins rapide, la succession de nos idées plus ou moins prompte; la clepsydre intérieure, si j'ose m'exprimer ainsi, ne coule pas uniformément [1].

Tous les exemples de patience et de lenteur mesurée dans les mouvements, ne sont pas bornés toutefois aux animaux à sang froid. L'aï (*Bradypus tridactylus*), l'unau (*B. didactylus*), le lémur tardigrade (*Loris tardigradus*), ne se déplacent qu'avec une extrême lenteur, qui convient à leur genre de vie. Le chat (*Felis catus*), en épiant la souris, s'approche par des mouvements si mesurés qu'ils sont parfois presque imperceptibles, et rappellent la chasse de l'araignée scénique (*Aranea scenica*) qui se meut, dit Evelyn, vers la mouche qu'elle convoite, d'un mouvement aussi imperceptible que celui de l'ombre d'un gnomon. Nous avons dans l'espèce humaine des exemples de cette grande modération des actes, et de ce grand pouvoir sur la conduite de nos mouvements. C'est ainsi, par exemple, que le voleur indien, entièrement nu, les cheveux rasés, la peau huilée, se glisse sous la toile d'une tente,

1. « Le temps ne voyage pas du même pas, » pour employer les expressions de Shakspeare, dans les différents états de nos passions. Il marche d'un pas pesant, pour la fiancée, entre la signature du contrat et la noce ; il va l'amble avec le prêtre ignorant et le riche sans goutte, qui n'ont point de soucis ; il galoppe pour le condamné sur l'échafaud ; il s'arrête avec l'homme de loi en vacances, qui dort de terme à terme sans s'apercevoir comment le temps se meut. (*Shakspeare*, As you like it ; act. III, sc. 2.)

et s'avançant comme une ombre, étend le bras d'un mouvement si doux que rien ne remue, et que son geste n'attire pas même l'attention de ceux qui sont éveillés [1].

Les animaux aussi bien que l'homme abrégent volontiers leurs travaux. Tout le monde connaît le scarabée noir (*Geotrupes vernalis*) qui fait des boulettes dans la bouse de vache et le crottin de cheval. Ces petites boules contiennent des œufs, qui n'éclosent que par la douce chaleur de la fiente fermentée. La formation de ces sphères de bouse est donc une des conditions de la perpétuation de l'espèce. Les boules doivent avoir un certain volume, suffisant à l'entretien de la chaleur, mais limité d'autre part par les forces du jeune animal qui doit pouvoir un jour en sortir. Ainsi les conditions de structure sont données, et le scarabée travaille dans ces conditions. La besogne est rude, car il faut longtemps à l'insecte pour former, et surtout pour rouler dans une cachette, la pelotte de fiente qui contient son trésor. Aussi longtemps que cette fiente est prise aux excréments des vaches et des chevaux, il n'y a pas moyen d'abréger la besogne. Mais s'il y a des brebis dans le canton, leur crottin est précisément de la grosseur voulue. Le scarabée se garde bien alors de se livrer à un travail superflu : il est économe de ses forces, et prend tout simplement la pelotte que la brebis lui fournit [2].

On accuse de paresse les sauvages de l'Australie, de la Nouvelle Zélande, des îles Andaman, parce qu'ils n'exécutent pas la moindre culture. Mais leur défaut est l'ignorance, beaucoup plus que la répugnance du travail. Ils ont, en définitive, bien plus de peine à vivre de leur chasse misérable, qu'il ne leur coûterait de temps et de force pour cultiver avec des animaux domestiques. Ici on aperçoit l'immense progrès que la société humaine a dû faire, le jour où les services des

1. *Ch. Bell*, The hand ; p. 35.
2. *Sturm*, Deutschlands Fauna ; Bd. I, S, 27.

bêtes de trait ont été tournés à son usage. De tous les êtres que l'homme pouvait soumettre et contrôler, le premier qui se présentait c'était son semblable. Il est donc difficile de douter que l'esclavage ne remonte au-delà même de la domestication des animaux.

Comme on l'a vu tout à l'heure, l'activité ou la lenteur dépend des espèces, et dans chaque espèce des individus. Les tardigrades et les paresseux ne se meuvent que rarement et d'une manière excessivement lente. Les coureurs, les grimpeurs, les sauteurs, sont d'une mobilité et d'une agilité extrêmes qui offrent la contre-partie du tableau. Les quadrumanes sont créés généralement pour monter aux arbres, et pour animer le haut de la forêt. Ils passent la journée sur les branches, sautant quelquefois d'arbre en arbre à quatre ou cinq mètres de distance, attrapant en l'air l'objet sur lequel ils veulent se poser ; et le soir ils descendent, et exécutent le peu de fonctions qu'ils ont à remplir à terre.

La plupart des espèces animales, et les singes en particulier, ne sont actifs toutefois que par intervalles. Beaucoup ne se mettent en quête de nourriture que sous l'aiguillon impérieux de la faim. En d'autres temps, un grand nombre d'espèces tombent dans l'indolence. Le sauvage partage, en général, cette façon d'agir. Bien qu'il déploie une grande ardeur dans le besoin, il se livre à la paresse et à l'apathie quand ce besoin a disparu. Le Hottentot qui, au rapport de Kolben, dépasse un cheval à la course, s'endort après s'être repu jusqu'à la gorge, et n'imagine pas que l'activité humaine puisse avoir quelque chose de périodique et de normal. Les barbares ne comprennent pas l'activité réglée des civilisés. Les Orientaux, couchés sur leurs sofas, livrés à une nonchalance intellectuelle et physique, regardent les mouvements et l'agitation d'un Européen comme un exercice forcé, dicté par la prescription du médecin. Les nègres d'Afrique ne peuvent comprendre les mobiles variés qui poussent l'homme de la civilisation à mille occupations journalières. Et Sonnini, qui fait cette remarque, ajoute qu'il avait trouvé le même étonnement parmi les naturels de l'Amérique méridionale [1].

On a donc raison de dire que les mêmes allures s'étendent aux animaux et à l'homme primitif. Les uns et les autres ne songent guère à leur nourriture qu'autant que l'estomac les stimule. De part et d'autre les vues sont bornées et l'on n'observe que l'instinct. Les phénomènes de volition ne paraissent qu'ensuite.

—

CHAPITRE IV.

INSTINCT DE SE VÊTIR.

Quoi qu'en ait dit un homme de lettres [2], l'instinct de se vêtir n'appartient pas exclusivement à notre espèce. Le crustacé connu sous le nom de Bernard l'hermite (*Pagurus bernardus*) s'installe dans les coquilles vides de divers gastéropodes, qu'il échange de temps en temps à mesure qu'il grandit. Ceux de ces crustacés qui ont l'âge adulte se rencontrent souvent sur nos côtes, affublés de la coquille du grand buccin (*Buccinum undatum*). Certains vers tubicoles, tels que les sabellaires (*Sabellaria*), se composent des gaines au moyen de grains de sable agglutinés autour de la peau. Beaucoup de larves aquatiques, qui sont nues naturellement, cherchent à se couvrir au moyen de corps étrangers. Il y en a qui s'emparent dans ce but, de petits coquillages, qu'elles portent partout avec elles, tandis que le mollusque reste vivant. Il y en a, comme la phrygane rayée (*Phrygania striata*) et le leptocère à deux taches (*Leptocerus bimaculatus*), qui se fabriquent un tube à l'aide de brins d'herbes, de petits bâtons et de grains

1. *Sonnini*, Voyage en Egypte ; 13 juil. 1777.

2. « The human animal is the only one which is naked, and the only one which can clothe itself. » (*Parley*, Natural theology ; p. 230.)

de sable, agglutinés le long du corps par la gomme naturelle de l'animal. Le tube ne s'étend pas toutefois jusqu'aux pattes, qui restent dégagées en avant. Ces larves marchent ainsi, au fond de l'eau, comme si la plus grande partie de leurs corps eût été introduite dans un cylindre, ouvert aux deux extrémités[1].

Les teignes *(Tinea)* qui désolent nos garde-robes, lorsqu'elles sont à l'état de larves, se construisent des fourreaux bien ajustés, ouverts aussi par les deux bouts. Elles coupent, à cet effet, le duvet des étoffes, elles agglutinent ces poils avec leur soie, et composent une sorte de vêtement de feutre, fabriqué à la mesure de leur corps. Quand l'animal grandit, il devient nécessaire d'allonger le fourreau : un anneau d'ajoute, posé à chaque extrémité, résoud le problème. Il faut ensuite élargir le vêtement. Deux fentes longitudinales sont pratiquées, et deux bandes ou lés sont insérées dans ces fentes, pour suivre les progrès du corps. L'animal se servant, chaque fois, des matériaux qui sont à sa portée, a souvent, après l'élargissement de sa robe artificielle, un véritable habit d'arlequin[2].

La larve de la mouche aux yeux d'or *(Hemerobius chrysops)* s'affuble des peaux de tous les aphides qu'elle tue pour les manger. Mais ce n'est pas uniquement dans le désir de se parer d'un trophée, comme le Scythe portant un scalp, ou l'Hercule revêtu des dépouilles du lion de Némée. C'est bien réellement pour se vêtir. En effet Réaumur a déshabillé cette larve ; et au lieu des peaux d'aphides il a mis à sa portée de la soie et du papier. Il l'a vue alors s'emparer de ces matériaux, et s'en fabriquer un manteau épais[3].

1. *Réaumur*, Mémoires sur les insectes ; tome III, p. 156. — *De Geer*, Œuvres ; tome II, p. 564.
2. *Kirby* et *Spence*, Introduction to entomology ; let. xiv.
3. *Réaumur*, Mémoires sur les insectes : tome III, p. 391.

DU VÊTEMENT DANS L'ESPÈCE HUMAINE.

Pour l'homme, le vêtement n'est certainement pas une nécessité. Les sauvages de l'Australie vivaient nus. Dampier et Cook disent qu'ils n'avaient pas une ceinture, ni même un tatouage, et portaient seulement un bâton dans le cartilage du nez. Les Tasmaniens, à l'époque de la découverte, ne portaient pas non plus le moindre vêtement[1]. Les habitants des îles Andaman, dans l'Océan indien, n'ont pour se couvrir que la boue de laquelle ils s'enduisent[2], à la manière des porcs et du potamocheirus. Ceux de l'île d'Ambrym, dans les Nouvelles Hébrides, ont été vus par Cook dans une nudité absolue. Mais à la Nouvelle Zélande, la grande plante textile indigène, le *Phormium tenax*, était employée pour faire des filets, des nattes, des cordages et des vêtements. C'est ainsi que les Indiens de l'Orénoque trouvent dans une seule plante, le palmier maurique *(Mauritia flexuosa)* les premiers matériaux fibreux, les feuilles dont ils se couvrent le corps, les fruits dont ils se nourrissent, et l'asile élevé qui leur sert de refuge dans la saison de l'inondation[3].

Le premier lambeau que le sauvage jette sur ses épaules pour les réchauffer, c'est la peau de bête. Les Scythes, nomades et pasteurs, se couvraient des peaux de leurs chevaux et de leurs bœufs. Du temps d'Hérodote, les noirs d'Afrique portaient encore sur les épaules des peaux de lions et de panthères[4]. Les sauvages de la Terre de Feu, s'attachent au cou une peau de loutre (*Lataxina chilensis ?*), et la tournent du côté d'où souffle le vent[5], En avançant vers les pôles, les animaux à fourrure se multiplient, soit sur la terre, comme

1. *Cook*, Third Voyage ; vol. I, p. 100.
2. *Mouatt*, Adventures and researches among the Adaman islanders.
3. *Boussingault*, d'après *Codazzi*, dans les Comptes-rendus de l'Academ. des sc. de Paris ; 1842.
4. *Hérodote*, Historia ; lib. VII, cap. 69.
5. *Ch. Darwin*, Researches in geology and natural history ; p. 234.

les ours, les renards, les castors, soit dans la mer, comme les phoques et les morses. Il est remarquable de voir que tandis que les Patagons se réchauffaient sous une peau de phoque, c'était aussi de la peau de cet amphibie que les Esquimaux se faisaient des vêtements, à l'autre extrémité du continent [1]. Le sauvage ne tire pas seulement de la mer sa première subsistance, mais aussi ses premiers vêtements.

Il y a toutefois deux choses à considérer dans le premier appareil des hommes : le vêtement de chaleur et le vêtement de décence. Le premier couvre les épaules, et s'étend avec le temps au dos et à la poitrine, plus tard encore aux jambes et aux bras. Il ne comprend la chaussure et surtout le chapeau qu'après l'expiration complète de la sauvagerie: tous les sauvages vont nu-tête ; c'est à ce caractère que, dans l'ouest de l'Amérique, le voyageur reconnaît de loin un Indien. Les Africains nomades du temps de Massinissa, avaient aussi la tête-nue ; et plusieurs des tribus arabes qui parcourent encore le désert montent à cheval en laissant flotter la chevelure. Les gants paraissent tout au plus dans l'état barbare; c'est plutôt un raffinement de la civilisation.

Le vêtement de décence n'est pas destiné à garantir les membres contre les intempéries, il ne répond pas à un besoin physique : c'est le résultat d'un sentiment moral. Les femmes le portent avant que les hommes songent à se couvrir les parties sexuelles : c'est la ceinture de Vénus, dans le langage de la poésie.

Aux îles Pelew le sexe féminin portait seul une ceinture, qui était formée d'une natte d'environ vingt-cinq centimètres de hauteur [2]. Aux Marianes, où les hommes étaient complétement nus, avec des cheveux longs qui leur tombaient jusqu'à la ceinture, les femmes avaient un jupon de feuilles de palmier [3]. A Tongatabou elles se mettaient une natte autour des

1. *H. Ellis*, Voyage to North America ; 1746.
2. *Keate*, Shipwreck of captain Wilson ; 12 nov. 1783.
3. *Magellan*, dans *Callander's* Voyages ; 6 mars 1518.

reins [1]. Dans l'archipel Fidgi, où l'on voyait parfois paraî un commencement de costume, les femmes portaient au d sous du jupon une ceinture d'herbe, formée de tiges et feuilles de graminées, à laquelle était attaché sur le devant bouquet de feuilles odoriférantes [2]. L'origine et la raison cette mode ne sont pas difficiles à deviner.

Les exemples qui précèdent suffisent pour constater que sentiment de honte et de pudeur se manifeste dans le se féminin avant de se produire parmi les hommes. Le fait l'écoulement mensuel, chez les femmes, détermine, très-pr bablement, le premier usage de la ceinture. Dans le sexe ma culin, il est difficile de trouver un appareil de décence, q ne soit pas en même temps et avant tout un appareil de r chauffement. On peut citer cependant l'exemple de Mallicoll dans les Nouvelles Hébrides, où les femmes avaient un jupo court, pendant que les hommes s'enveloppaient les parti sexuelles dans une feuille [3]. Ici les deux sexes se bornaient a seul appareil de décence, sans idée de protection ; le clim était doux et bienfaisant, le corps restait nu, les épaules et l figure étaient seulement recouverts d'une peinture rouge. L mobile moral était évidemment le seul qui fût en action.

Néanmoins l'unique conclusion qu'on puisse en tirer, c'es que l'idée du vêtement de décence se présente à l'homme in dépendamment de l'idée du vêtement de chaleur. Il serai inexact d'en inférer que la couverture de décence précède l simple couverture de protection. En général c'est la propo sition contraire qui est vraie. Nous voyons, en effet, que dan

1. *Cook*, Second Voyage ; 3 octobre 1773.

2. *Cook*. First Voyage ; 20 oct. 1769. — Cette décoration de feuillage et ce bouquet aromatique rappellent les fleurs que portaient par-dessus leurs vêtements les femmes galantes d'Athènes (*Artémidore*, Oneirocritica ; lib. II, cap. 13), de Syracuse (*Phylarque* cité par *Athénée*, Deipnosophia ; lib. XII), et de tout le monde grec en général (*Clément d'Alexandrie*, Pedagogus ; lib. III. cap. 2).

3. *Cook*, Second Voyage ; 23 juil. 1774.

les climats froids, où il faut un vêtement contre les intempéries, les sauvages à demi-couverts, comme les Patagons, se jettent des peaux de bêtes sur les épaules, sans songer à se couvrir les parties honteuses. Le sentiment de décence, qui résulte de la culture morale, est en effet un phénomène d'un ordre bien plus élevé que la simple protection physique contre la pluie, la gelée et les vents.

Si nous avons vu quelques espèces animales s'affubler ou se revêtir artificiellement, c'était aussi dans le but de se faire une couverture de protection, et non une couverture de décence. Le vêtement de chaleur du sauvage se rattache à deux grands types : le pagne, mot dérivé de l'espagnol *paño*, lambeau d'étoffe, *pañuelo*, mouchoir ; et le *pongo*, appellation du vêtement muni d'un trou pour passer la tête, dans la langue des indigènes du Pérou.

Le pagne est évidemment la forme la plus simple ; c'est tout uniment la substitution d'un morceau d'étoffe à la peau arrachée d'un animal. Le sauvage, avant de fabriquer des tissus de fibres d'écorce, se contente même de feuilles nattées. C'est ainsi que les Maoris de la Nouvelle Zélande employaient deux nattes de feuillage, l'une enveloppant la taille et tombant presque jusqu'à terre, l'autre liée sur les épaules et descendant jusqu'aux genoux [1]. Aux îles Fidgi, les hommes portaient un morceau d'étoffe de mûrier, roulé autour des reins et repassant entre les jambes, pendant que les femmes avaient seulement une ceinture faite de l'écorce d'un *Hibiscus* [2]. Les Veddahs de Ceylan, que Bayley appelle, trop légèrement cependant, « le spécimen le plus bas de l'espèce humaine », ne portent qu'un chiffon sale, lié autour des reins [3]. Le pagne est encore le costume universel des pauvres dans toutes les parties chaudes de l'Orient. Aux îles Comores, il s'allie à

1. *Cook*, First Voyage ; 31 mars 1770.
2. *Williams*, Figi and the Figians ; vol. I, p. 156.
3. *Bayley*, dans les Transactions of the ethnological society ; new series, vol. II, p. 278.

une sorte de cape sur la tête [1]. La pièce d'étoffe en ceinture constituait le vêtement des deux sexes à la Nouvelle Guinée[2]. Le pagne est le costume de la plus grande partie des nègres, dans le vaste continent africain. Toutefois les Hottentots décrits par Kolben n'avaient qu'une peau de tigre ou de chat sauvage qui leur pendait des épaules, et la tête nue. Le point de départ du costume était donc le même en Afrique, en Océanie et en Amérique.

Le pongo, ou châle muni d'un trou pour la tête, est plus particulièrement propre au Nouveau Monde. Il formait le costume de presque tous les indigènes vêtus de l'Amérique méridionale, et constitue encore celui des Indiens et de beaucoup d'Indo-espagnols de ce continent. Il s'étendait au Nord aussi loin, plus loin même que les communications. A Prince William Sound, à la limite de la zône habitée, les indigènes se couvrent d'un châle, à travers lequel la tête passe par un trou, et dont les plis tombent le long du corps [3].

A Noutka, nous trouvons un premier perfectionnement du costume. Le pongo n'est plus qu'une sorte de collet, avec un trou pour la tête. Au dessous de ce vêtement, l'Indien porte un manteau de filasse de pin, orné d'un collier de fourrure, et garni au bas, sous le genou, d'une frange élégante [4]. En revenant au midi, vers le Mexique, on trouvait des sociétés de plus en plus avancées, et plus complétement vêtues.

On ne remarquera pas sans intérêt que la Polynésie, placée comme un lien entre l'Amérique et l'Inde, et privée cependant de toute communication connue avec ces deux foyers de développement, possédait simultanément la double forme du vêtement : le pongo [5] et le pagne. Dans les îles de la Société, nous disent Byron et Wallis, le costume des indigènes

1. *Grose*, Voyage ; 1750.
2. *Th. Forrest*, Voyage to New Guinea ; 25 janvier 1775.
3. *Cook*, Third Voyage; 19 mai 1778.
4. *Cook*, Third Voyage ; 26 avril 1778.
5. *Ellis*, Polynesian researches ; 2nd edit., vol. I. p. 119.

se compose de deux morceaux d'étoffe (de filasse de mûrier). L'un enveloppe les reins et tombe comme un jupon ; l'autre posé sur les épaules laisse passer la tête par un trou[1]. Aux îles Marquises, Cook trouvait un costume semblable : un morceau d'étoffe ou pagne roulé en jupon, que les femmes laissaient pendre, mais que les hommes repassaient entre les jambes ; et un petit manteau ouvert jeté sur les épaules[2]. A l'île de Pâques, il trouvait encore le vêtement des naturels composé des mêmes pièces : le pagne et le pongo. Les hommes toutefois, au lieu de se borner à relever le pagne entre les jambes pour soutenir le scrotum, employaient une bande en suspensoir, attachée à une corde-ceinture[3]. N'est-il pas extrêmement remarquable de voir les modifications graduelles du costume se dessiner géographiquement, à travers un monde d'îles dont les habitants n'avaient pas de communication apparente ?

Il nous semble résulter de cet exposé, que l'homme peut vivre dans une large zone, non seulement tropicale mais tempérée, sans aucune espèce de vêtement ; que sa première couverture est une peau d'animal, puis un morceau d'étoffe ou des feuilles nattées ; que le pagne se montre dès l'état sauvage, à une époque qui ne paraît pas sans rapport avec celle que les archéologues ont appelée l'âge de la pierre brute ; enfin que le pongo paraît seulement dans un état social qui annonce un peu plus de culture et de politesse et qui correspond peut-être à l'âge de la pierre polie.

DÉGUISEMENTS.

Le goût des déguisements est extrêmement prononcé chez les enfants, et chez les peuples qui n'ont encore fait que de faibles progrès dans la civilisation. Or les déguisements se

1. *Byron*, Voyage to the South sea ; 1765. — *Wallis*, Voyage ; juillet 1767.
2. *Cook*, Second voyage ; 11 avril 1774.
3. *Cook*, Second voyage ; 12 mars 1774.

rattachent d'une manière incontestable au vêtement. On verra tout à l'heure qu'il y a certaines raisons de penser que ce goût est un phénomène d'instinct, et plus encore, qu'il se lie à l'instinct de s'affubler des dépouilles des bêtes.

Les mascarades ont toujours trouvé un grand nombre d'acteurs bénévoles et empressés, soit dans l'antiquité, soit parmi les nations modernes. Le goût des costumes étranges, et l'attrait des uniformes bizarres, achèvent de prouver combien le plaisir du déguisement est général. Il a ainsi le caractère d'une disposition instinctive.

Les déguisements peuvent être envisagés d'abord dans les détails. Les anciens Égyptiens portaient de fausses barbes, qui sans doute n'étaient pas plus ridicules que nos perruques[1]. Les sculpteurs d'Elephanta, près de Bombay, représentent les femmes avec la poitrine bombée et parfaitement ronde ; d'où Niebuhr conclut que l'usage, encore existant parmi les femmes hindoues, de porter des corsets, ou plus exactement des cuirasses de bois, remonte à une très-haute antiquité[2]. Dans l'île d'Oumnak, qui fait partie de la chaîne d'îlots qui s'avance du nord-ouest de l'Amérique vers le continent d'Asie, les naturels, dans les cérémonies où ils prétendent exercer la divination, se mettent sur la figure des masques de bois[3].

Mais un fait vraiment curieux, au sujet des déguisements de l'homme, c'est une singulière propension à prendre l'extérieur du loup. Les Indiens de l'Amérique, dans leurs fêtes et leurs chasses, s'affublent de peaux de loups et mettent la tête de cet animal sur la leur. Domenech a raconté la frayeur des habitants de Frédéricksburg, au Texas, lorsqu'une troupe de Comanches, déguisée de cette manière, fit son entrée dans

1. *Wilkinson*, Manners and customs of the ancient egyptians ; vol. III, p. 363.

2. *Niebuhr*, Voyage en Arabie ; 11 sept. 1763.

3. *Krenitzin* et *Levachef*, Voyage fait par ordre de l'Impératrice de Russie ; 1768.

la ville, en poussant des hurlements et des cris de plaisir[1]. Cook a vu les indigènes de Noutka, dans l'Amérique russe, aller à leurs parties de chasse dans cet affublement. Non seulement ils se revêtaient de la tête et de la peau du loup, mais ils imitaient le cri de l'animal[2].

Or cette pratique n'est nullement locale, ni bornée au Nouveau Continent. Pline rapporte que, suivant une opinion populaire répandue dans l'antiquité, certains hommes avaient le pouvoir de se transformer pour quelque temps en loups[3]. C'étaient les *versipelles* ou loups-garous. Les Neuriens des plaines qui forment le midi de la Russie, passaient pour se transformer en loups pendant une certaine période, et pour reprendre à leur gré la forme humaine[4]. Les peuples bruns, venus de l'Inde, qui accompagnaient l'armée de Xerxès, étaient coiffés de têtes de chevaux, auxquelles on laissait les oreilles et la crinière[5] ; et d'autres nations de l'antiquité suivaient une coutume analogue. Le casque dut manifestement son origine à cet usage. Si bien que la coiffure de nos dragons, avec le crin flottant qui pend par derrière, est un souvenir du déguisement guerrier du sauvage, abrité sous une tête d'animal.

Le déguisement étant subordonné à l'idée plus générale de costume, on comprend qu'on ne puisse pas en trouver d'exemple parmi les animaux qui vivent nus. Or, il y a peu d'espèces animales qui se vêtissent. On peut toutefois rapprocher des peuplades qui s'affublent des dépouilles du loup, la belle mouche aux yeux d'or, aux ailes de dentelles, étudiée par Réaumur, et déjà citée plus haut. A l'état de larve, cette mouche (l'*Hemerobius chrysops*) fait une chasse active aux

1. *Domenech*, Journal d'un missionnaire au Texas et au Mexique; p. 134.
1. *Cook*, Third voyage; 26 avril 1778.
3. *Pline*, Historia naturalis; lib. VIII, cap. 34.
4. *Pomponius Mela*, Cosmographia ; lib. II, cap. 1. — *Hérodote*, Historia ; lib. IV, cap. 105.
5. *Hérodote*, Historia ; lib. VII, cap. 70.

aphides ou poux de plantes. A mesure qu'elle les tue, elle les dépouille, et se revêt de leurs peaux[1].

Il est vraisemblable que les coutumes en apparence les plus arbitraires, lorsqu'elles sont répandues chez différents peuples, et qu'elles se retrouvent dans divers temps, ont un certain fondement naturel, bien que cette raison puisse nous échapper. Il est surtout intéressant de remarquer que, dans ce genre de coutumes, l'analogie se poursuit souvent au-delà de l'espèce humaine, et jusque chez les animaux.

CHAPITRE V.

INSTINCT DE S'ABRITER.

Le besoin de protection, après avoir conduit l'homme à se couvrir, au moins dans certains climats, le porte ensuite à se chercher un abri naturel, et plus tard encore à se construire une cabane. Mais à la rigueur il peut exister, à l'état sauvage, avant de se procurer ces derniers moyens de protection. De même il y a beaucoup d'espèces animales qui n'ont pas de demeures propres. La voûte des cieux est le toit qui les couvre, et tout au plus le feuillage les protége-t-il contre la rigueur des éléments. Mais il existe également de nombreuses espèces qui se réfugient dans des abris naturels, et d'autres encore qui s'en construisent.

Il serait trop long d'énumérer les animaux qui vivent dans les troncs des arbres ou dans les cavernes naturelles. Les moindres fentes de rochers servent de repaires à quantité d'insectes, et le sol est miné par les animaux fouisseurs. Très-souvent la cavité naturelle fournit une première base, que l'animal adapte ensuite à son usage.

1. *Réaumur*, Mémoires pour servir à l'histoire des insectes ; tome III, page 390.

Quant aux espèces qui bâtissent de toutes pièces, leurs constructions sont permanentes ou temporaires : elles servent à passer la vie, ou bien elles ne sont destinées qu'à l'éclosion et à l'élève de la nouvelle génération. Dans ce dernier cas, l'asile de l'animal a reçu le nom particulier de Nid [1].

C'est une erreur de penser que les oiseaux seuls fassent des nids. Un nombre considérable d'insectes pondent dans des cavités qu'ils ont creusées, ou dans de petits édifices qu'ils ont construits. Parmi les poissons à nageoires piquantes, il y a des espèces qui se préparent un refuge particulier pour déposer leurs œufs. Les épinoches (*Gasterosteus*) construisent ce nid avec des feuilles, des racines et des mousses, sur les berges immergées de la rivière. Aristote savait déjà que la roche de la Méditerranée (*Gobius bipunctatus*) fait un nid ; il nous dit que le mâle prend soin de surveiller cet asile, après que les œufs sont déposés.

Parmi les mammifères le rat nain (*Mus minutus*) fait un véritable nid dans nos champs, à quelques pieds de terre, en liant ensemble avec des herbes trois ou quatre tiges de blé. Glöger a décrit un de ces nids construit avec les panicules et les feuilles de trois pieds de roseau, déchirées en lanières à l'aide des dents, puis réunies et nattées ensemble. L'ouvrage formait une sorte de balle, suspendue à ces roseaux, à douze centimètres au-dessus du sol. Une petite ouverture donnait accès dans la balle. L'intérieur était d'une extrême douceur au toucher [2].

Chez les oiseaux, l'édification du nid devient une pratique plus générale; il entre aussi dans ces constructions plus d'art

1. Il y a cependant des nids qui, bien que destinés principalement à élever la couvée, servent ensuite d'habitation permanente. Ainsi le moineau domestique (*Fringilla domestica*) revient tous les soirs loger dans son nid, pendant toute l'année (*Montagu*, Ornithological dictionary ; 2e éd., art. Sparrow).

2. *Glöger*, dans les Verhandelungen der Geselschaft der Naturfreunde, in Berlin.

et de méthode. Le spectacle d'un couple portant les matériaux dans le bec, les assemblant d'une manière solide, et garnissant enfin l'intérieur d'une doublure moelleuse, ne peut manquer d'exciter un vif intérêt. Chaque espèce ou chaque genre a ses habitudes particulières, dans l'emplacement, l'exposition, le mode d'édification du nid. Le rossignol dont les poètes de l'Orient ont chanté les amours avec la rose, choisit de préférence l'églantier. Le chardonneret niche dans le poirier ; le bouvreuil à tête noire place son nid dans l'épine blanche. Mais c'est surtout dans les caractères de la structure qu'on reconnaît les tendances spécifiques de l'animal.

Il serait trop long d'entrer dans le détail de toutes les opérations particulières : la recherche et la coupe des bâtons ou des pailles, l'attache solide des liens, l'entrelacement des brins, l'étalage du duvet, et bien d'autres opérations moins importantes. Un auteur qui a traité en détail de l'architecture des oiseaux, enregistre leurs opérations variées. Il nous les montre, suivant les espèces, rivalisant avec nos vanniers, dans l'agencement des baguettes et des pailles ; avec nos cardeurs et nos tisserands dans la préparation de la bourre et du tissu ; avec nos maçons dans le plâtrage. Il compare à nos charpentiers ceux qui construisent dans le bois ; à nos mineurs, ceux qui fouissent sous la terre ; à nos tapissiers, ceux qui garnissent leurs nids de doublures ou de décors, et ceux qui élèvent au-dessus de leur couche, des dômes protecteurs [1]. Jé me contenterai ici d'emprunter à Audubon, la description du nid du genre loriot (*Oriolus*), qui pend comme une poche flottante, aux arbres rameux des bosquets.

L'oiseau choisit pour le suspendre une branche médiocrement inclinée, qui se bifurque à quelque distance du tronc. Il attache des cordes lâches entre les deux parties de la fourche. Ce sont des cordelles de chanvre ou de lin, qu'il fixe en les tournant maintes fois autour de la branche. Les liens qui cons-

1. *James Rennie*, Architecture of birds.

tituent ainsi le cadre primitif de son hamac sont pour le loriot du plus haut prix. Dans la saison où il bâtit, il n'y a point de ficelle que l'on abandonne en sûreté, dans les jardins. Les cordons qui enveloppent les greffes des arbres, sont arrachés sans pitié. Le fil ou la soie que la fermière laisse sur sa fenêtre sont bientôt utilisés.

Sur ces premières cordelles flottantes, qui forment des espèces de balançoires enlacées, l'oiseau façonne ensuite une poche, de plus d'un décimètre de profondeur. Il emploie encore, à cet effet, les matériaux textiles qu'il vient à bout de se procurer. Il détord les cordeaux, il effile les chiffons, pour former une bourre ou filasse, mêlée de cordelles entières qui en augmentent la fermeté. Ce second travail achevé, le loriot pose ensuite la doublure. Les matériaux les plus moelleux sont les plus recherchés. Le fond du nid est recouvert de poil de vache, qu'il faut un temps notable pour recueillir.

Cependant ce n'est pas tout encore. Il s'agit d'assurer le maintien de cette construction compliquée. La moindre agitation en confondrait toutes les parties. L'oiseau cherche du crin de cheval. Il vient avec des brins qui ont toute leur longueur. Il les passe et repasse à travers les étoffes superposées comme le fil dans les points de piqûre. Un crin épuisé, il continue avec un autre, jusqu'à ce que son ouvrage soit solidement joint dans toutes ses parties, et qu'il devienne habitable sans être sujet à se démolir. Enfin, au-dessus du nid proprement dit s'élève un chapiteau de verdure, qui le protége des pluies et du soleil[1].

Ce travail admirable n'est qu'un exemple plus parfait des opérations compliquées auxquelles se livrent, dans la saison des amours, presque toutes les espèces d'oiseaux. La fauvette couturière (*Sylvia sutoria*) de l'Inde, est peut-être l'espèce qui pousse l'art le plus loin. Elle rapproche une feuille morte d'une feuille encore fraîche, toutes deux suspendues par leurs

1. *Audubon*, Ornithological biography ; art. oriole.

pétioles, et les coud régulièrement de manière à former une poche. Elle passe le fil par des trous piqués au moyen du bec. Ce fil, elle le prépare elle-même des fibres brutes du coton. Elle garnit ensuite le fond de bourre végétale, parfaitement bien étalée, et recouverte de poil de cheval. Elle pond, et elle élève ses jeunes dans cet abri fragile, garanti par la faiblesse même des supports contre l'approche des serpents et des singes.

Certaines espèces sont plus industrieuses[1] ou plus minutieuses que d'autres. L'hirondelle de rivage (*Hirundo riparia*) se contente de fouir des trous dans les berges ; le pinson (*Fringilla cœlebs*) ne regarde pas comme suffisant de garnir son nid du poil des chevaux ou des vaches, tel qu'il le trouve attaché aux troncs d'arbres contre lesquels ces quadrupèdes se sont frottés. Il défait les mèches poil par poil pour les étendre comme une laine cardée [1]. Les pics (*Picus*) creusent, avec le bec, de profondes excavations dans les arbres ; et l'on trouve en Tasmanie un passereau dentirostre (le *Pardalotus punctatus*) qui pratique, dans les troncs solides, des galeries de plus d'un demi-mètre de longueur, à l'extrémité desquelles il se fait un nid [2]. Il y a des espèces australiennes qui élèvent de grands monceaux de débris végétaux, dans lesquels les œufs éclosent, sans que la femelle les couve, par la chaleur qui provient de la fermentation. Le faisan d'Australie (*Leipoa ocellata*) forme des tas d'un mètre de haut et de plus de cinq mètres de diamètre. La poule des jongles (*Megapodius tumulus*) leur donne jusqu'à quatre mètres et demi de haut sur cinq ou six de largeur. Le dindon de buissons (*Talegalla Lathami*), qui vit en petites troupes et qui arrache l'herbe par poignées avec ses doigts, élève des meules capables de remplir plusieurs charrettes, où plusieurs femelles font leur nid, à un pied environ l'une de l'autre [3].

Il y a des moineaux (par exemple le *Fringilla melodia*), qui

1. *Montagu*, Ornithological dictionary ; art. chaffinch.
2. *Gould*, Birds of Australia ; art. diamond-bird.
3. *Gould*, Birds et Australia ; art. native pheasant, junglefowl et brushturkey.

nt un nouveau nid à chaque couvée, bien que l'ancien soit ncore en parfait état[1]. Il y a des oiseaux qui emploient du astic, fabriqué généralement de terre pétrie. Livingstone a u sur le Zambèse un bec corné (*Tockus erythrorhyncus*), qui lâtre l'orifice d'un trou dans un arbre, et nourrit sa femelle endant que l'incubation dure, par une ouverture qui n'est as plus large que son bec. La prisonnière tapisse l'intérieur e son nid en y faisant servir ses propres plumes[2].

Déjà beaucoup d'insectes revêtent leurs habitations de cette oie qu'il leur est naturel de produire et de filer. C'est ainsi ue la chenille du bombyx chrysorrhé (*Liparis chrysorrhaea*) e construit un tapis, et ne marche jamais sur l'écorce de arbre où elle passe son existence, et dont les feuilles comosent ses aliments[3]. J'ai cité précédemment la chenille de 'épine (*Pieris crataegi*), dont les larves hivernent par petits roupes, dans des trous tapissés de soie[4] et je puis ajouter es psychés (*Psyche*), les *Sackträger* des Allemands, qui ont les sacs très-bien exécutés pour habitations.

Avec quel intérêt n'examine-t-on pas les demeures en commun des fourmis et des abeilles? En suivant les corridors qui artent des portes extérieures, la fourmi arrive dans une uite de cavités distinctes, appropriées à différents usages, omme les pièces d'un appartement. Il y a une division pariculière pour les œufs ; il y en a une autre, ayant ses dispoitions spéciales, pour l'élève des jeunes; il y en a une encore our les nymphes. De part et d'autre certaines conditions essentielles et spéciales sont observées[5]; tellement qu'on ne peut pas plus confondre une division avec l'autre, que l'on ne

1. Cet oiseau fait trois couvées par an, et chaque fois il bâtit un nouveau nid; voyez Audubon, Ornithological biography; vol. I, p. 127.
2. *Livingstone*, Missionary travels; ch. xxx. — Il y a dans l'Inde un autre bucéride qui agit d'une manière toute semblable.
3. *Réaumur*, Mémoires sur les insectes; tome II, p. 125.
4. *Bonnet*, Œuvres; tome II, p. 72.
5. *Huber*, Recherches sur les mœurs des fourmis; p. 82.

pourrait employer, dans nos demeures, le réfectoire pour l'écurie, ou la cuisine pour le salon.

Les gâteaux des bourdons, des guêpes, des abeilles, ne peuvent manquer de frapper l'observateur, comme des modèles d'ordre, de persévérance et de précision. Ils ne sont pas faits par des géomètres, instruits dans le calcul des maxima, ainsi que König et Cramer avaient voulu le persuader. Le travail des gâteaux est essentiellement mécanique. Chaque ouvrière fore un trou de la forme la plus élémentaire et la plus simple, un trou cylindrique, dans la pelote de cire qu'elle travaille, et rejette derrière elle les débris. Quand les parois de la masse forée commencent à s'amincir, elles cèdent à la pression que l'animal exerce du dedans au dehors, et se serrent, s'écrasent pour ainsi dire contre les cellules voisines. C'est ainsi que sans préméditation mathématique de la part de l'insecte, et par un simple effet mécanique, la cellule devient hexagonale et son sommet rhomboïdal[1]. Pour n'avoir rien de surnaturel, ces belles constructions régulières sont-elles pourtant moins dignes d'attention ? En nous montrant chaque animal qui travaille et qui s'exerce dans sa sphère, la nature n'est-elle pas plus admirable qu'en soufflant à l'être des connaissances transcendantes dont il n'aurait pas conscience et qui rompraient son unité ?

Tout est en rapport, dans les constructions des abeilles, avec les organes ou outils de l'animal, avec les matériaux que ses secrétions lui fournissent, et avec le degré d'instruction que comportent ses sens, ses occupations journalières, et la sphère tout entière où il vit. Il semble que la ventilation était désirable dans la ruche. L'agitation des ailes d'où résulte ce

1. *Houghton*, dans les Annals of natural history ; 1863. — On peut voir par là combien les hommes de lettres, qui se bornent à l'aspect superficiel des choses, se jettent en dehors de la vérité. « Il n'y a pas d'abeilles dans le monde qui aient jamais fait de cellules rondes », s'écrie quelque part lord *Brougham* (Dialogues on instinct). Le fait est que les abeilles ne font et n'ont jamais fait que des cellules rondes, qui deviennent ensuite comprimées.

bourdonnement incessant caractéristique des nids d'abeilles, offrait un moyen d'atteindre le but[1]. Ce moyen est aussi simple que l'agitation de la queue du quadrupède pour chasser les mouches: ce n'est pas à proprement parler un acte d'intelligence ; c'est le simple usage de l'organisme, c'est le simple emploi du corps.

Il existe un grand nombre d'insectes qui forent dans l'intérieur du bois, soit pour s'y loger eux-mêmes, soit pour y déposer leur progéniture. Les termites (*Termes*) accomplissent en peu de temps les plus incroyables ravages. Kämpfer rapporte que ces insectes étaient passés du plancher de sa chambre dans le pied d'une table ; qu'en une nuit ils avaient foré ce pied dans toute sa longueur, s'étaient introduits de là dans la planche, et toujours sans faire une seule ouverture extérieure, étaient redescendus sous le plancher en forant de haut en bas un second pied[2]. Il y a à Ceylan un grand escarbot (*Prioneus giganteus*) qui, à l'état de larve, fait des trous dans le bois, à peu près d'un mètre de profondeur, et se loge au fond de ces grands ouvrages[3].

On connaît les dégâts qu'un mollusque (le *Teredo navalis*) cause dans nos ports et dans nos jetées. Les coquillages qui forent dans le bois et dans la pierre, pour y établir leur demeure, constituent des genres nombreux. Dans le bois, ce sont les xylophages et les térédos; dans le calcaire, les saxicaves et les pétricoles; dans les grès et les gneiss, les pholades. L'écaille est rugueuse; elle agit comme une rape. A mesure que l'animal grandit, la friction répétée de sa coquille élargit aussi la cavité. Le grand térédo (*Teredo giganteus*) des mers du Sud fore dans les vaisseaux un tube garni d'écaille, qui atteint jusqu'à un mètre de longueur. Les solens se bornent à s'enfoncer dans le sable du rivage, et nous montrent ainsi la tran-

1. *Kirby* et *Spence*, Introduction to entomology ; let xx.
2. *Kämpfer*, Japon ; Bd. II, S. 127.
3. *Percival*, Ceylon ; p. 310.

sition, dans leur classe, des animaux foreurs à ceux qui sont simplement fouisseurs.

Il y a également des oiseaux, les pics *(Picus)*, par exemple, qui placent leur nid dans une cavité forée. Ils recherchent d'ordinaire un creux naturel, qu'ils étendent et qu'ils approfondissent. On les voit passer des heures entières à frapper du bec sur l'écorce, pour découvrir au son les vides intérieurs. Aussitôt qu'une cavité convenable est reconnue, le mâle et la femelle se mettent à l'œuvre pour l'agrandir. Ils poussent quelquefois leur travail à plus d'un décimètre dans le ligneux solide du chêne. On les entend le soir jusqu'à une heure avancée, continuant sans relâche leurs travaux. Ils n'apportent rien pour leurs nids ; les copeaux et la rapure du bois fournissent une garniture assez molle[1].

L'araignée maçonne *(Cteniza caementaria)* de la Jamaïque se creuse un logement sous terre ; mais ce qu'il y a de plus curieux dans son habitation, c'est la porte. L'ouverture est ronde comme celle du fourneau d'une locomotive, et de plus elle est placée dans un talus de manière que la porte se rabatte par son propre poids. Cette porte est faite de terre gluée, bien liée ensemble par des brins de fil. Elle a pour charnière un autre fil, tendu dans la partie la plus élevée, tellement que l'appareil représente une trappe, qui s'ajuste dans un chambranle ou cadre fait également de terre gluée, et bien exactement de la même grandeur. Il faut douze heures à l'animal pour faire cette porte. Le souterrain est consacré à une famille, composée du père, de la mère, et d'un essaim de jeunes montant souvent à plus de vingt-cinq[2].

L'araignée aquatique *(Argyroneta aquatica)* fait de son fil un tissu imperméable, dont le moindre trou se referme par l'élasticité de l'étoffe. Elle en fabrique une cloche analogue à la cloche du plongeur, et habite au fond de l'eau cette demeure

1. *Audubon*, Ornithological biography ; art. woodpecker.
2. *Kirby* et *Spence*, Introduction to entomology ; let. xiv.

translucide, respirant l'air dont elle l'a remplie en l'apportant dans un vase du même tissu[1].

Parmi les mammifères, les rongeurs accordent des soins particuliers à la construction de leurs abris. Le hamster *(Mus cricetus)* et les marmottes *(Arctomys)* ont leurs trous dans la terre, tapissés de foin, et tenus dans le meilleur état de propreté. Nos lapins *(Lepus cuniculus)*, avant de mettre bas, creusent des trous en zigzags, à l'extrémité desquels ils forment une chambre en élargissant la galerie. L'animal s'arrache une quantité de poils, afin de préparer une couche molle et chaude pour ses jeunes. Ce ne sont là d'ailleurs que des exemples particuliers, choisis dans une série très-étendue. Dans la tribu des castors le rongeur souvent ne se contente plus de creuser, il édifie. Le rat musqué *(Fiber zibethicus)* bâtit à la manière du castor véritable; ses habitations toutefois ne sont pas permanentes; il les élève sur la glace, et les destine seulement à la saison d'hiver.

Beaucoup de fables ont été mêlées à l'histoire des castors proprement dits *(Castor canadensis)*. La première opération de ces animaux est de construire un barrage dans la rivière. A cet effet ils abattent des arbres, qu'ils font tomber en travers du courant. Leurs dents de rongeurs sont éminemment propres à couper les gaulis et les arbustes. Godman a pris quelque peine pour déterminer la limite de grosseur des arbres abattus par les castors. Les plus forts, nous dit-il, vont sans doute à huit pouces ou vingt centimètres de diamètre [2].

Quand la rivière est obstruée, l'eau s'élève et forme bientôt une sorte d'étang. Les castors, qui avaient travaillé en com-

1. *Kirby* et *Spence*, ubi supra. Comparez *Bernardin de St-Pierre*, Harmonies de la nature ; éd. d'A. Martin ; tom. II, p. 16.

2. *Godman*, American natural history ; 3e éd., vol. I, p. 271. — *Richardson* (Fauna boreali-americana ; art. beaver), d'après ses observations personnelles, dit six ou sept pouces, et il admet que dans quelques cas extraordinaires le castor vienne à bout d'un tronc un peu plus gros.

mun pour élever le barrage, se divisent alors en petits groupes de huit à douze, qui s'occupent séparément des habitations. Aux travaux d'utilité publique succèdent ceux qui ont une destination particulière; et le mode collectif du travail est aussi remplacé par le mode individuel.

Pour construire une habitation proprement dite, les castors vont chercher des branches, et les posent sans choix, transversalement, en y mêlant des cailloux et de la boue. Il ne leur est pas très-difficile de porter les matériaux. Le bois se prend aisément dans les dents. Pour la terre et les pierres, ils les placent entre les pattes de devant et la gorge, nous rappelant ainsi ces manœuvres de maçons qui portent sur les mains une pile de briques, et qui assurent la stabilité de la charge en reposant les briques contre la poitrine et en les serrant avec le menton.

Quelques auteurs prétendent qu'après avoir mis les matériaux en place, le castor se retourne et donne un coup de sa queue puissante et aplatie comme une truelle, afin de les consolider. Mais cette opinion manque d'exactitude. L'animal ne frappe pas la boue pour l'entasser. Le coup de queue est chez lui une habitude toute différente, corrélative de l'état mental, comme est l'agitation de la queue du chien. Il lui arrive, lorsqu'il est posé sur sa hutte, de frapper le coup de palette, comme il le fait ailleurs; mais on ne peut voir un but industriel dans cet acte. Avant l'hiver il revêt de boue son édifice ; il met sur ses murailles de torchis une sorte de plâtrage que la gelée ne tarde pas à consolider.

Le toit de la cabane est formé de bâtons, recouverts de terre. Il a une épaisseur considérable, mais cette circonstance n'a rien d'étonnant, puisque, dans une construction de ce genre, l'épaisseur était le seul moyen d'arriver à la solidité. L'entrée de la hutte est placée sous l'eau ; et comme plusieurs édifices communiquent souvent entre eux par cette ouverture immergée, on a cru voir une suite d'appartements, lorsqu'il n'existe réellement que des habitations distinctes. Dans chaque demeure vivent quatre castors d'un âge mûr, et six ou huit jeunes qu'ils ont élevés [1].

Il n'est peut-être pas sans intérêt de remarquer que les huttes du castor sont rondes, comme le nid de l'oiseau, et comme les cellules primitives de l'abeille. Elles sont faites invariablement sur un même patron, et révèlent par conséquent une action organique beaucoup plus qu'une action intelligente. Les premières huttes du sauvage dans toutes les contrées du globe, partent également de types si élémentaires et si simples qu'elles n'annoncent pas non plus autre chose que l'instinct. Tous les sauvages ne vont même pas jusqu'à construire. Il y en a qui se logent dans les antres naturels. L'antiquité leur avait donné le nom de *troglodytes* [2]. On en rencontrait jusqu'en Europe ; Diodore cite, par exemple, les Crétois du Mont Ida [3]. Garcilasso mentionne une nation du Pérou qui vivait dans des antres, ou s'abritait dans des arbres creux [4]. Un voyageur qui visitait l'Islande il y a deux siècles, nous dit qu'une partie des habitants vivaient dans des excavations creusées dans le roc [5], et aujourd'hui même l'Américain qui parcourt l'Ouest des États-Unis, trouve des grottes dont les habitants fuient à son approche, en laissant sur le sol des corbeilles grossières, encore à demi-remplies de provisions [6].

Ai-je besoin d'ailleurs de rappeler « l'homme des cavernes », qui nous est révélé par les recherches des géologues et des archéologues modernes? On commence à se former quelque idée de l'existence misérable que menaient ces premiers sauvages,

1. J'ai comparé les descriptions soigneuses de *Hearne*, Journey to the Polar Sea ; de *Godman*, American natural history ; 3e éd. vol. I, p. 271-275 ; et de *John Richardson*, Fauna boreali-americana ; art. beaver.

2. *Hérodote*, Historia, lib. IV, cap. 183.

3. *Diodore de Sicile*, Bibliotheca historica, lib. v.

4. *Garcilasso*, Comentarios reales, Part. I, lib. i, cap. 4 et 5.

5. Journal d'un voyage en Norwége par un employé de la Compagnie du Nord de Copenhague, 1653.

6. *Fremont*, Narrative ; 15 janv. 1844.

qui rongeaient les os des animaux de l'époque quaternaire dans les antres du Moustier, dans la Dordogne, d'Engis en Belgique, du Neanderthal dans la vallée du Bas Rhin, du Kent's Hole dans le Devonshire et de beaucoup d'autres localités. Sans autres outils que des pierres, soit entières soit brisées, sans un seul animal domestique, probablement sans vêtement, ces hommes primitifs étaient réduits à la chasse des bêtes sauvages, et en quelque sorte à la vie d'instinct.

Mais après avoir vécu dans les cavernes, il était tout simple que le sauvage cherchât à multiplier ses abris, en creusant les troncs des arbres, pour créer lui-même des grottes en miniature, des guérites si l'on préfère cette expression. De même qu'il appliquait le feu à ces troncs pour les abattre, et ensuite pour les creuser en façon de canots, il pouvait aussi par le feu se les préparer pour abris. Il lui suffisait de les évider sur pied, dans leur partie inférieure. Les eucalyptus de deux mètres, et parfois jusqu'à deux mètres et demi de diamètre, ont souvent servi dans ce but aux indigènes de Van Diemen. L'opération n'arrêtait pas la végétation ; et l'on voyait de ces troncs immenses, en partie évidés par la flamme, et convertis en demeures par les sauvages, pendant que la tête de l'arbre conservait toute sa vie et sa beauté [1].

Les abris des Australiens de la Nouvelle Galles se composaient uniquement d'un grand morceau d'écorce, plié dans la longueur de manière à former les deux pans d'un toit. Quelques-uns de ces abris avaient plus de trois mètres de longueur, et recouvraient le sol sur une largeur d'un mètre et demi ou d'un mètre trois quarts [2]. On ne peut guère imaginer une construction plus élémentaire ni plus simple. Les Andamènes s'abritent sous un toit de bambou et de feuilles de palmier, qu'ils soutiennent par quatre piquets [3]. A l'île

1. *Péron*, Voyage de découverte aux terres australes ; tome I, p. 232.
2. *Phillips*, Settlement of Port Jackson and Norfolk Island ; 5 mai 1788.
3. *Mouatt*, Adventures and researches among the Andaman islanders ; p. 310.

Van Diemen, les naturels faisaient de petits hangars, couverts d'écorce [1], qui n'étaient guère supérieurs à ceux de leurs voisins d'Australie, et qui ne contenaient pas plus que les leurs le foyer domestique, ce premier confort d'une habitation. A Tanna, dans les Nouvelles Hébrides, le toit était fait de feuilles de palmier; ses deux pans reposaient à terre : c'était un toit posé sur le sol. Les extrémités restaient ouvertes pour l'ordinaire ; mais quelquefois la hutte était fermée à chaque bout par une espèce de natte de roseaux [2]. Dans l'archipel Fidgi, les abris se composent également de simples toits anticlinaux, qui reposent sur le sol [3].

L'idée d'élever ces toits et de former des murs est si naturelle, qu'il ne faut pas s'étonner de la voir réaliser par une nation voisine, qui appartient à la même race de peuples. Le toit anticlinal d'herbe séchée est posé, en effet, à la Nouvelle Zélande, sur des murs également composés de branches et de feuillage. Ces cabanes sont plus grandes ; elles ont 7 mètres sur 3 horizontalement, et 2 mètres de haut. On y entre par une ouverture tellement basse qu'il faut se traîner sur les mains. Il y a, en outre, une petite fenêtre, au pied de laquelle on place le feu, et qui sert à la sortie de la fumée [4]. Une fois arrivé à ces constructions, l'homme était en possession d'un type qu'il n'abandonne plus, et qui, dans les sociétés les plus élevées, est encore celui de ses maisons.

On peut montrer du reste que ce type n'était pas exclusif aux Polynésiens. Toutes les autres races y sont également parvenues, très-probablement par la même gradation d'expériences et d'essais. Les Mandingos du Sénégal élèvent sur des perches des toits anticlinaux, puis ferment les parois verticales avec de la canne, en laissant une porte à chaque bout,

1. *Cook*, IIIrd voyage ; 29 janv. 1777.
2. *Cook*, IInd voyage ; 14 août 1774.
3. *Cook*, IIIrd voyage ; 15 juil. 1777.
4. *Cook*, I[st] voyage ; 31 mars 1770.

mais pas de cheminée [1]. Colomb avait trouvé à la Guadeloupe des huttes carrées [2]. D'où l'on voit que l'homme était arrivé à des résultats semblables dans chaque continent.

Mais le type rectangulaire, qui est encore celui de nos maisons, et qui se prête si bien à l'extension des appartements et à la construction des villes, n'était pas le seul auquel on dût aboutir. En partant de l'édification d'un toit, les premiers architectes y furent conduits tout naturellement. Mais en partant au contraire de l'idée d'enveloppe, les constructions du sauvage sont circulaires, et le type de ses demeures est celui de la ruche ou de la cloche.

Quand l'homme eut employé les peaux d'animaux pour se couvrir, il se roula durant la nuit dans cette couverture, il s'en entoura le corps pendant le jour, il s'enveloppa enfin, si j'ose parler ainsi, dans une tente circulaire. Les chasseurs du Nord et les nomades pasteurs ont fait probablement les premières tentes. Les Esquimaux de la baie d'Hudson élèvent des abris de peaux de phoque, qui sont de forme ronde [3]. Ceux de la Rivière du Cuivre font des tentes circulaires de peau de cerf [4]. Les Patagons se servent de peaux cousues ensemble pour recouvrir leurs huttes qui sont rondes [5]. Il y a encore aujourd'hui plusieurs millions d'hommes, dans les immenses prairies de l'Asie, qui vivent sous la tente. Ce sont des habitations faites de peaux de bœufs réunies par couture. Celles des Kalmoucks, par exemple, sont circulaires, de quelques mètres de diamètre, de trois mètres de haut. Le feu est placé au centre, et la fumée s'échappe par une ouverture au sommet [6].

La tente polygonale, tendue par un grand nombre de cor-

1. *Matthews*, Letters; 1785.
2. *Colomb*, IIe voyage; 10 avril 1495.
3. *H. Ellis*, Voyage to North America; 1746.
4. *Hearn*, Journey to the Northern Ocean; 17 juil. 1771.
5. *Fitzroy*, Voyages of the Adventure and Beagle; vol. I, p. 93.
6. *Hanway*, Travels through Russia into Persia; 8 nov. 1743.

des et de piquets, n'est d'ailleurs qu'un mode d'exécution de l'abri sensiblement circulaire. Les Indiens de la Louisiane suivaient, avec d'autres matériaux, un plan analogue à celui des Tartares de l'Asie. Ils plantaient dans le sol une rangée circulaire de bâtons; puis en liant ces perches au sommet ils obtenaient une espèce de cône, ou plus exactement une pyramide à un grand nombre de faces, dont ils remplissaient les panneaux à l'aide de feuilles et de branchages, enduits de boue. Le feu était au milieu. A la circonférence régnait une banquette continue de nattes de roseaux, qui servait de couche pendant la nuit[1].

Ce système est fort répandu parmi les sauvages. Les principales altérations viennent des procédés employés pour former le sommet. Quand le cône ne conserve pas sa pointe, le sommet est arrondi en forme de ruche ou de cloche, ou bien un véritable toit distinct est posé sur une hutte cylindrique ou en cône tronqué. Les anciens dessins de Le Moine, qui accompagnait Laudonnière dans la Géorgie, dessins gravés plus tard par De Bry, représentaient les huttes des Indiens comme des cylindres courts, surmontés d'un petit toit conique écrasé[2]. Les Patagons, dit Bougainville, avaient des huttes rondes, recouvertes de peaux de phoques, et faisaient le feu dans le milieu[3].

Si nous passons en Afrique, nous trouvons presque partout la cabane ronde ou ovale, avec ou sans toit séparé. Les Hottentots, du temps de Kolben, construisaient des demeures oblongues, dont les arêtes, qui convergeaient vers le sommet, étaient formées de bâtons arqués. C'était la forme en sonnette. Mais les bâtons, au lieu de se réunir au sommet, laissaient en cet endroit une ouverture circulaire par où s'échappait la fumée, et que l'on recouvrait à volonté d'un mor-

1. *De Pages*, Voyage autour du monde par mer et par terre ; août 1767.
2. *Roux de Rochelle*, Etats-Unis ; pl. 21.
3. *Bougainville*, Voyage de la Boudeuse ; 6 janv. 1768. — Confirmé par *Fitzroy*, Voyages of the Adventure and Beagle ; vol. I, p. 93.

ceau de peau[1]. Sparrman les décrit, trois quarts de siècle plus tard, avec de faibles différences. Les parois, dit-il, étaient composées de nattes; les bâtons étaient liés au sommet avec de l'osier, et la fumée sortait par la porte[2].

Chez les Caffres, les huttes sont en forme de ruche; les parois sont formées de nattes et d'argile[3]. Dans toute la Nigritie, dit Barth, les cabanes des nègres sont rondes, en forme de sonnette[4]. Dans le grand désert, entre Mourzouk et le lac Tchad, un autre voyageur nous les représente encore comme circulaires, composées d'une carcasse de perches, sur lesquelles sont attachées des branches et des broussailles[5]. Et en poussant vers le Nord, les Bédouins, au rapport de Shaw, font leurs tentes ovales.

Nous avons déjà vu qu'en Asie les tentes sont circulaires. Dans la région du détroit de Behring, comme dans le Groenland et le Labrador, les habitants creusent dans le sol ou dans la neige. Ces habitations plus ou moins complétement souterraines sont également circulaires. Au cap du Prince de Galles, Cook a trouvé les habitations d'été faites de forme ronde, pointues au sommet, formées de peaux d'animaux marins posées sur des bâtons. Celles d'hiver étaient oblongues, partiellement enterrées, n'ayant au-dessus du sol qu'un toit bombé[6].

Si l'Océanie offrait souvent le type du toit anticlinal, par lequel on arrive aux huttes carrées, on y trouvait aussi bon nombre de tribus qui partaient du type circulaire. Dans le nord-est de la Nouvelle Hollande les cabanes étaient rondes, surbaissées comme des fours[7]. A l'île de Pâques, les huttes

1. *Kolben*, History of the cape of Good Hope.
2. *Sparrman*, Voyage to the cape; août 1775.
3. *Barrow*, Travels in Southern Africa; 5 sept. 1797.
4. *Barth*, Travels in Africa; vol. II, append. ix.
5. *Lucas*, Travels in the interior of Africa; 1789.
6. *Cook*, IIIrd voyage; 10 août 1778.
7. *Cook*, I[st] voyage; 21 août 1770.

galement circulaires étaient formées de bâtons pliés, liés nsemble au sommet, avec les parois recouvertes des feuilles le la canne à sucre[1]. Aux îles Sandwich, les habitations, dit e capitaine Dixon, avaient la forme d'une meule de foin[2].

Il est donc manifeste que dans toutes les races d'hommes, et sous tous les climats, deux voies principales ont conduit à deux types naturels, mais quelque peu distincts, d'habitations. La simple idée de s'envelopper a donné naissance aux huttes circulaires et oblongues, dont la réalisation la plus simple était le cône, mais qui s'élargirent avec les progrès de l'art, de manière à donner la forme en sonnette. Le type circulaire, essentiellement protecteur, est resté dans les tours de nos châteaux-forts. Mais il n'était pas convenablement approprié à l'habitation de l'homme policé ; après l'état patriareal, après la tente circulaire du nomade, il disparaît, pour ne plus revenir.

Le type rectangulaire partait, au contraire, du besoin de toit et de couverture. La ligne anticlinale donnait un axe horizontal. La hutte construite dans ces conditions était nécessairement une hutte carrée.

Les deux systèmes semblent avoir également leur origine dans notre nature. Les castors ne font que des huttes rondes. Ils n'ont évidemment d'instinct que pour la construction circulaire. Mais ils ne manient pas comme l'homme de grands morceaux d'écorce ; ils ne pouvaient donc pas se trouver amenés, par l'aspect d'un toit d'un seul morceau, à édifier une cabane rectangulaire. Mais dans l'espèce humaine il y a deux formes instinctives : il y a une base double, grâce à nos moyens plus variés. La duplicité n'est nullement une marque ni qu'on ait passé d'un plan à l'autre, ni qu'il y ait eu un progrès réel et raisonné. Nous avons montré que les deux formes ont également leur origine dans l'état primitif et le

1. *Cook*, IInd voyage ; 12 mars 1774.
2. *Portlock* et *Dixon*, voyage to King George's Sound ; 18 sept. 1788.

plus simple de la société. Si les castors avaient aussi suivi deux types, dans des circonstances analogues, nous en conclurions simplement que les effets de l'instinct se manifestent sous une double forme. C'est seulement dans le cas où ils s'élèveraient, dans une certaine période, à la forme carrée, que nous verrions dans ce changement un acte de progrès. C'est dans ce sens que Bonnet, frappé de leur immobilité séculaire, s'écriait avec le regret d'un philosophe, « si seulement ils élevaient une fois des cabanes carrées; mais ce sont éternellement des cabanes rondes ou ovales [1] ! » Le progrès, dans l'espèce humaine, n'est pas marqué par la coexistence de deux types, car tous les deux sont des points de départ, mais bien par les développements ultérieurs de l'architecture, et par l'application qui devient sans cesse plus complète des demeures de l'homme à ses besoins.

Revenons maintenant au règne animal, et considérons en particulier les instincts de ses espèces les plus élevées. Les singes anthropomorphes se font des litières. Les orangs (*Simia*) érigent en peu de temps une plate-forme de baguettes. Ils y répandent une couche épaisse de feuilles de fougères et d'orchidées. Si la nuit est froide, ils entassent d'autres feuilles sur eux [2]. L'orang-outang (*Simia satyrus*) que le docteur Abel possédait à Java, s'était fait un lit sur un tamarin, en réunissant des branches, et en les couvrant de feuilles. Il s'y retirait au coucher du soleil, se levait au retour du jour, et allait aussitôt visiter les personnes dont il recevait sa nourriture. Pendant la journée il se couchait en conservant la tête hors du nid de manière à examiner tout ce qui se passait [3].

Le gorille (*Gorilla gina*) de l'Afrique occidentale, comme les orangs en liberté, ne bâtit que des lits temporaires [4]. Le chimpanzé noir (*Troglodytes niger*), de la même région, ne

1. *Bonnet*, Œuvres ; tom. IX, p. 159.
2. *Brooke*, dans les Proceedings of the Zoological Society ; 1841.
3. *Abel*, cité dans *Goodrich*, Illustrated natural history ; vol. I, p. 71.
4. *Savage*, dans le Boston Journal of natural history ; vol. V.

pousse pas plus loin son architecture. Le plus grand nombre de ses lits qu'on ait vus les uns à côté des autres était de cinq seulement [1]. Dans les mœurs du chimpanzé chauve *(Troglodytes calvus)* il y a quelque chose de plus. L'animal prend son siége sur une branche à peu près horizontale, qui en se bifurquant lui offre une base commode pour s'asseoir. Au dessus de sa tête il construit un grand parapluie, reposant sur les rameaux supérieurs de l'arbre, et fermement attaché par des liens. Ce toit est formé de branchages et de longues feuilles qui se recouvrent avec une certaine précision. Mais les matériaux dont cet abri suspendu se compose, sèchent rapidement au soleil. La construction n'est pas durable ; le singe doit en faire une nouvelle, tous les dix ou quinze jours[2].

Cet établissement du chimpanzé chauve, sur les arbres, n'est pas sans présenter une ressemblance avec les mœurs de quelques trapeurs du Texas. J'ai connu, dans les environs de San Antonio, un colon du nom de Case, qui se proposait de défricher un coin de la prairie vierge, et qui vivait, en attendant, de la chasse du cerf et du dindon. Son mobilier se réduisait à quelques ustensiles de cuisine, deux couvertures, des armes et des vêtements. Le soir, il étalait ses couvertures sur les branches horizontales d'un arbre où il avait élu domicile, à un mètre de terre environ. Il y faisait coucher sa femme et deux enfants en bas âge, pendant qu'il s'étendait au-dessous sur le sol. Dans un beau climat, où les nuits sont douces, où les pluies sont de rares phénomènes, une pareille existence n'a rien d'absolument isolé ni de véritablement extraordinaire. C'est le point de départ de l'homme qui se sent le courage de tout créer.

Les Chinois de Formose racontaient à Fortune qu'il y a dans l'intérieur de l'île une race d'hommes sauvages qui vivent dans l'indépendance, et qui « habitent sur les arbres

1. *Savage*, dans le Boston Journal of natural history ; vol. IV.
2. *Du Chaillu*, Explorations in equatorial Africa ; ch. xxiv.

comme les singes [1]. » Le voyageur tout en déclarant qu'il n'avait pas de moyens de vérifier le fait, ne le considère pas comme impossible. Hérodote fait mention de Scythes qui n'avaient d'abri que le feuillage [2]. La prophétesse juive, femme de Lapidoth, habitait le mont Ephraïm, sous l'arbre appelé le palmier de Deborah [3].

Les animaux de pâture cherchent souvent un abri sous les arbres, alors même qu'ils n'ont pas à se garantir contre le gros temps ou le souffle glacé de la bise. Pendant mon séjour au Texas, il m'est arrivé plusieurs fois en voyage de chercher mon cheval à la nuit tombante, après que sa cloche, qui me guidait d'ordinaire, avait cessé de retentir. J'étais forcé de battre les bosquets, avec mes chiens, dans la direction d'où les derniers sons m'étaient parvenus. Lorsque je découvrais l'animal, je trouvais que ses dispositions pour la nuit étaient arrêtées. Il s'était installé sous la branche horizontale d'un chêne, la croupe tournée vers le tronc de l'arbre, et le corps dirigé dans le sens de la branche, afin que le feuillage lui servît d'abri.

Les grottes et les arbres sont les premiers refuges naturels de l'homme. La construction des cabanes ne se présente qu'en second lieu à l'esprit. Les matériaux sont donnés par la nature des mœurs ou de la contrée. Le Tartare a trouvé, dans les produits de son bétail, les éléments de ses tentes de peaux. L'Esquimaux s'est bâti des huttes de neige. D'autres peuples ont employé la pierre brute, les cailloux erratiques et jusqu'aux blocs de sel gemme [4]. Mais dans l'état primitif de la société, ces constructions sont de simples abris contre les intempéries : elles ne s'appliquent pas à ces usages cons-

1. *Fortune*, A residence among the Chinese ; p. 237.
2. *Hérodote*, Historia ; lib. IV, cap. 23.
3. Judices ; ch. IV, v. 5.
4. Les maisons de sel du Soudan sont mentionnées par *Hérodote* (Historia ; lib. IV, cap 185), par *Pline* (Historia naturalis ; lib, V, cap. V), et ont été retrouvées par les voyageurs modernes.

tants, nombreux, variés, qui rendent le foyer domestique si cher à l'homme civilisé.

L'instinct, sans doute, ne se développe pas partout avec la même puissance ; toutes les tribus sauvages ne mettent pas la même résolution à découvrir ou à se créer des abris. C'est ainsi que le castor, en captivité, ne cherche pas toujours à se construire une demeure. Mais quelquefois il est ingénieux à se procurer des baguettes ou de simples pailles ; et dès qu'il en a fait une provision suffisante, il se met à édifier [1].

C'est qu'en effet il y a des besoins de plusieurs ordres dans notre nature animale, de même qu'il y a des fonctions de divers degrés. Aux fonctions les plus importantes, comme l'alimentation, correspondent les besoins les plus impérieux, tels que la faim. Mais outre ces fonctions indispensables, il y en a d'autres, que l'on pourrait appéler de convenance, qui se rapportent non pas aux conditions essentielles de la vie, mais aux conditions de confort. Le sommeil tient, peut-être, à la fois de l'un et de l'autre caractère. Le choix d'une couche molle, celui d'un gîte, sont évidemment du second genre. Mais pour être moins impérieux, ces besoins appartiennent cependant, comme les premiers, à notre nature organique. Les mouvements généraux du corps, et les mouvements locaux de chaque partie, tendent à leur satisfaction, aussi bien qu'à la satisfaction des besoins essentiels de boire et de manger. La volition n'agit qu'en seconde ligne, et à titre auxiliaire seulement. On ne peut donc pas dire que, dans leur origine, et leur simplicité première, l'abri ni le vêtement soient, à proprement parler, le fruit de la spontanéité. Le même jugement s'applique, à cet égard, aux opérations des animaux et à celles de l'homme. Le seul fait de construire, selon les règles les plus simples, machinalement pour ainsi dire, n'établit pas l'existence d'une faculté réflective. de l'intelligence si l'on préfere employer ce mot.

1. *Flourens,* Instinct et intelligence des animaux.

Puisqu'il y a des tribus humaines qui ne se construisent aucun abri, et d'autres tribus qui ne se font pas de vêtement, il faut bien reconnaître que sous ces divers rapports notre point de départ ne diffère pas de celui de la brute. Les premières actions de l'homme, dans son architecture primitive, sont d'une extrême simplicité. Ses cabanes, comme celles du castor, n'indiquent ni calcul, ni science, ni sentiment de l'art. Ses premiers travaux paraissent le simple fruit d'une propension naturelle tout organique.

—

CHAPITRE VI.

INSTINCT DE LA PROPRETÉ.

Comme l'instinct de se vêtir et celui de s'abriter, l'instinct de la propreté n'appartient pas indistinctement à toutes les espèces animales ; on le constate seulement chez un certain nombre de ces espèces. Disons immédiatement que l'homme primitif ne paraît pas devoir être compté parmi les êtres pour lesquels la propreté est un besoin, et qui nettoient instinctivement soit leur corps soit leur gîte.

La saleté du sauvage est proverbiale. Lorsque Cook était à l'île Hood, l'une des Marquises, il vit des naturels préparer une compote de fruits et de racines dans un bassin couvert de poussière. Les porcs venaient d'y manger l'instant précédent. Et néanmoins sans laver ce vaisseau, sans laver leurs mains qui étaient très-sales, ces sauvages se mirent à travailler la pâte. Quand Cook montra son dégoût, ils lui rirent au nez[1]. Les Hottentots, dit Kolben, se graissent tout le corps : ils se mettent sur la tête une pâte d'axonge et de terre, qui rancit bientôt, et qui exhale une odeur fétide. Les Esquimaux se

1. *Cook*, IInd Voyage ; 11 avril 1774.

graissent également de lard rance, et répandent une odeur nauséabonde. Les habitants d'Ounalachka se lavent avec leur urine, et s'essuient la main en y passant les lèvres et la langue[1]. Les chefs hawaïiens se faisaient préparer par leurs inférieurs une bouchée d'ava, qu'ils leur reprenaient à demi-mâchée pour la mettre dans leur propre bouche[2]. Les Indiens d'Amérique se livrent, en présence les uns des autres, aux plus grosses incongruités. Il y a dans le sauvage quelque chose de cette ignorance, et de cette insouciance à appliquer la volonté, dont l'enfant au maillot nous donne l'exemple.

Ainsi, dans l'espèce humaine, la propreté n'est que le résultat de la culture, tandis que la saleté est le point de départ. Mais il s'en faut de beaucoup que la saleté soit universelle parmi les espèces animales, ni que toutes ces espèces fassent preuve d'un même degré de propreté. Cette qualité est diversement distribuée dans la nature. Nulle dans l'individu qui vient de voir le jour, elle se développe plus ou moins rapidement suivant les espèces. On remarque qu'elle forme un caractère fort secondaire dans les mœurs des animaux ; car souvent, dans un même genre, on trouve des espèces très-propres à côté d'espèces éminemment sales dans leurs habitudes. D'où l'on peut prévoir que la propreté, étant une qualité pour ainsi dire accidentelle, sera très-variable chez les diverses nations du genre humain, et que dans chaque nation elle offrira de grandes variations individuelles.

Il semble que les mammifères qui occupent le sommet de l'échelle, tels que les quadrumanes et les carnassiers, s'occupent moins des soins de propreté que les rongeurs ou même les oiseaux. Tout le monde se rappelle le lapin du prince de Ligne, faisant sa toilette dans les prés jonchés de serpolet. Le paca brun ou lièvre d'eau *(Coelogenys subniger)*, de l'Améri-

1. *Krenitzen* et *Levachef*, Voyage fait par ordre de l'impératrice de Russie ; 1768.

2. *Prenitzin* et *Levachef*, loc. cit. — *Portlock* et *Dixon*, Voyage to king George's Sound ; 3 déc. 1787.

que du Sud, se lave comme le chat en se mouillant la patt avec sa salive. L'habitude de se brosser le poil avec les patte de devant se retrouve d'ailleurs chez d'autres rongeurs. L rat, bien qu'il trouve sa nourriture dans la fange, se nettoie avec une propreté minutieuse, aussitôt qu'il sort des égouts Il passe une grande partie de son temps à se brosser. Il s croit souillé par le contact du moindre objet étranger ; et s la main de l'homme passe sur son corps, il est longtemps à s nettoyer, pour enlever jusqu'aux dernières traces de cett pollution indiscrète [1].

Parmi nos animaux domestiques, le chat est apparemmen le plus propre. Le cheval soigne également son poil et frotte sa crinière aux buissons. Mais la plupart des porcs s'enduisent de boue, et vivent dans la fange. Le chien se roule sur la charogne qu'il dévore ; et comme Shakspeare a osé le dire sur la scène, il retourne à son propre vomissement [2]. Les singes ont souvent les habitudes les plus sales : le chimpanzé dégoûte le nègre même [3], qui dans ses bourgades barbares de l'Afrique est loin d'être un modèle de décence ou de propreté.

Il y a cependant un point sur lequel les animaux s'accordent : c'est un certain soin pour se tenir à l'écart de leurs fèces. Nous ne devons pas conclure de l'état d'une écurie ou d'une étable, à celui du repaire des animaux libres. Ceux-ci ne font pas leurs excréments autour d'eux, dans la chambre qu'ils habitent. Les marmottes, les blaireaux, les castors ont dans leurs demeures, des trous particuliers qui leur servent de latrines [4]. La marmotte des Alpes *(Arctomys marmotta)* pratique une excavation qui ressemble à un ≻ couché. La branche supérieure sert d'entrée ; la galerie horizontale est la chambre proprement dite, tapissée de mousse et de foin ; enfin la branche inférieure où les déchets roulent par leur

1. *Fr. Buckland*, Curiosities of natural history ; vol. I, p. 119.
2. *Shakspeare*, King Henry V ; act. III, sc. vij.
3. *Savage*, dans le Boston journal of natural history ; vol. IV.
4. *Bonnet*, Œuvres ; tom. IX, p. 167.

poids, reçoit les fèces et ce que j'appellerai la balayure [1]. La marmotte de l'Amérique du Nord *(Arctomys monax)* tient son gîte dans un état remarquable de propreté : elle ne dépose pas ses excréments à l'intérieur, elle va chaque fois à quelque distance creuser un trou d'un décimètre de profondeur ; elle remet ensuite la terre et la dame fortement du museau [2]. Jusque dans les insectes qui hivernent, on retrouve la propreté du gîte. Les chenilles de l'épine (*Pieris crataegi*), par exemple, se réunissent en groupes de dix à douze, pour passer l'hiver. Elles se préparent des trous qu'elles tapissent joliment d'une soie filée ; elles y disposent un sac particulier pour y recevoir les grains d'excréments ; et de temps à autre elles vident ces latrines en roulant les grains avec les pattes et les faisant tomber hors du nid [3].

Les femelles d'oiseaux, lorsqu'elles couvent, ne mêlent pas leur ordure avec les œufs. La poule domestique se lève pour aller déposer ses excréments, si ce n'est parfois le dernier jour, quand les jeunes sortent des œufs, et qu'ils exigent une chaleur plus constante. Le célèbre Jenner, dont le nom figure parmi les bienfaiteurs de la race humaine, n'a pas trouvé au-dessous de lui d'étudier un couple d'hirondelles (*Hirundo urbica*). Ces oiseaux avaient fait quatre couvées dans la saison ; mais quand vinrent les temps froids d'octobre la dernière couvée n'était pas en état de voler. Les parents, cédant aux lois de leur espèce, émigrèrent en l'abandonnant. L'année suivante, ces parents, selon la coutume d'un grand nombre d'hirondelles, vinrent réoccuper l'ancien nid. Les jeunes, morts de froid et de faim, étaient tout dépouillés de leur chair et ne présentaient plus que des squelettes. Les oiseaux jetèrent ces carcasses, et firent un nettoyage complet du nid.

Audubon qui joignait au talent de l'artiste un amour si pur

1. *Lardner*, Museum of science and art. ; vol. VIII, p. 125.
2. *Godman*, American natural history ; 3ᵉ éd. vol. I, p. 328.
3. *Kirby* et *Spence*, Introduction to entomology ; let xxvj.

de la nature, affirme qu'un grand nombre d'oiseaux nettoyent leur nid ; il dit qu'après que les jeunes sont éclos les parents enlèvent à l'aide du bec, les fèces de leur progéniture. Ils les portent à une distance notable, quelquefois à trente ou quarante mètres. Telle est l'habitude, par exemple, du moineau chanteur *(Fringilla melodia)*, qu'on cite pour un des plus propres des oiseaux[1].

Les mères des jeunes perroquets débarrassent leurs rejetons de la vermine. On voit certaines chiennes domestiques prendre les puces qui tourmentent leurs jeunes, et les détruire de la seule manière qui soit praticable pour elles, en les croquant entre les dents. Les guenons saisissent la vermine avec les doigts ; mais pour la détruire, elles en sont aussi réduites à la croquer.

Celles des femelles de mammifères qui mettent bas dans des gîtes, et dont les jeunes ne marchent pas dès leur naissance, sont forcées de nettoyer ces gîtes, et elles y mettent souvent un grand soin. Les fèces produits par le régime lacté, étant pour l'ordinaire d'une nature molle, la mère n'a pas d'autre ressource que de les manger. Mais s'il s'agit d'un mammifère sans gîte, dont le jeune, comme le cabri, le poulain et le veau, marche quelques heures après sa naissance, la mère n'a plus besoin de faire disparaître les ordures ; elle ne les ramasse pas sur le sol. Or, si nous forçons la vache ou la jument à mettre bas dans une écurie, ces femelles n'imitent pas la chienne domestique, ce qui prouve au moins que, dans cette circonstance, la condition extérieure artificielle ne modifie pas la fonction.

Mais quand il s'agit d'une espèce dont la femelle ne se débarrasse plus des fèces en les dévorant, cette mère continue cependant à tenir ses jeunes dans un état soigneux de propreté. La vache et presque toutes les femelles d'herbivores ne se contentent pas de lécher le poil de leur progéniture.

1. *Audubon*, Ornithological biography ; vol. I, p. 126.

Elles flairent à l'anus et aux organes urinaires ; et après que les sécrétions sont rejetées, elles passent longtemps la langue sur les orifices, dont la condition saine et la propreté contribuent au bien-être du jeune animal.

Ces détails trop peu observés, bien que nous puissions les voir tous les jours, sont bien loin, chez ces animaux, d'avoir un caractère repoussant. C'est le soin maternel pratiqué par les seuls moyens qui soient au pouvoir de ces mères. C'est la corrélation universelle des fonctions et des instincts. Mais sous quelque lumière qu'on prétende les envisager, ils montrent sans doute que l'existence des vertébrés supérieurs n'est pas cette vie d'oisiveté, d'insouciance et de néant pour ainsi dire que les esprits superficiels veulent y trouver.

Le lecteur, à présent, est préparé à accorder quelque crédit à l'observation de Duvaucel, qui dit avoir vu les femelles de gibbons *(Hylobates)* porter leurs jeunes à la rivière, et les débarbouiller malgré leur résistance et leurs cris.

« Beaucoup d'oiseaux, dit Bechstein, se tiennent excessivement propres, pendant que d'autres, quelquefois des mêmes genres, sont si malpropres que non-seulement ils se salissent sans cesse, mais ne se nettoient jamais les pieds, le bec ni les ailes. Il est remarquable, ajoute ce naturaliste, que la propreté soit habituelle à certaines espèces d'oiseaux. J'ai toujours trouvé que le bruant (*Emberiza citrinella*), l'ortolan de roseaux (*E. schaeniculus*), le bouvreuil (*Pyrrhula vulgaris*) et le sizerin (*Fringilla linaria*), particulièrement ce dernier, sont de vrais modèles de propreté. Beaucoup d'autres oiseaux, surtout les alouettes (*Alauda*) et les fauvettes (*Motacilla*) ont les pieds toujours couverts d'ordure, et laisseraient leurs orteils tomber de pourriture avant de prendre la peine de les nettoyer[1]. »

Dans leurs habitudes générales, les quadrumanes, comme je l'ai déjà rappelé, sont remarquables pour leur saleté.

1. *Bechstein*, Naturgeschichte der Hof und Stubenvögel ; Vorr. § 3.

L'homme sauvage ne mérite guère qu'on lui accorde sur ce point de plus grands éloges. Je ne puis m'empêcher de mentionner ici l'habitude des singes de croquer leur vermine entre les dents. Le lecteur sera peut-être étonné d'apprendre qu'on cite un grand nombre de nations sauvages qui ont également la coutume de manger leurs poux.

L'homme de la sauvagerie est assailli à profusion par les différents parasites qui s'attachent à notre espèce. Dans sa chevelure épaisse, graisseuse et mêlée, foisonne le pou de tête (*Pediculus capitis*). J'ai vu souvent des familles indo-mexicaines s'asseoir en ligne sur la terre, et chacun prendre la vermine à son voisin. Une opinion populaire attribue le développement rapide des parasites, parmi les indigènes de l'Amérique, à la douceur du sang chez des peuples qui font à peine usage du sel. Mais la fécondité de ces anoploures est assez connue pour qu'il soit inutile de chercher d'autre cause favorable, sinon l'insuffisance des soins de propreté. Le sauvage est également rongé par le pou de corps (*Pediculus vestimenti*), et par le *Phthirius inguinalis*, qui forme ses colonies sous les bras, dans les sourcils, aux parties sexuelles, à l'anus, et qu'on retrouve encore persistant et à poste fixe sur les individus de tout rang, dans beaucoup de sociétés barbares.

De même que la chienne croque les puces de ses jeunes, et que les singes se prennent la vermine et la mangent, certains sauvages portent le pou à la bouche après l'avoir saisi. Les Indiens de l'ancienne Amérique russe, maintenant Alashka, qui ont beaucoup de peine à subsister, mangent leur vermine quand les vivres sont rares[1]. Le capitaine Portlock raconte qu'étant à Portlock's Harbour, il laissa un marin à terre, en ôtage. Ce malheureux fut bientôt couvert d'autant de vermine que les Indiens au milieu desquels il vivait. « L'habitude ne l'avait pas rendu insensible à ces hôtes gênants; aussi trouvait-il sa situation fort désagréable. A la fin il détermina une

1. *Portlock* et *Dixon*, Voyage to King George's Sound ; 31 juil. 1788.

femme à le débarrasser. Celle-ci, regardant sans doute les insectes parasites comme un mets choisi, se mit à la besogne de tout cœur, et l'eut bientôt nettoyé[1]. »

En lisant ce récit on se reporte involontairement au tableau d'Arago et du général Berthemie, sur le brig algérien et dans le moulin de Rosas, quand les prisonniers étaient heureux de se faire croquer la vermine par les singes qu'ils avaient avec eux[2].

Dans les îles Aléoutes, les sauvages se repaissent avidement de leur vermine[3]. Les Algonquins, dit Hearne, mangent les poux qu'ils se prennent sur le corps[4]. Les Hottentots dit Sparrman, se prennent les poux et les mangent[5]. On voit donc que la coutume subsiste dans des races différentes, et paraît inhérente à l'état social. Mais si l'état de sauvagerie est le seul dans lequel l'homme mange la vermine, à la manière des bêtes, l'état barbare nous offre encore le spectacle de la profusion des parasites, dans toutes les classes de la société; et l'état civilisé nous présente les restes du même tableau, borné maintenant aux classes inférieures. Quand le missionnaire Huc, étant à Llassa, dans une réunion des plus hauts fonctionnaires, demanda un pou qu'il désirait placer sous le microscope un des assistants, nous dit-il, mit la main sous le bras, et produisit l'animal désiré[6]. Voilà pour les barbares. S'il s'agit de la civilisation, je rappellerai un trait de mœurs cité dans la relation du Portugal par Twiss. Il y avait à Lisbonne, dans le siècle dernier, des hommes qui faisaient métier de tenir des babouins (*Cynocephalus papio*) pour débarrasser de la vermine. Ils les louaient à tant par tête à nettoyer.

1. *Portlock* et *Dixon*, Voyage to King George's Sound ; 20 août 1788.
2. *Arago*, Œuvres ; tom. I, histoire de ma jeunesse.
3. *Krenitzin* et *Levachef*, loc. cit.
4. *Hearne*, Journey to the Northern Ocean ; 19 sept. 1771.
5. *Sparrman*, Voyage to the Cape; 15 déc. 1775.
6. *Huc*, Souvenirs d'un voyage dans le Thibet; tom. II, ch. iij.

Le singe montait sur les épaules du patient et lui prenait poux dans les cheveux[1].

Les singes prennent volontiers la vermine aux homme aux chiens. Ils se livrent spontanément à cette pratique. chats et les perroquets recherchent leur assistance. Le sin invariablement, mange les parasites qu'il prend sur ces a maux. On peut ajouter que le bourdon (*Bombus terrestr* qui est parfois infesté d'une petite mite parasite (*Gama gymnopterorum*), va dans une fourmilière, où les fourmis nettoient, et d'où il se sauve ensuite promptement[2].

Voyons maintenant, rapidement, comment la propreté n et se développe. Les soins de propreté forment une partie importante de l'hygiène, et contribuent d'une manière si n table au bien-être de l'homme, qu'ils ont dû attirer l'attenti des législateurs primitifs. Parmi les peuples dans l'enfanc la religion seule a le pouvoir de corriger les mœurs. De mêm qu'on avait garanti l'existence des animaux utiles, en le attribuant un caractère sacré, on détermina l'homme à la pr preté par des prescriptions religieuses. C'est encore une de lois essentielles de l'islamisme de se tenir le corps propre, de faire les ablutions avant la prière, cinq fois par jour[3]. L coutume de se laver avant les repas remontait à l'origine d la civilisation, dans la plupart des sociétés antiques[4]. Le Romains encore se trempaient la tête dans l'eau cinq fois d suite, avant la prière du matin[5].

Les nations insulaires de la Polynésie, qui s'étaient élevée pour la plupart au-dessus de l'état de pure sauvagerie, se plaisaient dans l'eau, ainsi qu'aux exercices de la nage et du canot. Mais indépendamment des actes volontaires de chacun,

1. *Twiss*, An account of Portugal.
2. *Kirby* et *Spence*, Introduction to entomology ; let. xxj.
3. *Jean Thévenot*, Voyage d'Italie à Constantinople ; 1665.
4. *Wilkinson*, Manners and customs of the ancient egyptians ; vol. II, p. 405.
5. *Perse*, Satyra II, v. 16.

les Tahitiens avaient des ablutions prescrites et observées. Les deux sexes entraient dans l'eau et s'y lavaient trois fois par jour[1].

Les Grecs avaient des bains publics, où l'on trouvait de l'eau froide et de l'eau chaude. Le goût des bains d'air chaud et de vapeur est probablement l'un des premiers symptômes de luxe dans l'hygiène. L'atmosphère des fours où se plongeaient les Aztèques était de 66 degrés centigrades, au rapport de Humboldt[2]; celle des bains russes examinés par Chappe, accusait 75 degrés de la même échelle[3]. L'expérience prouve que ces températures sont seulement bienfaisantes. Joseph Banks s'est exposé à une chaleur notablement plus intense; et l'on nous dit que les boulangers peuvent soutenir pendant dix minutes une température de 132° à l'entrée des fours, et que, dans les chambres où sèche la poterie, les ouvriers entrent dans un air à 171°, en portant des semelles de bois qui sont charbonnées sur le pavement avant qu'ils sortent de ces chambres[4]. Or, n'est-il pas curieux d'observer que le goût des bains chauds s'étend à beaucoup d'espèces d'animaux aussi bien qu'aux hommes. Je ne parle pas ici des espèces particulières aux sources thermales; mais des larves, des reptiles, des poissons d'eau froide, qui entrent avec plaisir dans les eaux chaudes. Dans la fontaine thermale et minérale de la rivière Musquito en Floride, qui approche du point d'ébullition, Bartram a vu les alligators *(Alligator mississipiensis)* se baigner en grand nombre et avec délices.

A défaut d'eau chaude, il y a beaucoup d'espèces qui recourent aux ablutions d'eau froide, et qui semblent en retirer un grand bien-être. Parmi les animaux essentiellement terrestres qui vont se laver régulièrement dans la rivière, je citerai en première ligne les ruminants. Les cerfs entrent dans l'eau,

1. *Cook*, Ier Voyage; 13 juil. 1769.
2. *Humboldt*, Essai sur la Nouvelle Espagne ; tom. III, p. 262.
3. *Laharpe*, Abrégé de l'histoire des voyages ; tom. VIII, p. 345.
4. *Brewster*, Letters on natural magic ; let. xij.

pour boire. J'ai vu souvent les vaches libres du Texas et du nord du Mexique, se poser les jambes dans l'eau quand elles allaient à la rivière, et rester dans cette attitude des heures entières. « Vers l'heure du coucher du soleil, dit Cumming, l'éléphant (l'*Elephas africanus*) quitte son repaire écarté du milieu du jour, et se met en marche pour la fontaine, qui est peut-être à une distance de douze ou de vingt milles. Il arrive à l'eau entre neuf heures du soir et minuit. Là, il apaise sa soif, et se rafraîchit le corps en se lançant de grands volumes d'eau sur le dos à l'aide de sa trompe [1].

Les singes anthropomorphes ne sont pas toujours étrangers aux soins de propreté que l'éducation enseigne à l'homme. Jacqueline, la femelle de chimpanzé noir (*Troglodytes niger*), qui a vécu quelque temps au Jardin des Plantes de Paris, se lavait tous les matins les mains et la figure avec de l'eau froide. C'était chez elle une habitude spontanée, dont on avait cherché vainement à la détourner, en voyant l'influence fâcheuse qu'elle exerçait sur sa santé dans un climat rude[2]. L'orang-outang (*Simia satyrus*) de la ménagerie du prince d'Orange, décrit par Vosmaer, s'essuyait la bouche après avoir mangé. Il ne négligeait pas les soins minutieux de propreté qu'on s'attendrait à trouver seulement chez l'homme, et même chez l'homme civilisé. Quand on lui donnait un cure-dents, il s'en servait aussitôt à notre manière. D'où l'on voit que si la saleté est l'état ordinaire des animaux, l'état proprement bestial, la propreté a pourtant son germe parmi les espèces animales. Elle est donc un instinct, mais ce n'est pas un instinct général.

—

1. *Cumming*, South Africa.
2. *Boitard*, Le jardin des plantes.

CHAPITRE VII.

INSTINCT DE L'APPROPRIATION.

L'APPROPRIATION ET L'ÉPARGNE.

Des conditions précaires du travail résulte l'épargne. Si les ressources étaient indéfinies, si leur obtention était uniforme, il n'y aurait pas de raison pour épargner. Mais la vie est mêlée de difficultés ; les succès ne sont qu'intermittents. Les temps d'abondance rachètent ceux de disette, l'été paie pour l'hiver, et les résultats présents sont mis en réserve pour l'avenir.

Les animaux hibernants sont les premiers à nous donner l'exemple de l'emmagasinage des provisions. Ceux que les froids rendent torpides n'ont pas besoin de faire de réserves, et ils n'accumulent pas de vivres. Tel est le cas pour les nombreuses espèces de fourmis proprement dites qui, contre l'opinion commune, ne font pas de provisions et s'engourdissent pendant l'hiver. Mais sous le climat plus chaud de l'Hindostan, il y a pourtant une espèce (l'*Atta providens)* qui reste active toute l'année ; et cette espèce fait, pendant la saison sèche, un magasin pour la saison pluvieuse qui suspend ses travaux. Elle y amasse la graine d'une graminée (un *Panicum*), comme nous conservons le blé dans nos greniers[1].

Les termites font, comme les abeilles, des provisions considérables. Mais tandis que chez l'abeille l'épargne consiste en un produit particulier (le miel), dans les nids des termites on trouve des récoltes en nature. Barth raconte, par exemple, que le petit *Termes mordax* de la Nigritie fait de tels amas de grains, que les habitants les plus pauvres vont déterrer ces trésors souterrains, pour s'en nourrir[2].

1. *Sykes*, cité dans *Lardner*, Museum of science and art ; vol. IX, p. 206.
2. *Barth*, Travels in Africa ; vol. II, ch. I.

Parmi les oiseaux et les quadrupèdes, l'idée de l'épargne est très-répandue. La pie-grièche fiscale (*Lanius collaris*) en fournit une preuve remarquable. Elle se nourrit de sauterelles, de souris et de petits oiseaux. Mais lorsqu'elle réussit à la chasse au-delà des besoins du moment, elle enfile ses victimes aux épines des buissons et sur des bâtons pour les retrouver plus tard[1]. Le hibou (*Strix otus*) enterre, comme le chien, le surplus de ses provisions. St John en avait un apprivoisé dans son jardin, qui recevait ses repas comme les animaux domestiques, et ne manquait jamais d'enfouir ce qu'il ne consommait pas sur le champ[2].

Cette habitude est exactement celle des mammifères carnassiers. Nos chiens domestiques, après avoir volé un morceau de viande, trop fort pour leurs besoins présents, font un trou dans la terre, y déposent l'épargne et recouvrent celle-ci en replaçant une partie des déblais. Cette pratique est fort commune, dans la nature, parmi les petits carnassiers de la famille des viverrides ou civettes. Quant aux rongeurs. ils ont généralement des gîtes, et cette manière de vivre apporte des facilités particulières pour la conservation des provisions. Le hamster (*Mus cricetus*), par exemple, si répandu dans la Germanie, a deux chambres sous la terre. Dans l'une il a sa couche d'herbe sèche, tenue avec une propreté parfaite, tandis que l'autre lui sert de magasin[3].

L'épargne des rongeurs n'est pas simplement une réserve, d'une importance toute passagère, composée des restes qui ne sont pas consommés sur le champ. C'est souvent une accumulation considérable, entreprise de longue main qui doit suffire à toute la mauvaise saison.

Il existe également des oiseaux qui font, comme les rongeurs, des provisions d'hiver. On cite un pic de la Californie (*Melanerpes formicivorus*), qui creuse des trous dans les arbres,

1. *Audubon*, Ornithological biography ; art. Butcher-Bird.
2. *St John*, Natural history and sports in Moray.
3. Comparez *Lardner*, Museum of science and art ; vol. VIII, p. 123.

pour y déposer son butin. En automne, on le voit occupé à picoter les pins et les chênes et à insérer un gland dans chaque trou. Le gland est introduit avec force ; il tient par la pression sans se trouver entièrement caché. Jusqu'à dix ou quinze mètres de terre, le corps de l'arbre a l'air d'être garni de chenilles dont on verrait passer les têtes. On peut ajouter que la prévoyance de ce pic n'est pas seulement utile à lui-même : le geai, la souris, l'écureuil profitent de ses travaux [1].

Il y a d'autres animaux qu'on pourrait nommer prodigues. Ainsi l'éléphant d'Afrique (*Elephas africanus*) renverse un nombre immense d'arbres et d'arbustes, jonche la forêt de troncs renversés, et ne touche parfois de chacun de ces arbres détruits qu'une ou deux petites branches [2].

Il est permis de croire que l'épargne est, dans une certaine mesure, le fruit de l'expérience individuelle. Le carnassier est aisément frappé d'un fait qui se reproduit sans cesse : il ne réussit dans ses chasses que par intervalles. Mais l'animal, qui, à l'approche de son premier hiver, remplit ses magasins en abondance, doit céder à un autre enseignement que l'expérience. Si l'espèce est sociable, il y a des vieux qui sont à même d'instruire les jeunes par leur exemple. Mais si l'animal vit seul, il faut bien recourir à un véritable instinct. L'idée d'épargner est donc, à nos yeux, comme celle de travailler et d'approprier une idée innée. Elle exprime un besoin fondé dans notre nature organique. Il ne s'agit pas sans doute d'un besoin impérieux comme celui de la faim, mais d'un besoin secondaire et corrélatif. C'est l'appropriation pour la consommation éloignée.

On ne peut pas soutenir un instant que, dans l'espèce humaine, l'épargne et l'avarice aient pour unique origine l'expérience ou l'esprit de famille. L'économie forme, dans certains caractères, un trait qui se marque avant que l'expé-

1. *Cassin*, Birds of California, Texas, Oregon and British America ; Philadelphie, 1854.
2. *Cumming*, South Africa.

rience individuelle soit développée, avant que le sujet ai souffert du besoin, ou qu'il ait lieu de craindre d'en souffrir La réflexion peut développer nos actes, mais beaucoup d'hommes ont pour premier mobile une impulsion indépendante de leurs calculs : ils épargnent pour épargner.

Le désir d'amasser est une sorte de passion, comme l'amiti ou l'amour. C'est une forme subordonnée de l'ambition. On pourrait supprimer la transmission héréditaire des propriétés, et l'épargne, bien qu'elle fût peut-être diminuée, n s'arrêterait pourtant pas : la loi ne change rien à la natur humaine.

Nous voyons, en effet, que les Péruviens, ou plus exactement Quichuens, distribuaient les terres tous les ans : e chaque année l'on trouvait des hommes qui avaient augment leur avoir par l'épargne, et d'autres hommes qui avaient dissipé le leur [1]. Il en était de même chez les Juifs à l'époqu du jubilé. La législation n'a donc qu'une influence secondair sur le phénomène. Il y a avant tout une impulsion de nature impulsion dont les résultats ont créé le capital des nations

Chez l'animal, l'épargne ne s'applique qu'aux objets de consommation. Il en est encore de même chez le sauvage. Où i n'existe pas d'industrie, il n'y a pas d'instruments de travai à multiplier, ni de capital à grossir. Tant qu'il s'agit de simples provisions personnelles, l'évangéliste a le droit de dire « fou que tu es, cette nuit ton âme sera rappelée, et alors à quoi serviront ces choses que tu as amassées [2] ? » Mais c'est là le point de vue qui distingue l'enfance des sociétés. C'est justement pour réfléchir ainsi que le sauvage reste au même point de l'échelle. Car l'épargne nous a donné le capital, c'est-à-dire les machines, les édifices, les navires, les musées, qui font notre grandeur et notre gloire.

Dans les sociétés inférieures, nous trouvons, en effet, que

1. *Prescott*, History of the conquest of Peru; bk. I, ch. 2.
2. *Luc*, Evangelium ; cap XII, v. 20.

l'homme n'a pas d'autres ressources que ses mains. Peu importe même qu'il soit ingénieux ou qu'il soit capable d'adresse : en présence de la nature vierge, c'est surtout de la force brutale qu'il faut. Il est difficile de faire comprendre aux habitants de nos cités élégantes et policées, l'immense disproportion qui existe, dans la vie sauvage, entre les opérations intelligentes et les opérations purement matérielles. Ces dernières remplissent pour ainsi dire toute la vie. Il faut lutter, pour obtenir la moindre satisfaction ; il faut lutter sous peine de mort ou du dénuement le plus affreux ; mais il est rarement besoin de penser. Aussi le premier de tous les types, aux yeux de l'homme sauvage, est-il l'Hercule. La vie misérable des bois et des cavernes n'est pas une question d'intelligence, mais une question de force brutale, de vigueur corporelle seulement[1].

L'ESCLAVAGE.

L'instinct de l'appropriation quand il agit seul porte l'être à recourir aux moyens les plus courts et les plus directs. Il n'est donc pas étonnant que tel animal s'approprie les produits du travail d'un autre. C'est le vol, au moins dans le fait matériel. Mais on voit aussi que certains êtres sont contraints par d'autres à travailler au profit de ces maîtres. Dans ce cas, il s'agit de l'appropriation non plus des produits du travail seulement, mais du travail lui-même. C'est l'esclavage.

La piraterie et le vol sont communs chez les espèces animales : le grand chien prend l'os que le petit chien est à ronger. Le cheval vigoureux saisit la touffe d'herbe tendre que le cheval malingre a découverte dans la prairie, dépossédant un

1. Cette vérité, qui peut se dire également de toute colonie naissante, explique comment tant d'établissements ont avorté, faute d'éléments convenables; la proportion des hommes de peine relativement à ceux de professions dites libérales, doit l'emporter immensément sur celle à laquelle nous sommes accoutumés dans les sociétés anciennes et policées.

rival incapable de lui résister. Mais un esclavage véritable est pratiqué par quelques insectes, avec des caractères qui rappellent d'une manière frappante ceux de l'esclavage parmi les hommes.

Ce sont diverses espèces de fourmis rouges qui nous fournissent l'exemple de ces mœurs. Huber[1], Latreille[2], Jurine[3], Kirby[4], en ont fait le sujet d'observations intéressantes. Il y avait notamment un nid de fourmis à esclaves dans le bois de Boulogne, près de Paris, non loin de l'entrée du village. Les fourmis rouge-clair (*Formica sanguinea*), ou celles rouge-foncé (*Polyergus rufescens*) qui veulent faire des esclaves, partent pour le nid des fourmis noires (*Formica fusca*) voisines; car ici, comme dans l'espèce humaine, ce sont les noirs qui sont réduits en servitude. Les pirates forcent l'entrée du domicile par une attaque impétueuse; ils descendent dans les chambres, et enlèvent un certain nombre d'individus. Ils prennent aussi des nymphes[5] sans défense, comme l'Indien qui enlève des enfants pour l'esclavage. Les fourmis rouge-clair forment une chaîne et se font passer de l'une à l'autre les coques volées, afin de les enlever plus rapidement.

Quand les victimes de cet acte de violence sont introduites dans le nid de leurs maîtres, on les assujettit au travail. Les fourmis rouge-clair les traitent bien ; elles partagent avec leurs nouveaux serviteurs les occupations journalières ; elles partagent les jouissances avec eux. Les fourmis brunes restent plus passives : les maîtres ne font absolument rien que la guerre ; les nègres exécutent tous les travaux avec une bonne volonté apparente, et portent même leurs maîtres de place en place, dans les galeries souterraines. Latreille trouve une ex-

1. *Huber*, Recherches sur les mœurs des fourmis ; p. 287.
2. *Latreille*, Mémoires du Museum d'Histoire Naturelle ; tome III.
3. *Jurine*, Hyménoptères ; p. 273.
4. *Kirby* et *Spence*, Introduction to entomology ; let. xvij.
5. L'état intermédiaire entre la larve et l'insecte parfait. Ces nymphes sont connue vulgairement sous le nom d'œufs de fourmis.

plication et une excuse à la conduite tyrannique des fourmis brunes. Il a observé que, dans cette espèce, les mandibules et les parties accessoires de la bouche ont dévié de la forme commune ; la déviation est d'une telle nature qu'elle rend l'être incapable de préparer l'habitation de la génération suivante, et de donner la nourriture aux jeunes. Voilà donc une espèce qui ne peut pas subsister seule, à peu près comme certains hommes, dans nos sociétés, sont incapables de se suffire à eux-mêmes. Mais on se demande si telle était, chez ces fourmis, la condition originelle. L'organe ne s'est-il pas altéré faute d'exercice, consécutivement ; et l'incapacité n'est-elle pas purement artificielle, comme dans les classes d'hommes que je viens de citer ?

LE VOL.

La disposition au vol est bien connue chez le sauvage et chez le singe. Nos chats, dès que nous cessons de les observer, emportent la viande et le poisson, malgré la certitude des châtiments qui les attendent. Nos chiens, pour être plus soumis, n'en montrent pas moins des traces évidentes de la propension au vol. Ils ont conscience de leurs désobéissances. Ils se cachent pour exécuter leurs méfaits ; ils s'arrêtent, et baissent la queue et les oreilles, quand ils sont surpris en flagrant délit. Les quadrumanes vont plus loin encore. Ils mettent dans le vol plus que de la précaution ; ils y emploient de la ruse.

La guenon variée (*Cercopithecus mona*) de l'Atlas n'a pas, dit Boitard, des notions très-délicates sur la propriété. Elle a une telle inclination pour le vol qu'aucune correction ne peut l'en détourner. Pendant qu'on la caresse, elle introduit doucement ses mains dans les poches, et les vide avec autant d'adresse qu'un filou de profession. Quand elle veut prendre dans une armoire des bonbons ou du fruit, elle tourne la clef sans faire le moindre bruit, et souvent on l'a vue déliant un paquet. Son congénère, le roloway *(C. diana)*, montre les mêmes inclinations. Ce singe cache ce qu'il vole dans les lits et entre les draps[1]. N'est-il pas curieux d'observer que telle est aussi la cachette de l'homme, dans un grand nombre de vols domestiques ?

Le vol considéré comme une des formes de l'instinct de l'appropriation, est évidemment naturel au sauvage. Il va même plus loin que l'appropriation utile. La convoitise s'étend aux objets dont l'homme inculte ne connaît pas encore l'usage. Il lui suffit qu'ils aient été appropriés par d'autres. On pourrait voir dans ce phénomène une exagération, peut-être un complément de l'instinct d'appropriation. Les îles Marianes reçurent d'abord le nom d'îles des *Ladrones* ou des Voleurs, tant les naturels mettaient d'adresse et de persistance à dépouiller les navires de tout ce qui était portatif. Aux îles Fidgi, aux îles de la Société, le caractère du peuple était entaché du même vice. Dans leur isolement absolu, les habitants de l'île de Pâques montraient au plus haut point ces dispositions[2]. Les Indiens de l'Amérique, qui vivaient à l'état sauvage, n'avaient pas le moindre respect pour la propriété mobilière[3]. Encore aujourd'hui ils s'emparent furtivement des objets sur lesquels le voyageur ne fait pas bonne garde. Les Indo-mexicains qui venaient dans ma chambre, dans le Nuevo Leon et le Tamaulipas, s'appropriaient non seulement ce qui pouvait leur être utile, mais tout objet nouveau, tel qu'un tire-ligne par exemple, qui excitait leur curiosité ou qui fixait leur attention. C'est une sorte de souvenir et de prolon-

1. *Boitard*, Le jardin des plantes.

2. *Cook*, IIme voyage ; 12 mars 1774.

3. Il ne sera pas hors de propos de rappeler que les compagnons de Colomb s'étaient prévalus immédiatement de cet état de choses, pour emporter des cabanes tout ce qui était à leur convenance. Mais en même temps ils enseignèrent, non sans rudesse, aux malheureux Indiens, que ceux-ci n'étaient pas admis à en faire autant à bord. (*Laharpe*, Histoire Générale des Voyages; tom. IX, p. 66.)

gation de l'état communiste ; c'est la nature brute qui résiste à l'introduction des formes nouvelles et en particulier à l'établissement de la propriété.

Et l'on remarque que la propension au vol n'est pas domptée tout d'une fois, et ne disparaît pas instantanément. Chez le patriarcal et le barbare le respect de la propriété ne s'étend encore qu'à l'intérieur du groupe. Les tribus se dépouillent entre elles. Les bedouins du désert pillent la caravane qui s'aventure parmi eux : c'est le « vol externe [1]. » Le respect universel pour les objets dont les autres tirent un avantage ou un agrément n'est qu'un résultat de culture. Ce respect est d'abord commandé par les lois. Mais il passe dans les mœurs et dans les habitudes mentales de l'être. L'éducation développe, à la place de la propension native, une qualité toute différente, qui, lorsqu'elle a suffisamment grandi, ne constitue pas simplement cette probité contrainte, déterminée par la menace des lois ou le respect humain, mais la délicatesse la plus exquise.

L'instinct du vol passe de bonne heure chez l'enfant civilisé. Mais il est incontestable qu'il se montre, comme les autres instincts naturels, dans tous les individus de notre espèce. Quand les Spartiates disaient à leurs enfants de dérober leur nourriture, ils ne faisaient pas autre chose que consacrer cet instinct. Jusqu'à un certain âge, qui varie selon le sujet; la convoitise est irrésistible, et le vol ouvert ou caché est une pratique universelle de l'enfance. Il ne nous semble pas improbable que l'instinct du vol ait dans ses degrés quelque chose d'héréditaire, c'est-à-dire que cet instinct se transmette avec plus de force par les parents qui l'ont eux-mêmes moins réprimé. Les Indo-mexicains, qui descendent partiellement des sauvages, manifestent dès leurs jeunes années une tendance remarquable à voler. Leurs enfants, transportés en Europe en bas-âge, se dépouillent moins vite de cet instinct que

1. *Ch. Fournier*, Œuvres ; tome VI, le nouveau monde industriel.

les Européens. Mais quand on prend l'Indo-mexicain ou Polynésien au-dessus de l'âge de quinze ou de vingt ans, qu'on le transporte au milieu d'une société entièrement ci lisée, l'instinct est contrôlé à l'instant même par la force la volonté, chez les sujets qui ont quelque vigueur caractère.

CHAPITRE VIII.

DE L'INSTINCT DE SE REPRODUIRE & DE LA PUDEUR.

Après l'exercice des sens, la fonction la plus importan et la plus universelle, c'est celle de la reproduction. L'ind vidu n'ayant qu'une existence temporaire, la vie ne pouvait perpétuer que par succession. La reproduction était donc u des lois les plus impérieuses du monde organique ; et, p une harmonie remarquable, c'est à l'exécution de cette l que l'être attache le charme le plus puissant. Suivant le la gage d'un ancien, la nature, pour s'assurer l'obéissanc « mêle le plaisir à la satisfaction des besoins, non pour q l'homme le recherche en lui-même, mais afin que les exige ces de la vie nous offrent, par cette douce alliance, un attra plus vif[1] ».

La reproduction n'est pas seulement, pour beaucoup d'es pèces, la fonction la plus importante : c'est comme la cou ronne de la vie. C'est le dernier acte, dont tout le reste n'éta que le prélude[2]. L'insecte l'accomplit avant de mourir.

1. *Sénèque*, Epistolae ; ep. cxvj.

2. J'ai dit « dans beaucoup d'espèces », car la loi n'est pas universelle. Il a notamment parmi les animaux inférieurs, des êtres à métamorphoses qui s reproduisent avant d'avoir pris leur dernière forme, avant que l'évolution so terminée (*Van Beneden*, dans les Nouveaux mémoires de l'Académie de Belg que ; tome XVII). Mais d'autres fois c'est la reproduction qui consomme la vita lité. On l'observe dans les plantes, aussi bien que dans les animaux. L'avoin *(Avena sativa)*, par exemple, peut être conservée en vie pendant quatre ans, s

prolonge son existence pour atteindre ce but suprême, jusqu'à ce que le vœu de la nature soit rempli. L'éphémère, par exemple, passe trois ans dans la rivière, à l'état de larve aquatique ; puis, par une belle soirée d'été, il s'échappe de sa chrysalide, insecte ailé. A peine peut-il voler, qu'il cherche dans la brise du soir, un compagnon ou une compagne. Il s'unit, il pond, il meurt, avant que la nuit soit à la moitié de son cours. Mais Goring, ayant pris un jour un de ces nevroptères, au sortir de sa coque, et l'ayant placé sous un verre, fut fort étonné de le voir survivre. Au bout d'une semaine, l'insecte existait encore. Goring résolut alors de lui rendre sa liberté. L'éphémère en s'envolant chercha immédiatement sa femelle; il s'apparia sur le champ, et mourut[1].

La fonction s'accomplit souvent coûte que coûte, jusque dans les étreintes de la mort. Après qu'on a coupé la tête au mâle de la mante *(Mantis religiosa)*, le tronc décapité s'unit à la femelle, et la féconde avant de mourir[2]. Est-il donc étonnant que l'impulsion soit si puissante dans la nature humaine? La remarque du père nourricier de Juliette à celle-ci, qui apprenait alors à marcher, et la réponse innocente de l'enfant, sont des traits pris dans cette nature[3].

Il y a deux modes de reproduction : l'un par séparation

l'on a soin de couper l'épi avant de le laisser fleurir. L'agave américain *(Agave americana)* est plusieurs années avant de porter sa fleur : mais dès q e la floraison a eu lieu la plante meurt *(Fleming*, Botanical society of Edinburgh; 1858). Les jardiniers parviennent à faire du réséda *(Reseda* odorata) qui est de sa nature une plante annuelle, un arbuste qui vit dix à douze ans. Ces exemples ne sont pas d'ailleurs isolés.

1. *Goring*, cité par *Lardner*, Museum of science and art ; vol. VI, p. 80.

2. Journal de physique ; tom. XXV, p. 336.

3. Juliette, qui marchait à peine, était tombée sur la figure, et s'était mise à pleurer. Son père nourricier l'avait prise dans ses bras pour la consoler :

« Yea, quoth he, dost thou fall upon thy face ?
Thou wilt fall backward. when thou hast more wit ;
Wilt thou not, Jule? And, by my holy-dam,
The pretty wretch left crying, and said — Ay. »

Shakspeare, Romeo and Juliet ; act. I, sc. iij.

(telle est la fissiparité des rhizopodes, la gemmiparité des hydres, la bouture des plantes) ; et l'autrepar génération. Dans le premier mode, il suffit d'un seul individu pour reproduire l'espèce : la progénitureest une simple partie du parent. Dans les hydres, par exemple, ces tubes ouverts par un seul bout, estomacs qui prennent la nourriture et rejettent par la bouche les aliments digérés, dans les hydres, disons-nous, la progéniture croît peu à peu, extérieurement. C'est d'abord un bourgeon presque imperceptible, sur le flanc de l'animal. Mais ce bourgeon grandit avec le temps. Sa cavité ou estomac est continue avec la cavité du parent. C'est la même nourriture ingérée par l'adulte, saisie par lui à l'aide de ses tentacules, qui sert à l'alimentation du jeune sujet. Un moment vient cependant, où les bras poussent à ce nouvel être ; il est bientôt capable de saisir sa nourriture lui-même ; et lorsque ce temps est arrivé, le tube se ferme à sa base : les deux estomacs sont indépendants, mais les corps demeurent soudés entre eux. Le jeune, en effet, n'a pas toute sa taille. Il grandit, il pourvoit seul à ses besoins ; et quand il est tout formé, il se détache, et poursuit une existence indépendante, durant laquelle nous le verrons se reproduire à son tour.

Il en est de même chez certaines méduses, notamment dans la sarsie prolifère *(Sarsia prolifèra)* qui, suivant les observations de Forbes, se couvre de bourgeons, à la base des tentacules, les uns à peu près complets dans leurs formes, d'autres moins avancés, d'autres seulement à l'état naissant.

L'œuf et la graine s'organisent aussi sur le parent, se développent jusqu'à une certaine période de leur existence, et ne s'en séparent que dans un état de préparation plus ou moins avancé. Toutefois, dès que le germe est essentiellement distinct, nous voyons dans les parents, paraître la division sexuelle. L'animal qui se reproduit à l'aide d'un bourgeon est neutre ; dans l'espèce qui se reproduit par génération, les fonctions de fécondité et d'oviposition sont séparées.

La transition des deux systèmes mérite d'être suivie pas à pas.

Dans les biphores (*Salpa*), dans certains helminthes, dans les pucerons (*Aphis*) ou rouille verte des plantes, il y a des individus neutres et des individus sexués. Chez les aphides, en particulier, une même fécondation s'étend à plusieurs générations, c'est-à-dire que les individus issus d'une mère fécondée sont eux-mêmes capables de se reproduire et continuent à le faire, sans fécondation nouvelle, pendant dix, douze et jusqu'à vingt générations de suite, pourvu qu'ils se trouvent placés dans certaines conditions données de température et d'alimentation. Mais la saison suivante, il faut une autre imprégnation.

Lorsque les organes sexuels sont distincts, ils ne sont pas placés, par une condition indispensable, sur des individus différents. Leur réunion sur le même pied, est le cas le plus fréquent parmi les végétaux phanérogammes. Cette réunion se rencontre également chez divers animaux. Les limaces portent les deux sexes à la fois, et deux individus de l'espèce se fécondent mutuellement, par un double acte simultané [1]. Il en est de même des annélides terrestres [2]. Même des animaux très-élevés sont monoïques. Cavolini a trouvé en même temps dans le corps de certains serrans (*Perca cabrilla et P. scriba*), de la laitance et des œufs. D'après ses observations, le poisson qui réunit les deux sexes se féconde lui-même [3].

Aristote dit positivement que les plantes ont des différences sexuelles [4]. Les anciens connaissaient la séparation des sexes qui existe dans certains végétaux. Ils savaient, par exemple, que parmi les dattiers (*Phœnix dactylifera*), il y a des pieds de deux natures, dont la réunion est indispensable à la production du fruit. « Autour de chaque mâle, dit Pline, dans son langage brillant, on voit un certain nombre de femelles,

1. Mémoires couronnés de l'Acad. de Belgique ; tom. XXIII.
2. *Ch. Darwin*, Origin of species ; ch. iv.
3. *Cuvier*, Histoire générale des poissons. — Les lamproies (*Petromizon*) ont aussi les deux sexes réunis.
4. *Aristote*, De generatione animalium ; lib. III, cap. 10.

qui penchent pour ainsi dire leur chevelure caressante. Le dattier mâle, hérissant sa chevelure fleurie, féconde les autres par son haleine, par son aspect, et jusqu'au moyen de sa poussière. Vient-on à couper ce pied, les femelles privées d'époux sont condamnées à la stérilité [1]. »

Le sexe est un cas particulier de cette division des fonctions, j'aurais dit volontiers de cette division du travail, que nous rencontrons dans certaines espèces animales, et qui, ordonnée par la nature, est marquée par les différences d'organisation. Parmi les polypes, les carinaires présentent un exemple remarquable de la division naturelle du travail. Dans une même colonie, certains individus sont chargés de nager, d'autres de prendre la nourriture, d'autres encore de reproduire l'espèce. Parmi les sociétés d'insectes, les travailleurs forment pour ainsi dire un troisième sexe : s'ils portent des organes femelles, ceux-ci sont avortés dès leur naissance, et l'individu n'a point de part dans la reproduction.

Les anatomistes modernes ont prouvé que la disparité des sexes est une différence beaucoup moins radicale qu'on ne serait tenté de l'imaginer. Le type est le même pour tous les individus d'une espèce. Le mammifère mâle a comme l'autre sexe, les mamelles, auxquelles il ne manque que le développement. L'analogie se poursuit, sinon entre les proportions relatives des parties, du moins dans le plan général de structure, jusque dans les organes génitaux. Everard Home va jusqu'à penser que le germe, à l'origine, peut indistinctement être doué de l'un ou l'autre sexe qui dépendrait de simples circonstances ultérieures, telles que les accidents de l'imprégnation [2].

Cette manière de voir est confirmée par une observation d'Huber. Dans une ruche, une larve d'ouvrière, prise avant l'âge de trois jours, et nourrie de la même gelée préparée

1. *Pline*, Historia naturalis ; lib. XIII, cap. 7.
2. *Home*, dans les Philosophical transactions ; 1799, p. 157.

pour les larves de reines, devient une femelle complète qui pond, et qui reproduit[1]. Les organes qui seraient restés atrophiés, au défaut d'une éducation particulière, ont été revivifiés, pour ainsi dire, et ont suivi le cours normal du développement. Il y a plus encore. D'après les observations récentes de Dzierzon, que Von Siebold a confirmées et étendues, un même œuf de la mère abeille fournit une femelle ou un mâle, suivant qu'il a été fécondé ou non. C'est-à-dire que l'œuf mâle est produit comme le bourgeon de l'hydre, sans le concours des sexes, tandis que pour transformer le germe en femelle parfaite ou en ouvrière, il ne faut y ajouter que l'imprégnation[2].

Même dans les animaux supérieurs, le sexe, bien qu'il ne puisse être changé, n'a pas quelque chose d'aussi exclusif qu'on le pense généralement. A la naissance et pendant toute la première période de la vie, il n'entraîne aucune manifestation propre ; la structure des organes génitaux, est le seul moyen de le distinguer. C'est plus tard seulement que paraissent d'autres caractères, la barbe, les seins, la menstruation. L'oiseau mâle se pare des plus beaux joyaux de son plumage. Celles des affections mentales qui se rattachent aux phénomènes sexuels, nulles ou presque nulles jusque là, éclatent maintenant dans toute leur force. Mais le temps vient où elles commencent ensuite à faiblir. Les caractères secondaires disparaissent en partie : la menstruation s'arrête. Bien plus, quand le sexe s'efface, il a peut-être quelque tendance à changer. Hunter, dont je suis ici l'admirable analyse, remarque qu'après avoir cessé de pondre, les femelles de paon et de faisan prennent parfois le plumage des mâles ; et que les femmes, au retour de l'âge, voient paraître, sous le menton, des signes quelquefois prononcés de la barbe du sexe

1. *Huber*, Observations sur les abeilles ; tome II, p. 445.
2. *Von Siebold*, Wahre Parthenogenesis bei Schmeterlingen und Bienen ; München, 1858.

masculin[1]. J'ajouterai enfin qu'il n'est pas rare de rencontrer de vieilles poules qui ont pris le chant et quelques-unes des habitudes du coq.

Les considérations physiologiques que je viens de présenter m'ont paru nécessaires, pour l'intelligence de la passion brutale de l'amour, dans les différents animaux. Je ne m'étendrai pas sur la conformation des organes. Dans beaucoup de vertébrés inférieurs, la verge du mâle est fourchue, tel est le cas, par exemple, chez les batraciens. Dans les mammifères marsupiaux, on retrouve encore la verge bifurquée, et la matrice unique s'ouvre par un double tube en forme d'U pour admettre le pénis fourchu[2]. Les didelphes mâles ont aussi le scrotum en avant de la verge, au lieu de l'avoir placé par dessous. On arrive seulement par degrés à la structure que nous observons dans l'homme et dans les quadrumanes anthropomorphes. La verge reste longtemps renfermée dans une gaîne ou fourreau, qui adhère à l'abdomen ; elle n'est libre que dans les espèces supérieures.

Si l'œuf doit être fécondé avant de quitter le corps de la mère, il faut qu'il y ait copulation. Mais s'il n'est fécondé qu'après la ponte, il suffit, comme dans les batraciens et la plupart des poissons, que le mâle jette son frai sur les œufs. Il existe donc beaucoup d'animaux qui, comme les plantes dioïques, sont pourvus de sexes séparés, et pourtant ne s'accouplent pas. La femelle pondeuse regarde l'œuf, en apparence inanimé, comme son enfant : elle y attache la même idée de descendance ; elle le soigne avec le même amour maternel que témoigne à sa progéniture la femelle qui met au monde des jeunes vivants. On distingue trois degrés dans l'oviposition ; mais ces degrés ne changent rien aux sentiments généraux de la mère. Les ovipares parmi lesquels on compte la plus grande masse des animaux, pondent un œuf qui se

1. *Hunter*, dans les Philosophical transactions ; 1792, p. 65 et suiv.
2. *Cuvier*, Règne animal ; tome I, p. 170.

suffit à lui-même, qui renferme toute la subsistance nécessaire à l'être jusqu'à l'éclosion. L'oviparité commence au bas de l'échelle animale, dès le moment où l'on voit paraître les sexes ; elle se poursuit jusque dans les vertébrés, jusqu'aux plus élevés des oiseaux[1]. En second lieu viennent les marsupiaux ou didelphes, qui constituent les mammifères inférieurs. Ici l'œuf reste attaché à la mère pendant le développement de l'embryon ; mais le jeune animal ne sort pas de la matrice tout formé. Après la gestation, il est mis dans une poche, et se greffe à la tétine, où il achève de se développer. Enfin le mammifère placentaire fait corps avec la mère, dans l'intérieur de la matrice, jusqu'à ce qu'il soit capable de subsister comme être indépendant.

Si les fonctions sexuelles ne commencent pas à la naissance, les affections mentales qui s'y rapportent ne se manifestent pas non plus dans l'enfant. L'appétit charnel et la pudeur, l'amour et la jalousie n'appartiennent pas à la première période de la vie. C'est seulement à l'approche de la puberté que les signes mentaux apparaissent peu à peu, en même temps que les signes physiques. Dans cette classe de phénomènes, soit que l'on considère l'époque à laquelle les manifestations commencent, ou bien leur développement graduel, le parallélisme est trop marqué pour ne pas frapper l'attention.

A l'âge de la puberté, le sexe jusqu'alors latent se déclare. La femelle du vivipare voit paraître pour la première fois, l'écoulement sanguin. Cet écoulement qui correspond en quelque sorte à la ponte des femelles ovipares, a, comme la ponte, ses saisons ou ses retours réguliers. Le printemps, et parfois le printemps et l'automne, sont les grandes époques du rut.

1. La viviparité de certains insectes, tels que la mouche de charognes (*Searcophaga carnaria*) et celle de quelques poissons de la famille des raies (*Raiidae*) n'a rien de commun avec celle des mammifères : l'œuf est en réalité pondu, détaché de la mère. Mais il séjourne dans l'oviducte, et il éclot dans ce conduit, au lieu d'être déposé à l'extérieur.

Chez d'autres espèces, la ponte revient à des temps périodiques, à des intervalles presque égaux, et indépendants du cours des saisons. Le phénomène se répartit ainsi sur toute l'année. Une chienne, qui ne fait pas de jeunes, revient en rut tous les trois ou quatre mois. L'espèce humaine est sujette aux menstruations les plus régulières et les plus copieuses. Mais le même phénomène s'étend à tous les mammifères supérieurs. Cuvier nous dit que les femelles des singes les plus élevés ont des écoulements sanguins comme les femmes, bien que peut-être ils ne soient pas aussi abondants, ni aussi fixes dans leur périodicité [1].

Au même âge où ces signes nouveaux commencent à se montrer chez la femelle, la voix du mâle s'altère, et dans beaucoup d'oiseaux cette voix prend son éclat pour la première fois. Le pelage du mammifère et le plumage du volatile, acquièrent des marques distinctives et souvent leurs plus beaux ornements. Les deux sexes commencent à ressentir l'un pour l'autre une propension, qui était nulle, ou à peine marquée auparavant.

Il y a rapprochement des sexes, et j'oserais presque dire amour conjugal, chez les plus élevés des ovipares. Il y a des batraciens mâles qui prennent soin, avec la mère, de leur progéniture. Le crapaud accoucheur *(Bufo obstetricans)* attache les œufs à ses pattes de derrière, et les porte avec lui jusqu'à ce que les jeunes en sortent, et se répandent dans l'eau. Le crapeau de Surinam *(Pipa americana)* ramasse soigneusement les œufs que la femelle vient de pondre, et les place dans les téguments du dos de la mère, où ils doivent éclore. Les poissons mâles se rapprochent des femelles à l'époque du frai. La ponte serait souvent perdue, et manquerait d'être fécondée, si le mâle n'était pas attiré promptement vers les œufs. Chez les saumons *(Salmo salar)* le mâle et la femelle creusent ensemble un sillon au fond de l'eau, ils se posent

1. *Cuvier*, dans ses notes du Pline de Panckoucke; tom. VI, p. 173.

sur le flanc à quelque distance l'un de l'autre, puis se rapprochent pour se séparer de nouveau. Quand ils se joignent, ils se mettent ventre contre ventre, et dans cette situation, la femelle pond ses œufs et le mâle les féconde de sa liqueur. Cette opération recommence à différentes reprises, pendant une durée qui varie de huit à dix jours.

Si l'on considère en particulier les espèces dans lesquelles la copulation est nécessaire, on voit quelles ressources la nature a déployées pour faciliter aux deux sexes les moyens de se rencontrer. Elle leur a donné l'odeur dont j'ai déjà cité les effets[1]. Ce fut le hennissement d'un cheval, flairant une jument en rut, qui donna à Darius la couronne de Perse. Il avait été convenu entre le prince et ses associés que celui dont le coursier hennirait le premier, serait reconnu roi. L'écuyer de Darius avait mené dans les environs une jument qui recherchait le mâle. Il n'en fallut pas davantage pour provoquer un hennissement de la part de l'animal que montait le jeune prince[2]. Que l'anecdote soit vraie ou fausse, elle prouve toutefois que le rapprochement des sexes par l'odeur était fort bien connu de l'antiquité.

Pendant mon séjour au Texas, le cheval d'un de mes voisins, qui paissait devant sa porte, les pieds embarrassés dans des entraves, disparut soudainement. Nous le cherchâmes pendant plusieurs heures sans pouvoir le retrouver. L'horizon était libre jusqu'à plusieurs kilomètres de distance, et nous étions certains qu'il n'avait point passé de troupeaux de chevaux. En parcourant les environs, nous découvrîmes enfin l'animal, auprès d'une jument en rut, à quatre mille quatre cents mètres de l'habitation.

La voix est un autre moyen d'appel. Le chant des oiseaux mâles attire la femelle, lorsqu'elle est en quête d'un époux. Ce chant est plus qu'un simple appel : c'est un moyen de per-

1. Plus haut, part. I, sect. I, chap. 4.
2. *Herodote*, Historia ; lib. III, cap. 85.

suasion qui certainement n'est dépourvu ni de goût ni de charme. Comme l'amoureux de Shakspeare, le rossignol chante sa romance à l'objet de ses vœux [1]. Et l'analogie ne s'arrête pas là. L'oiseau mâle se pavane devant sa maîtresse; il étale à ses yeux son beau plumage, il tourne autour d'elle, la regarde amoureusement, et dans quelques granivores il lui donne un espèce de baiser. L'albatros *(Diomedea exulans)* de l'hémisphère austral fait sa cour par une pantomime régulière. Il touche le bec de sa femelle avec son bec; tous deux balancent leur tête ensemble en cadence et se regardent ensuite pendant longtemps avec une profonde attention [2].

Les singes embrassent comme les hommes. Boitard a peint une scène charmante entre le mâle et la femelle du babouin commun *(Cynocephalus papio)*, lorsqu'on laissa le père entrer près de la femelle, huit jours après qu'elle avait mis bas. « La mère, assise dans le milieu de la cage, tenait le jeune héritier dans ses bras, justement comme le ferait une nourrice dans des circonstances semblables. L'heureux père s'approcha, et embrassa sa compagne sur les deux joues, avec une galanterie française; il embrassa ensuite le jeune, et s'assit vis-à-vis de la mère, tellement que leurs genoux se touchaient [3]. »

D'autres animaux, j'en conviens, y mettent plus de brutalité; et les mammifères n'ont pas sans doute dans la partie proprement dite des amours, ce sentiment de douceur et de délicatesse qui caractérise surtout les oiseaux. L'homme sauvage lui-même pourrait souvent prendre des leçons aux fauvettes et aux colombes de ses forêts. Mais chaque espèce a des mœurs qui lui appartiennent. Le grand point de la nature, après avoir placé les sexes sur des individus distincts, c'était de les rapprocher.

1. *Shakspeare*, As you like it; act II, sc. vij.
2. *Mrs Lee*. Anecdotes of birds; art. albatrosses.
3. *Boitard*, Le jardin des plantes. L'auteur ajoute : « Ils commencèrent alors tous les deux à remuer les lèvres rapidement, se passant le jeune de l'un à l'autre, comme s'ils avaient à son sujet la conversation la plus animée.

Sans copulation, en effet, il n'y a pas de génération parmi les mammifères puisqu'il n'y a pas d'imprégnation. On a beau dire que le cheval arabe est le produit d'une cavale, fécondée par le vent du désert, cette assertion n'est pas encore élevée à l'état de proposition scientifique. Le Dieu Apis des Égyptiens naissait d'une femme mortelle, fécondée par les rayons subtils de la Lune[1]. Les géographes chinois rapportent qu'il existe quelque part une nation d'amazônes, qui conçoivent sans l'approche de l'homme, en regardant les ombres projetées par leurs corps[2]. Mais la poésie et la légende ne sont pas des autorités en matière de recherches positives. Parmi les mammifères, la grande loi, la loi sans exceptions démontrées, c'est la nécessité de la copulation[3].

On ne peut pas conclure du rapport numérique des sexes dans une espèce désignée, que cette espèce est adonnée à la monogamie, ou à toute autre loi de relation. La proportion des mâles et des femelles passe par tous les degrés dans la nature. S'il y a souvent une certaine égalité entre les deux sexes, on a aussi beaucoup d'exemples de disproportions extrêmes.

Dans les sociétés d'hyménoptères, il n'existe que quelques mâles au milieu d'une immense population de femelles, qui, il est vrai, sont presque toutes avortées. Dans ces sociétés, les naissances du sexe féminin l'emportent immensément sur les naissances du sexe masculin. C'est le contraire parmi les coléoptères : les mâles, dans un grand nombre d'espèces, sont de beaucoup les plus abondants. Il y a également des oiseaux parmi lesquels les mâles l'emportent notablement sur les fe-

1. *Plutarque*, Symposiaca; lib. VIII, quaest. 1.
2. *Williams*, The middle Kingdom; 3e éd., tom. II, p. 154.
3. Quoiqu'en puisse penser l'Agnès de Molière (Ecole des femmes; act. I. sc. 1), les enfants ne se font pas non plus par l'oreille. Plutarque (De Iside et Osiride, cap. 74) a beau affirmer que la belette conçoit de cette manière et qu'elle fait ses jeunes par la bouche, de telles absurdités ne sont pas du domaine du naturaliste.

melles. Il en est ainsi, par exemple, du combattant (*Machetes pugnax*) célèbre, dans le nord de l'Europe, par les luttes affreuses que les mâles se livrent pour la possession des femelles, qui sont beaucoup moins nombreuses.

Les mammifères nous offrent presque partout, une certaine égalité des sexes dans les naissances. Il semble que l'homme sauvage engendre aussi un mâle pour une femelle [1], et bien que cette proportion s'altère un peu dans les différentes contrées, et que la balance incline faiblement, tantôt dans un sens, tantôt dans un autre, jamais cependant l'équilibre n'est radicalement troublé. La circonstance qui affecte d'une manière importante le rapport des sexes, parmi les mammifères, ce n'est pas la proportion originelle; ce sont les causes subséquentes de destruction. Si les hommes s'exposent plus que les femmes, ils périssent en plus grand nombre ; et le sexe féminin prédomine dans la société. Il en est ainsi dans les climats les plus rudes, tels que le Groenland, la Sibérie, et dans les pays livrés à des guerres sanglantes et prolongées. Sur la côte de Guinée, par exemple, la mort frappe le nègre avec une telle furie qu'on voit, au milieu d'un grand nombre de femmes, peu de guerriers et presque point de vieillards. Quand les Hollandais se sont établis à Bantam, il y avait dix femmes pour un homme [2].

Si l'homme, au contraire, fait tomber sur la femme les travaux rudes et continus des champs, la dépopulation frappe le sexe féminin, et le sexe opposé prédomine. L'inégalité la plus remarquable qu'on ait signalée dans le rapport numérique des femmes et des hommes, est celle que Cook, dans son second voyage, a constatée à l'île de Pâques. La cause n'en était pas bien connue ; et depuis, la disproportion a sensiblement diminué. Mais à cette époque, il n'y avait, dans cette île isolée du Pacifique que trente ou quarante femmes pour six ou sept

1. *Galindo*, dans le Journal of the geographical society of London ; vol. VI, p. 126.

2. *Laharpe*, Abrégé de l'histoire des voyages ; tom. III, p. 301.

cents hommes. Je n'ai pas besoin d'ajouter qu'une pareille société pratiquait la polyandrie.

La balance égale des sexes n'est pas, à priori, un indice certain de monogamie. Dans un troupeau, le plus fort s'arroge souvent une part prépondérante de femelles ; il empêche le plus faible d'en posséder une seule. Ailleurs, l'égalité des sexes ne conduit qu'à la promiscuité.

J'examinerai plus tard [1] les relations de mariage, si l'on me permet d'employer ce mot pour abréger le discours. Je m'en tiens ici à la partie physique de la fonction. L'animal fait parfois un choix intentionnel en s'unissant à une femelle. Mais dans aucune espèce, hors l'espèce humaine, des considérations morales ne viennent dicter ce choix. L'animal s'unit à sa sœur, à sa mère, à sa fille, sans répugnance et sans distinction. De telles unions n'ont rien de dérogatoire à la loi physique de reproduction. C'est un sentiment acquis, non pas une impulsion de notre nature animale, qui nous porte à les condamner.

Aussi les peuples primitifs n'éprouvent-ils pas pour ces mariages, la même horreur que les peuples civilisés modernes. Au contraire, les princes incas n'épousaient que leurs sœurs, afin de perpétuer la race royale [2]. Aux îles Sandwich, dans les familles principales, les frères épousaient aussi leurs sœurs dans la crainte de se mésallier [3]. Plus l'état du peuple est barbare, et plus l'indifférence s'étend à cet égard. La convoitise règle la conduite, et la puissance détermine le résultat. Barth rapporte que le sultan Othman Bougoman, qui régnait à son passage à Masségna, comptait parmi ses femmes l'une de ses filles, et l'on disait aussi l'une de ses sœurs [4].

En descendant à l'homme sauvage, nous trouvons les mêmes libertés, même dans des unions temporaires. Sur quelle

1. Ci-après, Part. II, sect. iv, chap. 4.
2. *Garcilasso*, Comentarios reales ; part. I, lib. iv, cap. 9.
3. *Ellis*, Polynesian researches ; 2ᵉ éd. vol. IV, p. 435.
4. *Barth*, Travels in Africa ; vol. II, ch. li.

base s'appuyèrent les premiers réformateurs; c'est ce qu'il est difficile de déterminer aujourd'hui, bien que leur principe ait été essentiellement moral et religieux. Il est clair toutefois que l'incompatibilité entre les liens du sang et ceux du mariage est plutôt une idée consécutive et de législation qu'un effet immédiat de civilisation. Nous savons que des peuples éclairés, délicats, policés, ne regardaient pas ces unions avec la répugnance qu'elles nous causent. En Egypte, il était légal d'épouser sa sœur de père et de mère[1]; les mages persans se perpétuaient en engendrant avec leur mère[2], et dans cette société brillante d'Athènes, qu'on n'accusera pas de manquer de raffinement, il était également permis d'épouser sa sœur, pourvu qu'elle fût sœur de père seulement[3].

PUDEUR.

On a dit que le sentiment de pudeur a déterminé, en partie du moins, nos interdictions. Mais c'est une question en litige de décider si la pudeur est un sentiment inné chez l'homme sauvage. Est-ce même un sentiment involontaire chez l'homme civilisé ? L'animal ne montre aucun signe de pudeur ni chez les mâles ni chez les femelles. Je n'ai trouvé aucune observation qui ait trait même de loin, à une manifestation pudique chez les animaux. Dans cet ordre de faits, ceux-ci n'ont de respect pour rien. J'ai vu un jour une mouche mâle *(Musca domestica)* s'accoupler avec une femelle morte, qui avait péri récemment par un des froids tardifs du printemps. Quant aux sauvages, il est facile de se convaincre de leur cynisme et de l'impudicité de leurs mœurs. Les nations semi-policées manquent souvent de pudeur. Hérodote assure que de son temps tous les habitants de l'Inde avaient commerce ouvertement

1. Notes du Sénèque (le Philosophe) de Panckoucke ; tom. II, p. 342.
2. *Catulle*, Epigramma xcj.
3. *Philon le Juif*, De legibus specialibus. — Comparez *Hume*, Moral essays; sect. IV. — A Athènes, l'oncle épousait aussi sa nièce.

avec les femmes devant tout le monde, à la manière des animaux[1]. Il y a encore de nos jours en Arabie, une classe particulière de derviches, nommés Santons, auxquels la coutume accorde toutes les libertés, ou plus exactement toutes les licences. Or il arrive à ces religieux d'arrêter les femmes dans les rues, et de les faire servir sur-le-champ et en public à leurs plaisirs[2].

Qui n'a lu l'arrivée de Bougainville à la Nouvelle Cythère? La relation nous dépeint les femmes tahitiennes conduisant les matelots vers de frais bocages, où tout les invite au plaisir. Les unions sont bientôt conclues, les amants se livrent à leurs ébats; et dans ce moment même, comme pour célébrer l'hyménée, les compagnes de la jeune beauté jettent des fleurs sur le couple heureux[3].

Pendant le séjour du capitaine Cook, à Tahiti, Banks entra un matin inopinément dans la chambre où avait couché la reine Oberea. Il trouva cette princesse dans les bras d'un beau jeune homme Obadee, son amant. Il s'empressa de se retirer non sans quelque embarras. Mais la reine ajustant son manteau, vint aussitôt le rejoindre, sans montrer aucune trace de trouble ni d'émotion[4]. Faut-il rappeler enfin Runjet Sing, se promenant sur son éléphant avec quelqu'une de ses femmes, et donnant à son peuple le spectacle de ses ébats[5]?

Si nous passons au véritable sauvage, nous trouvons le modèle grossier, dont les scènes précédentes étaient la peinture embellie. Chez l'Indien et souvent chez l'Indo-mexicain, il n'y a pas de place dans de pareils tableaux pour la poésie. Faut-il même quitter nos sociétés, policées pour retrouver autant de cynisme? Les turlupins du XIVe siècle, dont plu-

1. *Herodote*, Historia; lib. III, cap. 101.
2. *D. Campbell*, Narrative of adventures and sufferings in an overland journey to India (1782).
3. *Bougainville*, Voyage de *la Boudeuse;* 7 avril 1768.
4. *Cook*, Ier Voyage; 29 avril 1769.
5. *Victor Jacquemont*, Correspondance dans l'Inde; Lahore, 16 mars 1831.

sieurs furent brûlés à Paris, ne se contentaient pas d'aller nus; ils pratiquaient au milieu de l'Europe, les coutumes que Bougainville devait décrire plus tard à Tahiti. « *Turlupin cynicorum sectam suscitantes*, dit Genebrard, *de nuditate pudendorum et publico coitu.* »

Lorsque les Algonquins qui accompagnaient Hearne à la Rivière du Cuivre eurent surpris et massacré quelques familles d'Esquimaux, la scène qui suivit cette boucherie fut marquée par des traits d'impudicité révoltants. Les sauvages dépouillaient et examinaient les femmes mortes; ils dissertaient sur les détails de conformation offerts par les parties les plus secrètes de leur corps [1].

On voit donc que les idées de pudeur ne sont pas des idées innées : elles dépendent de l'éducation. L'état de la société a son influence sans doute, mais par l'éducation seulement. Sous l'impératrice Catherine II, il y avait encore à Saint-Pétersbourg des bains où les personnes des deux sexes entraient ensemble dans un état de nudité complète [2]. Aux Etats-Unis, du temps de l'esclavage, beaucoup de planteurs mariés faisaient coucher des esclaves dans leur chambre; et souvent les femmes des planteurs se faisaient servir, à leur toilette, par des hommes noirs. La distance sociale excluait la gêne. La noble marquise Du Châtelet ne se déshabillait-elle pas sans façon devant ses domestiques mâles [3] ! La pudeur n'est donc qu'une idée acquise, et cette idée acquise est évidemment la source des opinions et des coutumes des peuples en ces matières. Les anciens Thraces étaient excessivement sévères sur la fidélité de leurs épouses, mais ils n'avaient pas le moindre souci de la chasteté des jeunes filles [4]; et aux îles Philippines,

1. *Hearne*, Journey to the Northern Ocean; 17 juil. 1771.

2. *Wraxall*, Tour through the northern parts of Europe, in the year 1774. — Les deux sexes se baignaient en commun à Sparte. (*Potter*, Antiquities of Greece; vol. I, p. 43.)

3. *De Tocqueville*, Ancien régime; p. 196.

4. *Herodote*, Historia; lib. V, cap. 6.

à l'époque de l'arrivée des Espagnols, la virginité des femmes était dédaignée ; il avait fallu instituer des officiers spéciaux, payés par la communauté, pour déflorer les filles nubiles [1].

ACCOUPLEMENT.

Chez les animaux, l'accouplement s'opère sous des modes variés ; mais il est à remarquer que chaque espèce suit une règle donnée, dont elle ne s'écarte que peu ou point. La femelle de l'insecte est souvent fécondée en l'air. Telle est la loi, par exemple, chez les fourmis et les abeilles. La reine s'élève au-dessus du nid ; le mâle l'approche en volant ; il se pose sur elle et féconde dans la brise la mère de la future génération [2].

Les oiseaux aquatiques s'accouplent sur l'eau. Les serpents s'assemblent en boules, la tête à la tête et la queue à la queue. Les mammifères suivent surtout les lois qui leur sont dictées par leurs diverses conformations.

L'éléphant, quoiqu'on en ait dit, s'accouple comme le chien ; c'est par erreur que les Orientaux l'assimilent, pour le coït, à l'espèce humaine [3]. Mais quand la conformation change, le mode d'accouplement change aussi. Les porcs-épics *(Hystrix)*, par exemple, se blesseraient en suivant la même voie de copulation. Ils ne peuvent s'approcher que ventre à ventre ; et c'est ce qu'ils font, tantôt en se couchant sur le côté, et tantôt en se plaçant l'un (le mâle) sur le dos, et l'autre (la femelle) par-dessus [4]. A mesure que la conformation permet des poses ou des actions plus variées, l'animal use de la latitude accordée. Les nègres accusent les chimpanzés *(Troglodytes niger)* des pratiques les plus impures [5].

1. *Laharpe*, Abrégé de l'histoire des voyages ; tom. III, p. 459.
2. *Huber*, Observations sur les abeilles ; tom. 1, p. 24.
3. *D'Orbigny*, Dictionnaire universel des sciences naturelles ; art. Eléphant.
4. Témoignage oculaire de *Hearne*, cité par *Godman*, American natural history ; 3e éd., vol. II, p. 19.
5. *Savage*, dans le Boston Journal of natural history ; vol. IV.

Ce n'est pas, en effet, l'espèce humaine qui seule fournit l'exemple des excès, dans la passion charnelle de l'amour. Contrairement à une idée fort répandue, la civilisation épure, ennoblit les relations des sexes, au lieu de démoraliser. La pureté n'habite pas sous la chaumière du sauvage. Et ce que nos sociétés modernes offre d'impudique et de dévergondé ne tient pas à l'élément relevé qu'elles renferment, mais en réalité aux éléments sauvages et barbares que nous conservons parmi nous.

Nous serions offensés aujourd'hui de la licence patente des Grecs et des Romains [1]. Un Quintillien moderne conseillerait-il à ses disciples d'ajouter à la puissance de l'éloquence en découvrant aux yeux des juges le sein d'une Phryné accusée? Voyons-nous exposer dans nos rues de ces enseignes figuratives comme on en trouve à Pompéï avec l'inscription séduisante : « *Hic habitat felicitas* » ?

Ce n'est pas à dire que la licence ait disparu. Il n'y a que trop d'exemples à citer d'excès et de traits appelés contre nature. On mentionne un manuscrit conservé à la Bibliothèque Nationale de Paris qui décrit des orgies du temps de Louis XV, où toutes les pollutions sont en quelque sorte épuisées[2]. Mais ces excès, qui nous frappent peut-être à titre d'exceptions, sont communs dans les sociétés moins élevées. Les Romains, dans leurs festins, s'accouplaient par cinq, et une file d'hommes s'entrelaçaient dans une seule chaîne [3]. Le sodomisme remonte aux plus anciennes sociétés [4] ; quelques législateurs allaient jusqu'à l'encourager, dans le désir de

1. *Quicumque impudicus, adulter, ganeo, manu, ventre, pene, bona patria laceraverat*, dit Salluste, dans un des passages les plus graves et les plus moraux de son histoire. Horace, en expliquant l'origine du bien et du mal, se sert des mots *nam fuit ante Helenam cunnus teterrima belli causa*. Voyez encore le remède que Lucrèce conseille contre l'amour. (De natura rerum ; lib. IV, v. 1165.)

2. Le manuscrit est mentionné par *Libri*, Histoire des sciences mathématiques en Italie.

3. *Martial*, Epigrammata ; lib. XII, épig. 43.

4. Genesis ; cap. XIX, v. 5.

mettre un obstacle à l'accroissement de la population [1]. Solon dans ses lois, interdisait la pédérastie aux esclaves, comme une passion trop noble pour eux [2]. L'apôtre avait encore occasion de s'élever contre ce vice [3]. Les anciens allaient sur les champs de bataille offrant aux prisonniers leur rançon s'ils consentaient à leur servir dans leurs passions [4]. Solon, Socrate, Platon, adressaient publiquement leurs hommages à de jeunes garçons [5]. Des hommes célèbres placés à la tête de l'Etat, étaient connus pour leurs faiblesses. César avait accordé ses faveurs à Nicomède, roi de Bythinie, que les soldats, dans leurs chansons, appelaient tout crûment son mari [6]. Les femmes mêmes devaient céder à la tendance des mœurs communes. L'influence des milieux est irrésistible ; et ce que nous appelons des souillures n'exclut pas entièrement, dans un autre état social, l'exercice de nobles vertus. Quelles femmes, en effet, nous cite-t-on comme des modèles de la complaisance des épouses, qui se prêtaient aux exigences de leurs maris [7] ? Julie, femme de Pompée, Porcia, femme de Brutus, et la célèbre Cornélie, mère des Gracques, dont nous ne proférons le nom qu'avec un sentiment de respect [8].

N'imaginons pas d'ailleurs que les sociétés barbares de l'Asie ni les sociétés sauvages des deux continents soient plus pures. Plus nous descendons, au contraire, et plus nous trouvons les passions grossières et déchaînées, eu égard du moins à la facilité de les contenter. A Tahiti par exemple,

1. *Aristote*, De Republica ; lib. II, cap. 10.
2. *Plutarque*, Vita Solonis.
3. *Paul*, Epistola ad Romanos ; cap. I, v. 27.
4. *Sénèque*, De beneficiis ; lib. II, cap. 21.
5. *Potter*, Antiquities of Greece ; vol. I, p. 64.
6. *Suetone*, vita Julii Cœsaris ; cap. 2, 49, 52.
7. *Martial*, Epigrammata ; lib. XI, épig. 104.
8. Si je ne craignais que l'application n'eût un air de profanation, je rappellerais ici le mot de madame de Stael, « qu'une femme doit céder aux opinions du monde ».

à l'arrivée des Européens, non seulement le sodomisme avait ses adeptes, mais il existait des sociétés de débauche, dont les excès étaient pour ainsi dire fabuleux. Le missionnaire Ellis parle longuement des membres de ces sociétés. « Il semble, nous dit-il, qu'ils aient mis leur imagination à la torture pour inventer les pollutions les plus affreuses dont l'homme puisse se rendre coupable, et qu'ils aient lutté à l'envi les uns des autres dans la commission des actes les plus révoltants [1]. »

De quels excès les Israélites n'accusaient-ils pas les peuples barbares qu'ils avaient vaincus ? Ils leur reprochaient d'avoir commerce avec les bêtes, et de préférer entre eux le même sexe au sexe différent [2]. Que l'accusation soit vraie ou fausse, l'imputation seule prouve que les vices étaient connus. Plus nous descendons dans l'échelle sociale, et plus les mœurs sont dégradées.

Jetons maintenant un regard rapide sur les pratiques des animaux. Toutes les Saphos ne sont pas limitées à l'espèce humaine. Les naturalistes et les éleveurs ont étudié, depuis quelque temps, les vaches *taurelières*, qu'on voit parfois dans les prairies se hissant sur le dos d'une compagne qu'elles tiennent entre les jambes de devant. Il n'est guère possible de se méprendre sur le caractère de cette action. Un grand observateur de la fin du siècle dernier, avait enregistré un fait qui atteste comment tout s'enchaîne dans la nature. Quand une vache donne naissance à deux veaux jumeaux, dont les sexes diffèrent, la femelle est toujours taurelière et stérile [3]. Ce n'est pas en toute rigueur une femelle complète : elle est placée comme à mi-chemin entre son sexe extérieur et visible, et le sexe masculin.

Si l'on veut se donner la peine de suivre pendant quelque temps une troupe d'oiseaux considérable, par exemple une

1. *Ellis*, Polynesian researches, 2me éd. ; vol. I, p. 243 et 98.
2. Leviticus; ch. XVIII, v. 23 et 22.
3. *J. Hunter*, dans les Philosophical transactions ; 1792.

bande nombreuse de poules de basse-cour, on ne tardera pas à remarquer des femelles qui contrefont le mâle. La poule *coquière* approche d'une autre poule en étendant une aile, et en répétant la mimique du coq qui se prépare au coït. Je n'ai pas observé que ces poules fussent stériles. Montagu dit que dans les faisanderies, on voit des poules-faisanes qui prennent à l'âge de trois ou quatre ans le plumage du mâle, et que dès ce moment elles cessent de donner des œufs [1].

Les passions sensuelles des femelles de mammifères sont faciles à observer. Godman a constaté de ses propres yeux, dans la femelle du raton d'Amérique (*Procyon lotor*), une habitude, qui n'est pas exclusive à cette espèce, mais qui n'est peut-être nulle part marquée. Pendant que dure le rut, cette femelle recherche à tous moments les objets durs, et s'en frotte les parties génitales au moyen d'un balancement du corps [2].

Les animaux mâles ne sont pas plus discrets que les femelles. J'ai parlé tout à l'heure, sur la foi du respectable Savage, des excès que les habitants de l'Afrique attribuent aux singes. Si l'un des sexes ne réussit point à trouver l'autre, l'appel des sens en est-il moins impérieux et moins exigeant. Quand les fourmis mâles, dit Huber, sont privés de femelles, ces mâles recourent aux ouvrières, dans lesquelles les organes sont avortés. Le brutal vainqueur satisfait ainsi l'appétit charnel ; mais sa victime, incapable de supporter l'approche, meurt bientôt des effets du viol [3].

J'ai vu un coq poursuivre une jeune poulette de deux mois, bien loin encore d'être nubile, et triompher de sa résistance. La poule est restée souffrante pendant deux jours, mais ensuite elle s'est rétablie.

Il n'est pas vrai que les animaux observent invariablement les temps réguliers du rut, ni qu'ils cessent de poursuivre les femelles qui ont déjà conçu. On voit dans nos basses-cours

1. *Montagu*, Ornithological dictionnary; art. pheasant.
2. *Godman*, American Natural history ; 3e éd. vol. I, g. 125, note.
3. *Huber*, Observations sur les abeilles ; tome II, p. 443.

des coqs qui recherchent les poules mères, conduisant leur troupe de poussins. Les amateurs de serins canaris (*Fringilla canaria*) ont souvent l'occasion de voir le mâle persécuter la femelle pendant qu'elle couve, déchirer le nid, jeter les œufs à terre, et exciter sa compagne à l'accouplement, jusqu'à ce qu'elle néglige ses devoirs de mère[1]. Le canard (*Anas boschas*) force la femelle à s'accoupler lorsqu'elle se lève du nid pour manger ; et souvent, dans la même circonstance, le coq domestique (*Gallus domesticus*) poursuit la poule.

C'est donc faute d'observation, et l'on peut dire de l'observation la plus facile et la plus vulgaire, qu'on a donné les bêtes pour des types de moralité. Je parleraï plus tard[2] des rapports entre des espèces différentes. J'en ai dit assez pour faire voir que l'animal, et avec lui, l'homme inférieur, ne sont pas exempts de ces caprices ni de ces goûts de luxure, qu'on reproche à l'homme policé. L'être use et abuse de son organisme, dans les limites que cet organisme même comporte. Mais plus l'existence est inférieure et grossière, et plus les excès sont répandus et honteux.

—

CHAPITRE IX.

DES ERREURS DE L'INSTINCT.

Les instincts que nous avons passés en revue dans les pages qui précèdent déterminent les principales actions mécaniques de la vie des animaux. L'exécution des premiers actes organiques, de ceux qui sont le plus indispensables, est en elle-même si compliquée, et elle exige un tel concours de circonstances, qu'elle ne pouvait être confiée à la volonté.

1. *Bechstein*, Naturgeschichte der Hof und Stubenvogel ; art. Canarien vogel.
2. Part. III, sec. vij, chap. 1.

Pour la respiration, par exemple, dit Ch. Bell, il faut que de nombreux organes agissent ensemble et se prêtent un concours incessant. La moindre discordance produirait une douleur, un spasme et la suffocation. Mais le concours et l'harmonie s'établissent par la sympathie organique des différentes cordes nerveuses qui sont employées dans cette fonction. De même pour la circulation : un seul moment de doute ou d'irrésolution, l'oubli d'une seule action à l'instant voulu, couperait court immédiatement à l'existence de l'être [1].

Le même physiologiste fait encore mieux ressortir en un autre endroit, la précision supérieure des actions automatiques, dirigées par la sympathie des nerfs ou la connexion des organes, lorsqu'on les compare aux actions dans lesquelles intervient la volonté. Il met en parallèle le gobe-mouche *(Muscicapa griseola)* et le chien *(Canis familiaris)*, dans leur chasse aux mouches. Dans le bec de l'oiseau, la mandibule supérieure se lève par l'effet mécanique de l'ouverture de la mandibule inférieure. Aussi le gobe-mouche ne manque-t-il pas sa proie. Dans le mammifère, au contraire, la mâchoire supérieure tient à la tête, et pour la soulever il faut une volonté distincte, qui commande aux muscles du cou de relever la tête tout entière. La coïncidence entre les mouvements des deux mâchoires est ainsi compromise, et le chien happe presque toujours en vain [2].

Plus l'accomplissement des fonctions est nécessaire, plus les besoins sont impérieux, et plus aussi leur exécution a un caractère fatal, si j'ose m'exprimer ainsi. C'est là une condition même de la vie. Les instincts paraissent, en effet, avec les fonctions auxquelles ils se rapportent. Il n'y a pas d'illustration plus sensible de cette vérité que la question qui se présente si naturellement sous la plume de Ray: Comment se fait-il que l'enfant respire quand il sent l'air pour la première fois? Le

1. *Ch. Bell*, The hand ; p. 12.
2. *Ch. Bell*, The hand; p. 165.

diaphragme et les muscles pectoraux n'auraient-ils pas pu rester en repos, comme ils le faisaient jusque là dans la matrice ; n'auraient-ils pas pu demeurer passifs, et laisser mourir l'enfant ? Quel est l'aiguillon qui les a touchés pour les mettre en jeu, et pour leur faire aspirer l'air nécessaire désormais à la vie de l'être ?

L'instinct nous apparaît ainsi comme la force qui fait agir l'organe ou les organes ; il détermine l'action, à peu près comme l'affinité de deux substances chimiques détermine leur combinaison. Nous ne parlons ici d'ailleurs que de l'analogie des effets, non de celle des causes. La question reste entière : quelle est cette force qui donne l'impulsion instinctive aux organes, quelle en est la nature, où en est la source, quelles en sont les connexions ?

Si l'instinct était l'impulsion donnée à chaque instant à l'animal par une intelligence extérieure et supérieure à l'individu, cet instinct serait toujours dirigé avec justesse, et il ne pourrait pas se tromper. Il serait certain et précis dans son but comme toutes les grandes harmonies de la nature. Mais s'il était sujet aux illusions accidentelles, aux aberrations des individus, aux idiosyncrasies des espèces, on conclurait assez naturellement qu'outre l'impulsion organique, il y a chez l'animal un pouvoir de décision, capable au moins de modifier la direction de l'instinct. Au lieu d'actes inspirés par une intelligence extérieure et supérieure à l'animal, nous trouverions des actes évidemment régis, ou du moins influencés, par l'animal lui-même. L'autonomie mentale de celui-ci et ce que les psychologues appellent sa liberté seraient ainsi démontrées. Outre l'action nerveuse sympathique, il y aurait l'action spontanée ; et au lieu d'un automate dont la force directrice est ailleurs et au dehors, il y aurait un organisme dont les forces motrices sont en lui-même.

Aussi a-t-on attaché beaucoup d'importance à scruter le caractère de l'instinct, et en particulier à examiner cette question : l'instinct peut-il se tromper ?

Sur ce sujet intéressant nous indiquerons d'abord au lecteur l'étude curieuse de J. Rennie, intitulée « des erreurs de l'instinct »[1]. Nous croyons, avec certains naturalistes, que les faits réunis ne sont pas encore suffisants pour trancher la question avec assurance ; car la plupart de ces méprises peuvent trouver une excuse ou une explication. Que prouve-t-on, par exemple, en remarquant que le chien boit le sang avidement bien qu'il ne doive pas en retirer de nourriture ? Est-il bien certain, comme l'affirme Magendie, que la fibrine ne soit propre à soutenir la vie animale qu'après sa conversion en muscle[2] ? Si ce fait était complétement établi, l'instinct du chien le tromperait en le portant à boire le sang, et l'on s'expliquerait la répugnance instinctive de l'homme — répugnance qui n'est pas universelle cependant, ni absolue — pour ce fluide dépourvu de propriétés nutritives. Mais on comprend qu'il faille des faits d'un caractère plus tranché pour établir une erreur de l'instinct.

Nous ne pouvons voir qu'une illusion plutôt qu'une erreur, dans un fait rapporté par Rennie au sujet du grand ver de terre ou lombric *(Lumbricus gigas)*. Cet annélide a fort peur de la taupe, et dès qu'il sent la terre remuer, il monte à la surface et se dérobe aux recherches de cet insectivore. Or des oiseaux, tels que le goeland *(Larus fuscus)*, le vanneau (*Vanellus cristatus*), et après eux les pêcheurs qui emploient le ver de terre pour appât, vont piétiner sur le sable. Le lombric, croyant à l'approche d'une taupe, sort de sa retraite souterraine, et se livre ainsi à l'ennemi[3]. C'est une fausse application de l'instinct, mais ce n'est pas à proprement parler un instinct faux.

Il n'y a aussi qu'une illusion quand la mouche à viande

1. *James Rennie*, Mistakes of instinct, dans le Magazine of natural history ; volume I.

2. *Magendie*, Statique chimique des animaux ; et Comptes-rendus de l'Acad. des sc. de Paris, 1850.

3. *J. Rennie*, loc. cit.; p. 374.

(*Musca carnaria*), dont j'ai parlé précédemment, dépose ses œufs dans la fleur du stapélia, où l'attire l'odeur de charogne; et quand la mouche de maison (*Musca domestica*) pond dans une tabatière, où sa progéniture est également destinée à périr[1]. L'insecte est trompé sur la nature du milieu où il dépose ses œufs, par l'odeur même ou par l'apparence de ce milieu.

Néanmoins on ne peut pas expliquer aussi aisément l'insuccès de l'étourneau ou carouge des vaches (*Icterus pecoris*), de l'Amérique du Nord, lorsqu'il confie ses œufs, comme il le fait fréquemment, au nid d'une sylvicole jaune (*Sylvicola aestiva*). Il s'agit d'un oiseau qui, comme le coucou d'Europe, n'élève pas lui-même sa progéniture. Mais le coucou choisit des nids où ses jeunes seront les plus forts, et auront bientôt raison des occupants légitimes, qu'ils jettent, comme on sait, par dessus bord. L'étourneau des vaches, au contraire, pond fréquemment dans le nid de la sylvicole jaune, où ses œufs n'éclosent jamais. La propriétaire du nid a soin, en effet, de les recouvrir d'une couche de feuillage, qui empêche la chaleur nécessaire d'y parvenir[2]. Voilà donc un contre-instinct, si je puis m'exprimer ainsi, que l'instinct de l'étourneau n'avait pas prévu. Si les animaux étaient inspirés par une direction extérieure et supérieure, pareille contradiction pourrait-elle exister ?

A quoi servirait que la poule conservât l'instinct de couver lorsque ses œufs ne sont point « coqués », tout comme elle le possède quand il s'agit d'œufs fécondés ? Un guide supérieur ferait la distinction. Il est vrai toutefois que la poule couve même sans œufs, lorsque l'époque est arrivée ; d'où l'on pourrait croire que le repos, l'attitude de prostration et le jeûne partiel sont nécessaires alors à la dissipation d'un surcroît de chaleur organique. La poule qui couve à vide couverait par besoin personnel.

1. Ci-dessus; Part. I, sect. I, chap. 7.
2. *Nuttall*, Ornithology; art. Yellow warbler.

On pourrait proposer une explication analogue dans le cas de l'araignée mâle, qui en s'accouplant trouve souvent la mort : la femelle la tue, lorsque l'époux qu'elle vient de choisir ne se sauve pas sur-le-champ. Or pourquoi un grand nombre de mâles ne se sauvent-ils point ? C'est que l'instinct de conservation ne prévient pas la victime. Ici cet instinct semble donc en défaut. Mais on peut répondre qu'il y a une autre fonction à accomplir, et que le sacrifice du mâle (ou plus exactement d'une partie des mâles) est prévu, et en quelque sorte normal.

L'instinct de conservation paraît cependant en défaut dans quelques circonstances particulières. Ainsi les petits oiseaux prennent le coucou *(Cuculus canorus)* pour l'épervier *(Accipiter nisus)*, et ces mêmes passereaux attaquent l'engoulevent d'Europe *(Caprimulgus europaeus)* comme s'ils avaient à le redouter, tandis que cet oiseau se nourrit seulement de papillons de nuit et d'autres insectes nocturnes [1].

L'instinct, ici, va trop loin dans le sens de la protection. C'est, dira-t-on, un surcroît de précaution. Mais voici un exemple du cas contraire. Les aphides ou pous de plantes ne savent pas que les larves des syrphides sont leurs ennemis mortels. Ils n'éprouvent à leur vue aucune défiance, et vont jusqu'à se promener sur leur corps. Les syrphides, qui se nourrissent d'aphides, profitent, comme on le pense aisément, de cette imprudence [1].

La conscience du danger, d'un danger ordinaire et constant, peut donc faire défaut ; les instincts ne sont donc pas absolus. Mais les faits que nous possédons sont bien certainement insuffisants, pour décider l'importante question formulée au début de ce chapitre. Il est probable, mais non encore démontré, que l'exécution des actes d'instinct est influencée dans une certaine mesure par la volition ; ces actes

1. *Montagu*, Ornithological dictionary ; 2e édit., art. nightjar.
2. *Kirby* et *Spence*, Introduction to entomology ; let. ix.

ne paraissent pas complétement indépendants des décisic prises par l'individu. On peut l'inférer particulièrement ce fait que l'animal a le pouvoir de suspendre sa respiratic et d'exercer un contrôle partiel ou momentané, comme peut l'homme lui-même, sur certaines fonctions automa ques. Les chiens, les chevaux, dont l'observation est faci suspendent leur souffle, pour mieux écouter, lorsqu'ils a préhendent un danger. Or si certains actes de la vie autom tique des animaux ne sont pas soustraits au contrôle, fc limité il est vrai, mais incontestable, de la volition, faudra il s'étonner si l'on démontrait un jour que tous les instin peuvent également être influencés par le même contrôle ?

SECTION III.

HABITUDES.

Pour constituer une habitude, il faut deux caractères distincts : la répétition et la préférence. Un acte, en effet, ne devient habituel qu'autant qu'il se répète. Mais la répétition seule n'est pas suffisante ; il faut encore que cet acte, pour former une « habitude », dans le sens restreint du mot, prenne une certaine forme préférée, choisie entre toutes les formes possibles. Ainsi les chiens courants ont une manière d'aboyer qui diffère suivant le gibier qu'ils découvrent. C'est une « habitude » puisque, d'une part, ils répètent cet aboiement toutes les fois qu'ils sont en présence du même gibier, et puisque, d'autre part, ils préfèrent dans cette circonstance un mode d'aboiement à un autre.

Il y a aussi habitude quand un oiseau se plaît à voler en tournant au lieu de voler en ligne droite, ou quand l'homme emploie la main droite de préférence à la main gauche, ou encore quand des animaux marchent à la file au lieu de se mouvoir en groupes. Il s'agit, en effet, dans toutes ces circonstances, de modes préférés, sujets à une répétition que nous appellerions volontiers systématique.

La répétition, au reste, est au fond de tous les actes organiques. Les battements du cœur, les inspirations des poumons, la digestion par l'estomac, la veille et le sommeil, les évacuations, se renouvellent sans cesse. La marche ne s'exécute que par la répétition des pas. Les mêmes actes reviennent incessamment ; et c'est même par cet exercice réitéré que l'organisme se développe. L'existence automatique n'est qu'une série de répétitions : tout l'organisme éprouve une tendance manifeste à répéter.

Les mouvements vraiment neufs sont très-rares, même dan le jeune âge. Aussitôt que le jeune individu a été initié à un nouveau mouvement, il le répète, parfois jusqu'à satiété. Si l'enfant commence à frapper un objet sonore, il donne non pas u coup, mais presque toujours une longue suite de coups. E marchant le long d'une grille, il passe un bâton sur les lances et tire un son de chacune d'elles [1], se plaisant à cette répétition. Il y a donc dans l'être une tendance naturelle à réitére les mouvements initiés, les mouvements connus.

En même temps il existe une disposition à choisir, entr tous les mouvements qui peuvent conduire au but, ceux qu présentent à l'être une convenance particulière. Les faits passés en revue dans les chapitres qui suivent serviront à le constater. Mais nous pouvons, dès à présent, rappeler un exempl remarquable. Les pigeons emportés en ballon, à une grand hauteur, par Biot et Gay-Lussac, ne descendirent pas d leur vol ordinaire. Ils ouvrirent les ailes en parachute e s'abaissèrent en tournant, à la manière des aigles et des autres rapaces qui descendent de haut. Ils prenaient donc, dans une circonstance nouvelle, les habitudes d'une autre espèce. Cette expérience a été renouvelée avec plus de détails par Glaisher, dans son ascension du 5 septembre 1861. D'une hauteur de 3 milles (près de 5 kilomètres), le pigeon descend comme nous venons de le dire, en ouvrant les ailes. En partant de 4 milles (6 $\frac{1}{2}$ kilomètres), il emploie encore le même moyen; mais comme ce procédé est lent à cause de la grande hauteur il se laisse tomber par moments selon la verticale, puis reprend ensuite son vol en rond. Enfin lâché à 5 milles d'altitude (8 kilomètres), il se laisse longtemps tomber comme une masse inerte [2]. Voilà donc un oiseau qui prend, suivant les circonstances, les habitudes du vol d'autres oiseaux, habitudes auxquelles il était resté jusque là complétement étranger.

1. *Ch. Bell,* The hand; p. 249.
2. *Glaisher*, dans le Report of the British Association; 1862.

De même que certains mouvements se lient entre eux, dans les actions automatiques, de même certaines connexions paraissent exister dans les actes d'habitude. Ainsi quand le cheval mange d'un grain qui lui plaît, il frappe du pied de devant. Le coq bat des ailes lorsqu'il émet son chant matinal. Et voici ce que Mac Gillivray dit de l'alouette des champs (*Alauda arvensis*) : « D'ordinaire quand l'alouette commence à chanter, elle s'élance, s'élève dans l'air soit droit soit obliquement avec un mouvement de trépidation, et elle continue à monter jusqu'à ce qu'elle ait atteint son plus haut point, souvent assez élevé pour qu'on la voie à peine[1] ». Les habitudes ne se composent donc pas d'actes uniques, mais d'un ensemble d'actes qui ont entre eux une liaison.

Le point de départ d'une habitude peut être soit un fait d'instinct, soit une action rentrant dans le domaine de la volonté. Si c'est un acte volontaire, cet acte n'en tombe pas moins rapidement, par la répétition, dans la classe des actions automatiques. La première impulsion volontaire disparaît, et l'automate répète ce qui, pour la première fois, lui avait été montré. Hume a constaté ce fait, très-important à nos yeux, dans les termes suivants : « La répétition de toute opération ou de tout acte particulier, détermine une tendance à renouveler la même opération ou le même acte, sans y être porté par un raisonnement ni par aucun procédé de l'entendement[2] ». L'acte devient automatique, mais par degrés seulement. Ainsi après avoir fait plusieurs fois le même chemin dans des villes étrangères, j'arrivais au but, sans me tromper, quels que fussent la distance et le dédale des rues, tout en pensant à autre chose, et dans ce que j'appellerai une complète absence d'esprit. Mais si, à certain endroit où il y avait perplexité, j'avais adopté pour me guider une certaine remarque je me trompais précisément à cet endroit lorsque je n'étais pas attentif.

1. *Mac Gillivray*, Natural history of British birds ; art. field-lark.
2. *Hume*, An enquiry concerning human understanding ; sect. V.

Nos actes, lors même qu'ils partent d'une origine volontaire, deviennent donc peu à peu automatiques, par l'effet de la répétition. Ils acquièrent alors le caractère des actes instinctifs, et en prennent la fatalité si l'on peut s'exprimer ainsi. La propension devient telle que les actes d'habitude finissent comme ceux d'instinct, par se dérober, dans une proportion très-considérable, à l'influence de la volonté.

Non seulement les animaux ont des habitudes comme les hommes, mais ces habitudes sont marquées par des caractères entièrement analogues. On en sera convaincu tout à l'heure. Les habitudes s'imposent à eux comme à nous. Le fait suivant, qui est un exemple pris entre mille, donne une idée de leur puissance sur la répétition des mouvements. Le surveillant des travaux, attaché à une compagnie qui avait entrepris d'empierrer des routes d'Angleterre, montait, dans ses tournées, un cheval qui avait appartenu longtemps à un officier supérieur. « En passant un jour près d'une assez grande ville qui était sur la ligne des travaux, le surveillant trouva les volontaires à l'exercice, sur l'esplanade. Au moment où Solus (c'était le nom du cheval) entendit le tambour, il sauta une barrière, et vint se poster en face des volontaires, à la place qu'occupait le colonel à la parade ou à l'exercice. Son cavalier ne put le faire bouger de l'endroit, jusqu'à ce que les volontaires rentrassent en ville. Tant qu'ils restèrent sur le terrain, le cheval garda dans toutes les manœuvres la place du commandant ; il entra en ville à la tête du corps, se donnant des airs militaires autant que ses jambes raidies le lui permettaient, au grand amusement des soldats et des curieux, mais au grand ennui de son cavalier, qui se souciait peu d'être fait colonel malgré lui[1]. »

Il y avait dans la plaine d'Olympie une statue élevée à un cheval, qui avait gagné le prix dans l'arène, bien que son cavalier fût tombé. La plupart des chevaux habitués à la

1. British Cyclopedia of natural history ; art. horse.

course continuent de fournir la carrière, après qu'ils ont perdu leur cavalier. Si l'on en croit le témoignage des anciens, la jument de Phidolas avait été jusqu'au but, après la chute de son maître, et au son accoutumé de la trompette s'était présentée devant les juges pour recevoir le prix[1].

Nous n'avons pas la prétention d'énumérer, dans les pages ci-dessous, toutes les habitudes des animaux ou des hommes. Nous allons nous borner à examiner quelques-unes des plus importantes. Nous les classons selon qu'elles se rattachent aux repas, aux attitudes et mouvements, à la locomotion, au transport des objets et fardeaux, et enfin à l'aspect du corps.

CHAPITRE I.

HABITUDES RELATIVES AUX REPAS.

Les carnassiers ont des modes variés d'ingérer la subsistance animale. Ceux qui prennent leur nourriture dans l'eau, avalent pour la plupart la proie vivante. Tels sont les immenses cétacés, les squalides, les oiseaux pêcheurs, et même les délicates méduses. Les grosses espèces d'infusoires dévorent les plus petites espèces en avalant l'individu tout entier. Comme ces êtres d'une ténuité extrême sont, par cela même, transparents, Spallanzani a pu voir maintes fois des animalcules, dans le corps d'autres animalcules qui les avaient avalés vivants.

Parmi les espèces qui tuent leurs victimes, chacune a sa manière de les dépecer et de les consommer. L'araignée suce le liquides qui sont contenus dans les vaisseaux et rejette ensuite la carcasse vidée. Le corbeau et la pie commencent invariablement par becqueter les yeux. Les faucons arrachent une grande portion des poils ou des plumes avant d'attaquer la

1. *Pausanias*, Descriptio Graeciae; lib. VI, cap. 13.

chair. La taupe épluche les larves, les dépouillant de leur peau avant de les dévorer.

Mais c'est surtout parmi les mammifères carnassiers que ces différences sont frappantes et faciles à observer. En parcourant nos bois, les chasseurs reconnaissent, à la seule inspection des restes, sous les coups de quel carnivore le gibier a succombé. Un loup, un renard, un chat maraudeur ne peuvent pas plus dérober le caractère particulier de leurs attaques à l'investigation de l'expert, que l'assassin ne peut tromper l'homme de l'art sur l'emploi du poignard, du pistolet ou de la corde. Si les procédés du meurtre sont dissemblables, ceux de la consommation sont encore bien plus différents. Ainsi le furet et la belette attaquent la tête en premier lieu ; ils l'écrasent sous la dent pour parvenir à la cervelle, qui leur paraît le morceau le plus fin; puis ils se mettent à sucer le sang. Le renard qui est friand du lapin et du lièvre, n'en mange pourtant pas le corps tout entier ; il ne laisse pas seulement les pattes, sur lesquelles il y a peu de nourriture ; mais, par une répugnance qui lui est propre, il rejette une des parties que nous choisirions avant les autres : il ne touche pas au train postérieur. Voici cependant un animal qui ne fait aucune exclusion : le chat domestique; lorsqu'il s'est mis à braconner, sa proie y passe toute entière, chaque partie à son tour, jusqu'à ce que la peau seule demeure; celle-ci, à la suite de l'opération, se trouve retournée comme un gant. Le chien, au contraire, n'y emploie pas tant de méthode : il tombe sur sa victime, et par morceaux irréguliers la déchire à belles dents[1].

Dans leurs soins de préparation, les carnassiers ne se bornent pas toujours au choix des parties, ou à l'enlèvement soigneux de la peau. L'homme n'est pas, quoi qu'on en ait dit, « le seul animal qui cuisine ». Il y a un petit plantigrade

1. *Fr. Buckland*, Curiosities of Natural history; éd. de New-York et Londres ; vol. II, p. 124.

d'Amérique, le raton laveur *(Procyon lotor)*, qui ne consomme pas sa nourriture dans l'état naturel. Il faut qu'il la passe toute ou presque toute dans l'eau. Il la lave, en la trempant et l'agitant plusieurs fois dans la rivière[1] comme si l'immersion lui paraissait nécessaire pour enlever la dureté du goût. Suivant le témoignage oculaire de Le Vaillant, l'éléphant d'Afrique *(Elephas africanus)* secoue les rameaux des arbres, en les frappant de sa trompe, avant de les arracher. Il les tape trois ou quatre fois, sans doute pour faire tomber les fourmis et les autres insectes, la poussière peut-être. Il les cueille alors, et les porte en bouche, toujours par le côté gauche[2]. Enfin le singe sacré de l'Inde *(Semnopithecus entellus)*, qui est très-habile à prendre les serpents, a soin de détruire les crocs de ceux qui sont vénimeux. Il les broie longtemps sur la première grosse pierre qu'il peut rencontrer, grimaçant et parlant à sa façon pendant que cette opération dure.

Ainsi chaque espèce d'animaux a dans sa manière de manger, des habitudes aussi particulières que celles qui distinguent, sous ce même rapport, les différents peuples. Il y a des carnassiers qui sont gloutons et grossiers dans leurs goûts ; mais il y en a d'autres plus délicats, qui ont leurs préférences et leurs préventions, qui ne touchent qu'à certaines parties ou ne mangent qu'après une certaine préparation. En sorte qu'on retrouve ici les différences qui marquent les divers groupes d'hommes et les divers états de société.

Si l'homme éprouve un jour un sentiment de décence et de honte, ce n'est pas, comme nous l'avons montré[3], durant la première phase de l'état sauvage. A cette époque il mange où il se trouve, obéit aux besoins de la nature devant ses semblables, et s'accouple même en leur présence, comme les animaux. La décence ne paraît que plus tard, quand l'intel-

1. *Godman*, American natural history, 3e éd. vol. I, p. 119.
2. *Le Vaillant*, Voyage en Afrique.
3. Plus haut, Part. I, sect. ij, chap. 8.

ligence s'élève, et que le sens moral commence à se dévelop-per. La première action que l'homme s'accoutume à exécut séparément, et qu'il force ses semblables à accomplir à l' cart, c'est probablement celle de lâcher le ventre. Il est bie remarquable que la commission de ce besoin de nature, q n'entraîne pas la moindre réflexion chez l'animal, soit ch tous les peuples arrivés à un certain degré de développemen le symbole le plus prononcé du mépris. On rapporte qu quand Pisistrate eut élevé un temple d'Apollon dans l Pytheum, les Athéniens, pour lui marquer leur mépri avaient pris l'habitude d'y aller faire leurs ordures[1]. Il y plus, Cook raconte qu'à Tanna, dans les Nouvelles Hébride un naturel, placé sur le rivage, montrait son derrière au na vire, d'une façon significative[2]. D'où l'on voit l'universalité d signe de mépris.

Arrivées dans la phase où les différences s'établissent entr la décence et l'indécence, entre la première politesse et l grossièreté, toutes les tribus ne font pas immédiatement un distinction entre les diverses fonctions organiques. Il sembl qu'il y ait un temps où les hommes, lorsqu'ils commencen à éprouver la honte, se cachent pour manger aussi bien que pour des actions moins décentes. Le principe des distinc-tions s'établit seulement dans un état social plus élevé.

C'est ainsi qu'il y a des sauvages, ou des peuples placés entre l'état sauvage et l'état barbare, qui se couvrent la bouche et qui mangent en secret. Tels sont les Azanaghis, des Maures foncés du Sénégal, qui se croient obligés, par décence, de tenir la bouche et le nez couverts d'un morceau d'étoffe[3]. Dans l'ancienne société de l'Inde, où régnait le régime des castes, l'homme était souillé à jamais s'il mangeait avec un autre in-dividu d'une caste différente[4]. On sait que les Grecs eux-

1. *Potter*, Antiquities of Greece ; vol. I, p. 159.
2. *Cook*, IInd Voyage ; 5 août 1774.
3. *Laharpe*, Abrégé de l'histoire des voyages ; tome I, p. 305.
4. *Ward*, History of the hindoos ; part. I, ch. ij, sect. 1.

mêmes, dans les anciens temps de leur histoire, ne mangeaient pas ensemble, et qu'il fallut toute l'ingéniosité de Socrate pour les amener à prendre des repas en commun [1].

Les lois anciennes de l'Inde défendaient non seulement à tout homme de manger avec des individus qui ne sont pas de sa caste, mais elles interdisaient au brahmine de prendre ses repas avec sa femme [2]. La coutume séparait aussi les hommes et les femmes, à Tahiti [3]. Même les frères et les sœurs avaient leurs provisions dans des paniers séparés. Ils s'asseyaient pour manger à quelques mètres les uns des autres, en ayant soin de se tourner le dos [4].

Et la coutume ne s'arrête pas à la Polynésie. Kolben, dans sa relation du cap de Bonne-Espérance, dit qu'à l'âge où le jeune Hottentot arrive à la puberté, les anciens lui donnent l'investiture en lâchant leur urine sur son corps, et qu'après cela ce serait un deshonneur pour lui de manger avec les femmes [5]. Chez les Mandingos du Sénégal, les deux sexes se tiennent à l'écart pour manger [6]. Enfin chez les Indiens de l'Amérique, on sait que la femme sert l'homme.

Avant d'aller plus loin, qu'il me soit permis de remarquer qu'il existe un bon nombre d'espèces animales dans lesquelles les sexes vivent ou mangent séparés. Parmi les oiseaux, la femelle du faisan commun *(Tetrao gallus)* se cache du mâle pour faire son nid. Les deux sexes, dans cette espèce ne mangent pas ensemble, même quand la nourriture est abondante et que ces oiseaux sont nombreux [7]. Buffon avait élevé un jean-le-blanc *(Circaetus gallicus)* qui ne buvait jamais en présence de témoins, bien qu'il le fît avec plaisir lorsqu'il était seul. Mais comme il mettait dans l'eau la tête tout en-

1. *Xénophon*, Memorabilia Socratis ; lib. III, sub fine.
2. *Ward*, History of the hindoos ; part. I, ch. ij, sect. 1.
3. *Ellis*, Polynesian researches ; 2e éd., vol. I, p. 116.
4. *Cook*, Ist Voyage ; 13 juil. 1769.
5. *Kolben*, History of the Cape of Good Hope ; vol. I, p. 122.
6. *Matthews*, Letters ; 1785.
7. *Montagu*, Ornithological dictionary ; 2e éd., art. pheasant.

tière, il est probable que sa réserve n'était qu'une mesure de prudence : il craignait d'être surpris pendant l'opération [1].

Parmi les ruminants, les femelles, dans la saison où elles élèvent leurs jeunes, sont plus soupçonneuses et plus craintives ; elles se séparent aussi des mâles, pour former des troupeaux distincts. Cette cause toutefois n'est pas suffisante pour expliquer la séparation des deux sexes dans tous les animaux de pâture, notamment dans les éléphants africains *(Elephas africanus)* [2]. La séparation des sexes en général, leurs repas à l'écart en particulier, ne sont pas des traits distinctifs de l'espèce humaine.

La séparation des sexes aux repas n'est, en effet, comme on vient de l'indiquer, qu'un cas particulier de l'isolement et de la réclusion des femmes. Le barbare est essentiellement jaloux et despote. Dans les sociétés barbares, les femmes n'ont que peu ou point de droits et l'homme les tient dans un état de sujétion et de dépendance. C'est le tableau que nous offre encore l'Orient. Les anciens Perses tenaient déjà les femmes confinées[3], circonstance d'autant plus remarquable qu'elle atteste bien l'immobilité de l'état social dans cette partie de l'Asie. Les femmes grecques avaient leurs appartements séparés de ceux des hommes [4] ; comme les Arabes, les Persanes et les Turques de nos jours, elles ne sortaient pas sans être voilées [5].

En matière d'alimentation, il y a aussi des habitudes qui se rapportent à la quantité. L'abondance et la fréquence des repas sont dans une relation intime avec l'activité ou la lenteur des peuples et des animaux. Ceux qui consomment davantage sont généralement plus actifs et plus forts. Dans l'état

1. *Buffon*, Histoire naturelle des oiseaux ; art. Jean-le-blanc.

2. *Livingstone*, Missionary travels ; chap. xxvij. — *Barth*, Travels in Africa ; vol. II, chap. xxxix.

3. *Plutarque*, Vita Periclis.

4. *Homère*, Ilias ; lib. V, v. 242. ; lib. III, v. 423.

5. *Homère*, Odyssea ; lib. X, v. 208. — *Euripide*, Iphigenia taurica ; v. 372.

sauvage le plus misérable, les rations sont bornées par la difficulté de se procurer les vivres. Mais quand l'homme de la nature commence à user d'industrie, et que ses ressources deviennent en conséquence abondantes, le volume des aliments qu'il consomme est vraiment étonnant. Les peuplades les plus misérables des nègres et des Australiens mangent peu, et ne prennent leurs repas qu'à de longs intervalles. Même les Mandingos du Sénégal ne mangent que deux fois par jour [1]. Les Indiens d'Amérique supportent des jeûnes longs et sévères. Ils marchent un jour et une nuit sans manger. Les Indo-mexicains se soutiennent à l'aide de quelques *tortillas* ou crêpes de maïs, prises à de longs intervalles, et savent parfaitement rester plusieurs jours sans nourriture. Mais l'homme de la civilisation, dont l'activité est plus constante et plus régulière, a besoin de repas plus substantiels et mieux réglés.

D'autre part, l'homme qui passe de la sauvagerie à l'état barbare fait souvent une consommation immense. On prétend que parmi les Gouanches de Ténériffe, un homme mangeait quelquefois, dans un seul repas, un chevreau et vingt lapins [2]. Les Tahitiens faisaient six repas en vingt-quatre heures, dont un au milieu de la nuit, après lequel ils se recouchaient. Ils mangeaient d'ordinaire à huit et à onze heures du matin, à deux et à cinq heures de l'après-midi, à huit heures du soir, enfin durant la nuit à deux heures du matin [3]. Cook a vu un de ces insulaires ingérer dans un seul repas deux ou trois poissons aussi gros qu'une perche, quatorze ou quinze bananes de la grande espèce, trois fruits de rima (*Artocarpus incisa*) dont chacun était plus gros que les deux poings, et près d'un litre de ce même fruit pilé, réduit en pâte très-épaisse [4].

1. *Matthews*, Letters ; 1785.
2. *Laharpe*, Abrégé de l'histoire des voyages ; tome I, p. 143.
3. *Cook*, IIId Voyage ; 7 déc. 1777.
4. *Id.*, Ist voyage.

Il y a également de très-grandes différences, sous le rapport des quantités de vivres ingérées, entre les animaux domestiques et les animaux sauvages. Nos chevaux de régiment, dont la ration de travail est de 5 kil. d'avoine, 5 kil. de foin et 4 kil. de paille par jour, ne pourraient se faire aux habitudes des chevaux sauvages, qui ont parfois à supporter les grandes sécheresses du Texas occidental et des Pampas. Ils ne pourraient vivre de quelques brins courts et durs d'une herbe desséchée. A chaque état répond par conséquent une différente condition.

MANIÈRE DE BOIRE.

Si les chimpanzés *(Troglodytes)* apprennent bientôt à boire au verre et à la tasse, le saki de l'Orénoque *(Pithecia cheiropotes)*, observé par Humboldt, est sans contredit celui de tous les singes qui, dans l'état de nature, prend sa boisson par le procédé le plus digne d'intérêt. Il ne met pas les lèvres dans l'eau. Il prend le liquide dans le creux de la main, et le verse ainsi dans la bouche, en prenant soin de ne pas se mouiller la barbe[1]. Il boit comme la plupart des peuples barbares ou civilisés, lorsqu'ils sont privés d'ustensiles, et qu'ils trouvent une rivière en voyage. Les singes orangs (*Simia*) boivent, au contraire, en mettant la lèvre dans l'eau, comme la plupart des sauvages. Les gibbons *(Hylobates)* trempent les doigts dans la rivière et les lèchent. Or, n'est-il pas remarquable que les indigènes d'Ounalachka, après avoir eu les mains mouillées, les sèchent en les passant dans la bouche[2] ?

Le gibbon hoolock *(Hylobates hoolock)*, du Brahmapoutre, qui prenait ses repas avec Burrough, partageait avec son

1. L'individu qui a été l'objet des observations de Humboldt est déposé au « Muséum d'Histoire naturelle » de Paris. (*Deleuze*, Histoire et description du Muséum d'Histoire naturelle ; chap. II, § 4.)

2. *Krenitzin* et *Levachef*, Voyage fait par orde de l'impératrice de Russie ; 1768.

maître le café, le chocolat, le thé ou le lait. Quelquefois il se contentait de tremper ses doigts dans le vase, et de les lécher. Mais quand il avait bien soif, il élevait la tasse à la hauteur de la bouche, et appliquant les deux lèvres au liquide buvait comme il aurait bu à la rivière [1].

Le sauvage, lorsqu'il se sert de vases pour la première fois, ne prend pas l'écaille ou la coupe entre les lèvres : il verse l'eau d'en haut dans la bouche, en se plaçant au-dessous de la veine tombante. Telle est encore la coutume dans tout l'Orient [2]. Pour un Hindou, le vase est souillé quand un étranger l'a touché des lèvres en buvant à même, et tout vase souillé est brisé pour ne plus servir [3]. Bruce trouvait aussi chez les Abyssins cette coutume de briser ou de purifier tout vase dans lequel un étranger a mangé ou bu [4]. Il existait des prescriptions analogues dans les lois juives [5]. On ne peut guère douter que cette idée de souillure ne fût alliée à la prévention montrée, dans une certaine époque de la période sauvage, contre l'usage de manger en commun.

MONTS DE DÉCHETS.

Le résultat du repas, c'est le déchet. Les carnassiers qui ont des tanières y portent leurs victimes pour les dépécer, et les ossements brisés et à demi rongés s'accumulent dans ces repaires.

L'homme primitif faisait de même, ainsi que le prouvent les restes trouvés dans les cavernes. Les sauvages jettent les déchets autour d'eux ; ils ne prennent aucun soin d'éloigner ce qui offense l'œil ou même l'odorat. La couche de débris en

1. *Burrough*, cité dans *Broderip*, Zoological recreations ; part. II, apes of the old continent.
2. *Malte-Brun*, Précis de géographie universelle ; éd. 1831 ; tome I, p. 563.
3. *Bernardin de St-Pierre*, La chaumière indienne.
4. *Bruce*, Travels into Abyssinia ; 1770.
5. Leviticus, cap. XI, v. 33 ; cap. XV, v. 12.

putréfaction qui forme le sol de leur cabane est souvent infecte, et repoussante pour le visiteur civilisé. Les nègres de l'Afrique équatoriale ne vont pas loin pour jeter les déchets: on voit auprès de leurs cabanes des tas composés des ossements qu'ils ont rongés [1].

Les plus remarquables de tous les monts de refus sont ceux formés de coquilles. Ceux-ci en effet devaient s'élever vite, chaque mollusque ne fournissant qu'une bouchée. Ces amas de coquilles ont donc acquis aisément des dimensions qui les font remarquer. Ce n'est pas seulement dans le Danemarck dont les archéologues se sont tant occupé dans ces derniers temps [2], que les aborigènes ont laissé d'énormes monts de coquilles. Il y a de ces monts en Amérique, sur les côtes de la Nouvelle Angleterre [3], et sur celles de la Floride [4]; il y en a le long de la rivière Tennessée et de ses tributaires, composés ici bien entendu de coquilles d'eau douce [5]; il y en a en Asie dans la péninsule Malaie [6]. Les tribus qui formaient ces monts ont disparu; mais dans plusieurs contrées on a pu voir les sauvages à l'œuvre, accumulant ainsi les restes coquillers. Dampier avait signalé cette coutume chez les Australiens, longtemps avant qu'on eût découvert aucun mont de déchets anté-historique [7]. Cook avait confirmé plus tard l'observation de Dampier [8]. Cabeza de Vaca parle d'Indiens du golfe du Mexique, qui habitaient des tentes de nattes, « bâties sur des monts de coquilles d'huîtres. » [9]. Et à la

1. *Du Chaillu*, Explorations in equatorial Africa; chap. viij.
2. *Lyell*, Antiquity of man; chap. v.
3. *Wyman*, dans The American naturalist; vol. I, 1868, p. 561.
4. *Brinton*, dans le Smithsonian report; 1866, App., p. 356.
5. *Id.*, ibid.
6. *Earle*, dans Transactions of the ethnological society; new series, vol. II. p. 119.
7. *Dampier*, dans Pinkerton's Collection of voyages and travels; vol. II, page 473.
8. *Cook*, 1st voyage; vol. III, p. 598.
9. Cité dans le Smithsonian report; loc. cit.

Terre de Feu, les naturels se nourrissent en grande partie de coquillages, dont ils empilent les restes le long du rivage, où le voyageur est étonné de l'étendue et du nombre de ces accumulations [1].

Ainsi la formation des monts de refus n'a rien de particulier à une époque ou à un peuple. Nous avons rappelé tout à l'heure comment certains carnassiers entassent également les os dans leur tanière. Les espèces animales qui se nourrissent de coquillages font aussi des amas, qui grandissent plus vite que les accumulations d'ossements et deviennent par là plus visibles. Ainsi la grive (*Turdus musicus*) aime beaucoup le colimaçon des bois (*Helix nemoralis*). Si l'oiseau s'en repaissait à l'endroit où il trouve les individus, les coquilles resteraient dispersées. Mais il lui faut d'abord briser cet univalve; et pour cela les grives choisissent une certaine pierre, appropriée sans doute à leur objet. Elles viennent y casser les hélices qu'elles ont pu découvrir ; et là s'élève peu à peu un mont de coquilles, formé par des oiseaux [2].

On peut rapprocher de l'accumulation des déchets, l'accumulation des fientes sur un même point. Nos dépôts de guano doivent leur origine à l'habitude des oiseaux qui les ont formées, de revenir aux mêmes endroits pour déposer leurs fientes. Parmi les mammifères, beaucoup de rongeurs réunissent d'une manière semblable leurs excréments. Le lemming de Laponie (*Lemmus norvegicus*) et celui d'Amérique (*Lemmus hudsonius*) déposent leurs excréments en longues bandes, qui atteignent parfois un décimètre d'épaisseur, et plusieurs kilomètres de longueur [3]. Les lamas (*Auchenia*), aussi bien domestiques que sauvages, choisissent des lieux fixes pour y déposer leurs fèces. Les lamas sauvages en font des tas considérables. On a remarqué aussi que ces animaux choisissent une place particulière où tous se retirent pour

1. *Ch. Darwin*, Journal of the Adventure and Beagle ; p. 234.
2. *Montagu*, Ornithological dictionary ; 2e éd., art. thrush.
3. *Godman*, American natural history ; 3e éd., vol. I. p. 307.

mourir. On trouve, sur les bords des rivières, de grands espaces qui sont tout blanchis par leurs os.

—

CHAPITRE II.

ATTITUDES & MOUVEMENTS.

Ce qu'on appelle proprement les habitudes du corps, dans l'espèce humaine, comprend deux classes de phénomènes : les attitudes et les mouvements.

Les principales attitudes ont sans doute quelque chose de naturel. Elles sont dictées par la structure anatomique : l'arrangement du squelette et la distribution des muscles. Chaque espèce a ses attitudes habituelles et naturelles. En tout pays, il y a des poses particulières qui distinguent certaines professions. L'exercice ou la fatigue de certains membres conduisent l'individu à prendre les mêmes positions. On reconnaît un tailleur à sa marche. On voit partout le boulanger, épuisé par le travail du pétrin, se reposer en mettant la main droite sur l'épaule gauche, et la main gauche sur l'épaule droite. Cette attitude était commune parmi les artisans de l'ancienne Egypte. Wilkinson l'a figurée d'après un bas-relief de Beni-Hassan [1]. Quarante ou cinquante siècles n'ont pas apporté plus de changements aux habitudes du corps, dans l'espèce humaine, qu'ils n'en ont introduit dans la construction même des organes.

Le geste de faire avec le bras un abat-jour, pour garantir les yeux contre l'éclat trop vif du soleil, est tellement simple et naturel qu'il n'appartient pas exclusivement à l'espèce humaine. Le ratel du cap (*Mellivora capensis*), par exemple, sachant que le coucher du soleil est l'heure où les abeilles

1. *Wilkinson*, Manners and customs of the ancient egyptians; vol. IV, p. 40.

retournent chargées, s'assied à ce moment dans quelque endroit solitaire, et se fait de la patte une visière contre les rayons horizontaux de l'astre éclatant. A l'abri de cette espèce d'écran, il regarde tour à tour à droite et à gauche de cette patte levée ; et quand il aperçoit plusieurs abeilles ensemble, il les suit pour tomber sur le nid et s'emparer du miel[1]. Cette attitude serait précisément celle d'un homme dans des circonstances semblables. Mais en employant la main pour aider la vue, l'homme ne se borne pas à l'impulsion physique, il cède aussi à des mobiles mentaux. On le voit lorgner par arrogance. L'action est bien naturelle, et ne dépend en aucune façon de la condition de la vue ni de la forme des lunettes. On lorgnait à Rome, dans les spectacles, longtemps avant qu'on eût inventé d'aider la vue par des verres. Regarder par un seul œil était alors, comme aujourd'hui, une marque d'impertinence[2]. Les passions, tout en se manifestant dans la pose et dans les mouvements des animaux, n'ont nulle part une influence si marquée que dans les attitudes et les actions de l'homme.

Les divers peuples ont différentes manières de s'asseoir. Celle qui consiste à fléchir les genoux, et à faire porter le poids du tronc sur une chaise ou un banc, appartient plus exclusivement aux nations civilisées. Elle n'est une position de repos qu'à la condition de soutenir les reins par un dossier. Dans le cas contraire, elle exige un puissant effort musculaire pour tenir le tronc vertical. Cette attitude s'adapte à merveille à l'activité incessante des bras qui distingue l'homme de la civilisation. Mais ce n'est pas une attitude assez simple ni assez naturelle, comme position de repos, pour qu'on la rencontre comme habitude dominante chez le sauvage.

Les Orientaux s'asseient à la manière de nos tailleurs, en croisant les jambes devant eux. C'est ainsi que l'empereur de

1. *Sparrman*, Voyage to the Cape ; vol. II, p. 180.
2. *Martial*, Epigrammata ; lib. V, ep. 14.

la Chine s'asseoit sur son trône[1]. Cette coutume, cette façon de s'asseoir paraît distinctive de l'état barbare. Le sauvage en effet prend pour se reposer une position différente et encore plus simple. Il met les deux genoux en terre et appuie les fesses sur les talons. C'est dans cette attitude que Kolben nous représente les Hottentots ; c'est dans cette pose que les Tartares Usbecks, après avoir déposé leurs vivres sur l'aire de la tente, s'accroupissent devant la pâtée fumante, et se servent avec les mains[2] ; c'est dans cette pose encore que j'ai vu maintes fois les Indiens et les Indo-mexicains prendre leurs repas. La manière de s'asseoir les jambes croisées était inconnue ou presque inconnue des indigènes de l'Amérique. La seule trace qu'on en trouve est dans des figures hiéroglyphiques, sculptées sur le revêtement de porphyre de la pyramide de Xochicalco, près de Cuernavaca. Parmi ces sculptures, « on distingue des crocodiles jetant de l'eau, et, ce qui est très-curieux, des hommes assis les jambes croisées à la manière asiatique[3]. » Le lecteur remarquera qu'il s'agit ici du peuple le plus avancé parmi les aborigènes de l'Amérique ; de toutes les nations indiennes, les Aztèques étaient celle qui représentait le plus fidèlement les barbares de l'Asie. C'était donc dans des états sociaux parallèles qu'on retrouvait les mêmes manières de s'asseoir. Ces corrélations sont trop générales pour n'être pas fondées sur des conditions naturelles. Elles prouvent non seulement qu'il y a des poses et des mouvements dictés par la nature de l'homme, mais aussi que ces poses et ces mouvements s'adaptent au genre de vie, et l'on pourrait dire aux progrès du mobilier que nous avons sous la main.

J'ai montré tout à l'heure comment le sauvage s'accroupit, à la façon du rongeur, pour manger. Il s'accroupit aussi pour

1. *John Bell*, Journey from St-Petersbourg to Pekin ; 28 déc. 1720.
2. *Laharpe*, Abrégé de l'histoire générale des voyages ; vol. VIII, p. 174.
3. *Humboldt*, Essai sur la Nouvelle Espagne ; éd. in-8° ; tome II, p. 162.

uriner[1] ; et dans cette dernière circonstance il est impossible, en le regardant, de ne pas se reporter à l'image daguerrienne qu'on voit dans les galeries du Muséum d'Histoire Naturelle à Paris, où le chimpanzé du Jardin des Plantes a été pris pendant qu'il était à uriner.

Les animaux aussi ont leurs manières de « s'asseoir ». Il s'en faut de beaucoup, par exemple, que tous les quadrupèdes portent sur les quatre jambes, toutes les fois qu'ils ne sont pas couchés. Le chat, dans la position que l'on nomme vulgairement *assise*, emploie très-librement une patte pour se laver. L'écureuil, dans la même attitude, repose uniquement sur le train de derrière, et lève avec aisance les deux pattes antérieures, entre lesquelles il tient la noix qu'il va croquer. Les rats avec lesquels Latude partageait ses repas dans son cachot, prenaient, dit-il, les miettes entre les deux pattes antérieures, comme avec deux mains. Le kangourou (*Macropus major*) s'assied sur ses fortes jambes de derrière et sur sa queue comme sur un trépied, pendant que ses pattes de devant sont libres de leurs mouvements. Le fourmiller du cap (*Orycteropus capensis*) se pose sur le train de derrière devant la fourmillère. Presque tous les rongeurs fournissent des exemples analogues. Il est impossible de les regarder dans leurs repas, assis sur le derrière, et se servant des membres antérieurs à la façon de nos bras, sans se rappeler le sauvage ou le barbare, mangeant à terre, accroupi devant son repas.

PRÉFÉRENCE POUR LE COTÉ DROIT.

Parmi toutes les habitudes qui se rapportent aux mouvements, il n'y en a pas peut-être de plus digne d'attention que la préférence de l'homme pour la main droite. Cette préférence est si générale dans notre espèce, qu'on soupçonne dès

1. *Laharpe*, Abrégé de l'histoire des voyages ; tom. XIII, p. 32, et tome III, page 352.

l'abord une cause organique, dont nous parlerons plus loin Mais chez les animaux quelque peu distants de l'homme, i n'existe rien d'analogue, bien que la symétrie de leurs organes internes ne soit pas plus absolue que la nôtre. Le cheval en prenant le galop jette indifféremment en avant le pied droit ou le pied gauche; quand il en est autrement c'est que le cavalier, pour sa propre convenance, lui a fait prendre l'habitude de partir du pied droit. J'ai souvent examiné des chiens se servant de la patte pour tenir des os ; j'ai jeté aux chats des objets qu'ils touchaient de la griffe ; j'ai présenté de diverses manières des morceaux à saisir par les perroquets. Je n'ai pu observer, chez ces espèces, une préférence marquée pour l'un des organes symétriques aux dépens de l'autre. Peut-être existe-t-il une préférence individuelle, très-peu prononcée du reste, dans chaque animal. Mais cette préférence ne tombe pas constamment sur le même côté, dans les divers individus d'une espèce. Il n'en est plus tout à fait ainsi quand on arrive aux singes anthropomorphes ; ces animaux saisissent plus souvent avec la main droite, et donnent la préférence à cette main en prenant l'objet qu'on leur offre à manger[1]. Dans l'espèce humaine la même préférence est à peu près universelle.

Il y a des nations qui accordent plus ou moins d'importance au choix de la main ; mais il n'y a pas à proprement parler de nations gauchères. Les faucilles de l'âge de bronze, trouvées dans les lacs suisses, étaient faites pour être tenues de la main droite[2]. La préférence accordée à cette main est très-marquée dans les anciennes sculptures égyptiennes, et elle est encore observée très-rigoureusement dans tout l'Orient[3]. Les Hindous ne mangent que de la main droite, et ils emploient aussi cette main à saluer[4]. Les indigènes de l'Amé-

1. *Broderip*, dans les Proccedings of the zoological society; 1835.
2. *John Lubbock*, Prehistoric times ; p. 19.
3. *Wilkinson*, Manners and customs of the ancient egyptians ; vol. V, p. 370.
4. *Ward*, History of the hindoos ; part. I, chap. iij, sect. 3.

rique manient les armes de la main droite. Et quant aux nègres d'Afrique, Mungo Park dit expressément que tous ceux qu'il a vus, mahométans ou païens, se servaient de la main droite et jamais de la gauche en mangeant[1].

Cette universalité semble indiquer une particularité de structure. Charles Bell n'hésite pas à prononcer que, chez l'homme, le côté droit tout entier l'emporte sur le côté gauche, en force et en mobilité. Il dit qu'on ne voit pas un seul écolier aller à cloche-pied sur le pied gauche, à moins qu'il ne soit *gaucher*, et que le cavalier montant à cheval s'enlève par l'action du pied droit. Dans toutes les armées régulières du monde, le fantassin part du pied gauche, le corps, dans la station, portant principalement sur le pied droit. Les danseurs de ballet exécutent sur ce même pied leurs faits les plus remarquables. Enfin le pied et la jambe gauches ont un tel manque d'adresse relative, que dans les répétitions de l'opéra il faut doubler les exercices qui les concernent. Pour montrer que ces différences s'étendent à la constitution même, Charles Bell ajoute que les difformités, les infirmités, les maladies, affectent plus souvent les membres du côté gauche que ceux du côté droit[2].

La cause de l'infériorité native du bras et de la jambe gauches se rattache sans doute à la disposition des viscères, qui n'est pas parfaitement symétrique. On remarque aussi que l'artère du bras droit vient plus directement du cœur, tellement que le sang est injecté avec plus de force dans les petits vaisseaux de ce bras. L'usage développe ensuite les qualités de ce membre, tandis que l'inertie conduit à un commencement d'atrophie, ou tout au moins à la *gaucherie* du membre opposé. L'inégalité originelle est toutefois si légère, qu'il y a des enfants qui prennent l'habitude de se servir de préférence du bras et de la main gauches, habitude qui com-

1. *Mungo Park*, Travels in the interior of Africa ; 1797.
2. *Ch. Bell*, The hand ; p. 149.

pense bientôt, par les effets de l'exercice, l'infériorité que les membres tirent de leur situation et de leur structure. Il n'en est pas moins vrai que quand Franklin écrivait son plaidoyer célèbre en faveur de la main gauche, il n'avait pas seulement à lutter, comme il se l'imaginait, contre un préjugé et une coutume artificielle, mais aussi contre une légère infériorité naturelle dans la souplesse et la mobilité du membre proscrit.

De même qu'il existe une préférence instinctive pour la main droite, il y a des mouvements qui s'exécutent partout et toujours de la même manière. On pourrait en dresser une liste fort longue. Citons seulement quelques exemples. Le chien flaire à l'anus du chien qu'il rencontre. Le cheval flaire aux naseaux d'un autre cheval. Le chat, en se lavant, passe sa patte au-dessus de l'oreille. L'éléphant porte les branches à la bouche par le côté gauche, à l'aide de sa trompe. En captivité, il introduit encore par le même côté de la bouche, les petites bottes de foin qu'il a façonnées, et frappées ensuite contre les barreaux de sa cage. Chez l'homme, je ne rappellerai pas en cet endroit la coutume d'embrasser ni celle de saluer de la main. Mais il n'est peut-être pas déplacé de faire remarquer qu'un grand nombre de peuples exécutent, dans l'acte d'adorer, un même mouvement : ils tournent sur eux-mêmes, et c'est toujours dans un même sens, *dextrorsum*. En adorant les dieux, les anciens tournaient à droite sur eux-mêmes [1]. La même coutume règne parmi les mollahs turcs, et parmi les fakirs de l'Inde [2]. Il y a un papillon, la grande hespérie des bois (*Hesperia sylvanus*), qui se retourne d'un saut, bout à bout, chaque fois qu'il se pose, et ceci lui arrive fréquemment. Or, il suit aussi le sens *dextrorsum* dans cette évolution [3].

—

1. *Pline*, Historia naturalis ; lib. XXVIII, cap. 5. — *Plutarque*, Vita Numae ; Vita Camilli. — *Plaute*, Curculio ; act. I. sc. 1.

2. *Naudet*, dans ses notes du Pline de Panckoucke ; tome IV, p. 407.

3. *Kirby* et *Spence*, Introduction to entomology ; let. xxiij.

TRAVAIL ET EMPLOI DU TEMPS.

Les animaux font leurs efforts pour réduire la somme de travail qui leur incombe; mais en outre beaucoup d'espèces adoptent une disposition méthodique de leur journée. Dans les pâturages libres de l'Amérique, les herbivores sont fidèles à leurs heures, pour venir à la rivière. Les chasseurs savent que le gibier a ses habitudes, et qu'il recommence chaque jour, vers le même temps, les mêmes pérégrinations. Un garde-forestier disait à Francis Buckland que l'épervier (*Accipiter nisus*) est le plus réglé des oiseaux: il passe aux mêmes endroits chaque jour à la même heure. On peut aller l'attendre le lendemain à la même place et au même temps où on l'a vu la veille. Il varie rarement, disait ce garde, d'une demi-heure sur l'instant et de cent mètres sur la situation[1].

Le pélican (*Pelecanus onocrotalus*) va tous les matins à la pêche, et remplit de poisson le sac qu'il porte sous le bec. Lorsqu'il a fait sa provision, il se pose sur un rocher à fleur d'eau; et là il se tient jusqu'au soir, « comme tout triste, dit le Père Du Tertre, la tête penchée par le poids de son long bec, et les yeux fixés sur la mer agitée, sans branler non plus que s'il était de marbre[2]. »

Certaines espèces sont très-réglées dans la suspension du travail, et ne dépassent pas davantage la période adoptée pour la vie active, que les ouvriers de nos fabriques. Il y a dans la Tasmanie une chenille (*Noctua Ewingii*) qui voyage par masses nombreuses. Les champs en sont tout noirs, et c'est à peine si les obstacles les plus formidables sont capables de l'arrêter. Elle se met en marche à quatre heures du matin; mais lorsque midi arrive, elle s'arrête court, avec une précision surprenante, et bivaque jusqu'au lendemain[3].

Le scarabée égyptien (*Scarabaeus sacer*) roule sa pelote de

1. *Fr. Buckland*, Curiosities of natural history; vol. II, p. 145.
2. *Du Tertre*, Histoire des Antilles.
3. *Westwood*, dans les Transactions of the entomological society of London; vol. II, proceed. lvj.

crottin, comme celui de nos contrées: de ce travail dépend la conservation de l'espèce. Mais le scarabée d'Egypte quitte la tâche à l'heure précise du coucher du soleil, pour venir la reprendre le lendemain. Il se guide avec tant d'exactitude sur les mouvements du grand luminaire, que les anciens habitants l'avaient pris pour symbole du monde[1]. Trois mille ans n'ont pas altéré ses mœurs[2].

Les fourmis ont besoin d'être poussées au travail le matin[3]; mais le noctua et le scarabée suspendent leur labeur sans attendre un avertissement[4]. Toutefois les occupations des animaux ne sont pas toujours, de la nature la plus pénible. La partie la plus rude de la tâche, c'est, pour les ruminants, l'ouverture des routes; et pour les carnassiers, la poursuite immédiate de la proie. Les rongeurs passent beaucoup de temps à la construction de leurs gîtes. Mais s'ils se donnent un but, qu'ils veulent atteindre, ils sont loin de mépriser l'économie de ressorts. Nous voyons par exemple, les castors couper leurs matériaux en amont de leur village, et les faire parvenir à pied d'œuvre en les livrant au cours de l'eau. Au lieu de les transporter, ils n'ont ainsi qu'à les guider à la nage. Les castors sont les premiers inventeurs des trains flottants.

Ces tentatives d'économie achèvent de démontrer que l'existence des animaux ne se passe pas sans travail. Pour peu que

1. *Valerianus*, Hieroglyphica ; p. 93.

2. *Clarke*, Travels; vol. II, p. 306. — *Hope*, dans les Transactions of the entomological society of London; vol. II, p. 172.

3. Voir plus haut, Part. I, sect. ij, ch. 3.

4. Dans l'espèce humaine, le même phénomène a reçu, en Angleterre, une démonstration sensible, que je ne résiste pas au désir de rapporter. Le célèbre marquis de Bridgewater étant allé visiter ses mines de houille de Worsley, au nord-ouest de Manchester, remarqua que les ouvriers étaient plus exacts à quitter le travail à midi, qu'ils ne l'étaient à le reprendre à une heure. Leur en ayant fait le reproche, il reçut des travailleurs cette réponse, qu'il leur était plus aisé d'entendre les douze coups de l'horloge à midi, que de saisir un coup isolé à une heure. Le duc fit aussitôt altérer la sonnerie, et jusqu'à ce jour l'horloge de Worsley frappe treize coups à une heure de l'après-midi (*Smiles*, Lives of the engineers ; vol. I, p. 406).

nous ouvrions les yeux aux phénomènes de la nature, nous voyons, au contraire, que chaque espèce a besoin de toute son activité, de toute son énergie pour se soutenir. Nous voyons que l'élève de la génération nouvelle est un immense travail, dont les soins commencent souvent plusieurs semaines, voire plusieurs mois d'avance, dans la construction des nids ou des abris. Nous reconnaissons que la vie même de chaque jour a ses fatigues. Tout animal mobile n'obtient sa nourriture qu'à la condition expresse de la découvrir, de l'atteindre et de s'en emparer.

Il est bien vrai que les corbeaux ne sèment ni ne récoltent[1]; mais leur existence à la recherche des charognes, n'est ni plus assurée ni moins laborieuse. Leurs courses nombreuses et leurs observations assidues, n'entraînent-elles ni fatigue du corps, ni activité des sens? Si donc la nature a ménagé une nourriture propre pour l'oiseau, celui-ci n'en a pas moins l'obligation de la chercher. Or cette recherche, c'est le travail dans toute son étendue, et avec toutes ses conséquences. Le travail en effet, ne réside pas uniquement dans la culture des champs. Si nos campagnards devaient imiter les sauvages de certaines îles, et vivre du produit précaire de la pêche, ils n'auraient pas de temps à perdre dans leur journée, et pour quel maigre résultat! Ils auraient à s'occuper de leurs harpons, de leurs filets; à sortir avant le jour, à profiter des clairs de lune, à faire de longues routes, à s'exposer aux intempéries. N'est-ce pas aussi là du travail? Et à mesure que les subsistances deviennent plus rares, les efforts ne deviennent-ils pas plus fatigants? L'observation prouve que ces subsistances limitent les espèces animales, comme l'espèce humaine; la population peut toujours atteindre en peu de temps le niveau des ressources. Si ces ressources diminuent, c'est seulement par une activité outrée, c'est seulement en surtaxant ses forces, que l'individu arrive à la pitance journalière, et échappe la destruction. Or, je

1. *Luc*, Evangelium; cap. XII, v. 24.

le demande, une pareille lutte pour obtenir les nécessités matérielles de la vie, est-elle autre chose que le travail dans ce qu'il a de plus impérieux et de plus dur?

C'est dans ce sens qu'il faut envisager les phénomènes de la nature: une courte durée d'observation suffira pour en convaincre le lecteur. Le poète ne l'entendait pas de cette manière lorsqu'il met dans la bouche de Joas les vers si souvent cités :

« Aux petits des oiseaux il donne la pâture,
« Et sa bonté s'étend à toute la nature;[1] »

mais l'idée ne manque pas pourtant de vérité, si l'on ajoute que cette pâture il faut l'approprier. C'est ainsi que le poisson nous est donné, à la condition de le pêcher; que les fruits des forêts nous sont offerts, à la condition de les cueillir; et les troupeaux de bœufs et de cerfs, à la condition de les joindre et de les attaquer.

En estimant la somme de travail, nous devons prendre en considération les aptitudes de l'espèce, ses organes, ses moyens d'action. Nous devons aussi mesurer les forces des petits animaux par une autre unité que celle dont nous faisons usage pour les nôtres. C'est seulement ainsi que nous pouvons juger de la quantité relative de travail. Que la même loi subsiste dans toute l'étendue de la nature, que chaque être ait à gagner sa subsistance par son activité personnelle, c'est ce qu'on ne peut sérieusement contester.

EXERCICES DE FORCE ET D'ADRESSE.

La force musculaire se développant par l'exercice, l'homme sauvage doit avoir, sous certains rapports, l'avantage sur

1. *Racine*, Athalie; act. II, sc. 7. — Le dialogue entre Lady Macduff et son fils présente la même idée sous une forme plus naïve encore, sans atteindre peut-être à la même grandeur :

. . . . « Your father's dead;
And what will you do now? How will you live?
— As birds do, mother. ». . . .

(*Shakspeare*, Macbeth; art. IV, sc. 2.)

l'homme civilisé. La souplesse et la dextérité naissent aussi de la pratique répétée des mouvements. On remarque que les animaux sauvages l'emportent sur les individus apprivoisés de la même espèce, par l'habitude de lutter, par la combativité, et sans doute aussi par la témérité. Mais contrairement à certaines idées reçues, ils sont inférieurs comme force absolue. Dans l'ouest de l'Amérique, les chevaux domestiques exécutent des travaux de force que les chevaux sauvages, ou seulement demi-sauvages, se montrent incapables d'accomplir[1]. Il en est de même pour les bœufs. Enfin il en est de même chez l'homme. Le sauvage ne produit pas, en moyenne, sur le dynamomètre, une action aussi énergique que celle des Français et des Anglais[2]. Il ne suffit pas, en effet, de l'exercice ; il faut l'alimentation riche, le comfort et le bien-être, qui nous développent et nous soutiennent. D'autres faits conduisent à une semblable conclusion.

Nous lisons, par exemple, que chez les Aztèques, un de leurs porteurs ou *tamanes* se chargeait à peine de 50 livres, ou 20 à 25 kilogrammes seulement[3]. Les *forts de la halle*, à Paris, subissent, avant d'être reçus dans la corporation, une épreuve bien autrement remarquable. Il faut qu'ils restent chargés pendant vingt-cinq minutes d'un poids de 850 livres, qui font 400 kilogrammes[4]. Il est incontestable que ces hommes seraient capables de porter, pendant une journée de marche, un fardeau supérieur à celui dont les *tamanes* se chargeaient[5].

1. Outre mon observation personnelle et celle de la plupart des voyageurs attentifs, je puis ajouter sur ce point le témoignage d'un juge tout à fait compétent, Fr. Morris, de New-York. (Voyez Report of the Commissioner of agriculture of the united States ; 1863, p. 170.)

2. *Ch. Dupin*, Discours sur l'industrie. — L'auteur se fonde surtout sur les expériences faites par Freycinet pendant le voyage de l'Uranie.

3. *Clavigero*, Storia di Messico ; Cesena, 1780 ; tome III, p. 69, note.

4. *Al. de Humboldt*, Essai sur la Nouvelle Espagne ; éd. in-8°, tome IV, p. 36.

5. Si la reine de Tahiti, Oberea, souleva dans ses bras le capitaine Wallis, et le porta de l'autre côté d'un ruisseau, on ne peut en tirer aucune conclusion générale. (*Wallis*, Voyage ; juil. 1767.)

Les *tenateros* ou porteurs, qui transportent le minerai sur le dos, dans les mines mexicaines, restent chargés, continuellement pendant six heures, d'un poids de 110 à 170 kilogrammes ; ils restent tout ce temps exposés à une température très-haute, et montent huit ou dix fois de suite, sans se reposer, des escaliers de dix-huit cents gradins [1]. Cet exemple cependant ne détruit pas ce que nous avons dit des hommes qui vivent dans la civilisation.

Les exercices de force musculaire qui sont regardés comme les preuves de puissance les plus extraordinaires, n'ont pas eu pour auteurs des sauvages, mais des hommes civilisés. Les Aztèques avaient des jongleurs dont on a mis l'adresse au-dessus de tout ce qui a jamais été connu. Les Hindous et les Chinois paraissent exceller aussi dans les tours de prestidigitation et de souplesse. Toutefois ce sont des Européens, sortis des nations policées, qui ont fourni les hercules les plus célèbres [2].

A côté de la force, il y a l'adresse. Nous aurons à parler plus tard de l'imitation des gestes, tant chez les animaux que chez l'homme [3]. Nul n'ignore l'extrême rapidité avec laquelle certains mouvements s'apprennent surtout dans le jeune âge. La dextérité du compositeur typographe en est une des preuves les plus convaincantes. L'opérateur du télégraphe, qui transmet vingt-cinq mots par minute, fait preuve d'une agilité des doigts qui n'est surpassée que par les plus habiles des musiciens exécutants. Mais nos ateliers fournissent à chaque instant des exemples de dextérité remarquable. Je citerai, en outre, un fait qui n'est pas dépourvu d'un intérêt particulier. Lorsque le grand ingénieur George Stephenson construisait la partie du chemin de fer de Liverpool à Manchester qui traverse la tourbe molle du Chat-Moss, il avait établi d'abord une voie très-étroite pour le transport des matériaux. Sur cette

1. *Al. de Humboldt*, Essai sur la Nouvelle Espagne ; tome I, p. 362.
2. Voyez la Note à la fin de la présente Section.
3. Ci-après, Part. II, Sect. V, chap. 2.

voie, les wagons étaient poussés par des jeunes garçons marchant sur les rails, et qu'un simple faux pas eût précipités jusqu'à la ceinture dans la pâte de la tourbière. Eh bien, on a fait la remarque qu'en peu de temps ces jeunes gens sont devenus si experts à courir sur la bande de fer, qu'ils traversaient la fondrière et faisaient plus de six kilomètres en une demi-heure, en poussant les wagons, sans que le pied leur échappât un seul instant [1].

Quiconque désire apprécier les effets sur les muscles d'un exercice intelligent, dirigé par une volonté ferme, trouvera de curieux exemples dans la vie du chimiste Clouet. Je citerai entre autres cette circonstance que cet homme résolu entreprit de sauter à cheval une haute barrière, lorsqu'il n'avait jamais auparavant monté un animal. Ses deux premiers essais, accompagnés de chutes, lui servirent d'école; et la troisième fois il franchit la barrière, triomphant [2]. Certains animaux ne font-ils pas aussi des efforts surprenants de travail et de dextérité, pour parvenir à une proie convoitée ou pour se tirer de leur prison?

—

CHAPITRE III.

HABITUDES QUI SE RAPPORTENT A LA MARCHE ET AU MODE DE PORTER LES OBJETS.

MARCHE A LA FILE.

C'est avec un vif intérêt qu'on voit poindre dans les voyages obscurs du sauvage, cet instinct d'expansion qui produit de si grands résultats dans les nations plus âgées, et qui devient pour celles-ci la source de leur influence et de leur gloire.

1. *Smiles*, Lives of the engineers; vol. III, p. 223.
2. *Michaud*, Biographie universelle; art. Clouet.

Les petites troupes d'Indiens, qui s'avancent, sur une seule file, par dessus les vallons et les collines de la prairie vierge, nous peignent la phase première de la dispersion [1]. C'est une circonstance curieuse que cette habitude du sauvage de marcher à la file. Elle se retrouve en Asie comme en Amérique. Les Kamtschadales, par exemple, ne marchent jamais de front, mais à la file [2]. Cette habitude a peut-être en partie sa raison d'être dans les obstacles d'un pays sans chemins. Elle s'étend toutefois aux voyages dans la plaine ouverte; et l'on remarque qu'il en est de même pour les principaux animaux.

Suivant l'expression pittoresque de Bernardin de Saint-Pierre, les ruminants sont les premiers jardiniers [3]. Les ruminants à cornes, et les éléphants armés de leur trompe, cassent les branches inférieures des arbres, et font les premiers chemins dans les bois. Souvent un lacis inextricable de sentiers couvre une aire immense parmi les bosquets; mais dans les clairières mêmes il n'y a pas un seul chemin à double voie. Les bœufs ne marchent pas de front, mais à la file. Que de fois, dans les prairies ouvertes du Texas, j'ai vu les chevaux se diriger vers la rivière, et malgré la largeur de l'espace, se suivre à la piste, un par un. Dans ces circonstances, j'ai pu vérifier l'exactitude d'une observation faite depuis longtemps : le premier individu de la file dirige ses oreilles en avant, tandis que le dernier les tourne en arrière.

Parfois aussi les chevaux se forment en troupe, à la manière des moutons lorsqu'ils sont resserrés par les chiens; mais c'est en général quand ils appréhendent un danger. Dans la marche proprement dite, l'ordre en file unique est leur disposition presque constante.

1. *Godman*, American natural history; 3e éd. vol. I, p. 24.

2. Histoire du Kamtschatka; p. 61.

3. *Bernardin de St-Pierre*, Harmonies de la nature; éd. d'A. Martin, tome I, page 148.

Kolben nous dépeint les éléphants d'Afrique, allant à l'eau à la file, par un sentier ou *trail* qu'ils ont marqué. Sa description rappelle d'une manière frappante celle que Barth a donnée un siècle et demi plus tard. « Au loin sur notre droite, dit ce voyageur moderne, était tout un troupeau d'éléphants, rangés en ordre régulier, comme une armée d'êtres raisonnables, et marchant lentement du côté de l'eau. En avant se trouvaient les mâles, rangés régulièrement, et reconnaissables à leur ampleur; un peu plus loin venaient les jeunes; dans une troisième file les femelles; et enfin cinq mâles énormes fermaient le cortége et serraient les rangs [1]. » Les quadrumanes affectent de marcher à la file. Dans l'Amérique Méridionale en particulier, les hurleurs ne se déplacent jamais autrement. La même disposition en files se remarque parmi beaucoup d'espèces d'oiseaux. Durant les migrations de l'automne et du printemps, nous voyons passer plus souvent des troupes rangées en files que des groupes arrondis ou confus. Tel est encore le cas chez les insectes; et l'ordre à la file est surtout remarquable parmi ceux qui marchent, plus encore que parmi ceux qui se meuvent en volant. La chenille processionnaire (*Cnethocampa processionea*) est renommée pour ses longs cortéges. La marche s'ouvre par un individu seul; puis vient un rang de deux chenilles, puis un de trois, puis un de quatre, et ainsi de suite jusqu'à ce qu'on arrive à quinze ou vingt de front. Les rangs alors ne s'élargissent plus; la procession continue sur le même modèle, jusqu'à la fin de la troupe. Celle-ci embrasse souvent au total six ou huit cents individus [2].

La chenille pityocampe (*Cnethocampa pityocampa*) est plus remarquable encore en ce que la troupe entière marche sur une seule file, qui s'étend au loin [3]. Les fourmis tracent des sentiers où elles ne passent qu'isolément, ou tout au plus un petit nombre de front. Mais elles mettent, dans leurs marches,

1. *Barth*, Travels in Africa; vol. II, ch. xxxix.
2. *Réaumur*, Mémoires sur les insectes; tome II, p. 180.
3. *Bonnet*, Œuvres; tome II, p. 57.

une particularité qui n'est pas sans intérêt. La tête de la lonne ralentit le pas, de manière à se laisser dépasser les rangs qui suivent. Insensiblement les individus qu trouvaient à la tête retombent par conséquent à la queue, t dis que de la queue ils remontent à la tête et ainsi de s successivement[1]. Ce n'est pas là d'ailleurs un fait isolé. Qu les pigeons domestiques sont à terre pour chercher les herl les derniers volent au-dessus de la troupe et viennent se p cer les premiers.

Dans les troupeaux de vaches et de bœufs, qui paiss librement dans la prairie vierge, j'ai vu souvent les indivi se dépasser tour à tour les uns les autres. Mais chez moutons, les plus forts conservent généralement la tête, pr nent les meilleures herbes et ne laissent pas venir les p faibles en avant.

Si nous excluons les opérations de pâture, qui exigent c la troupe s'épande, ou les préparatifs de défense qui l'app lent à se concentrer, nous trouvons que presque tous les a maux supérieurs, dans la marche proprement dite, se form en files minces et alongées. Or n'est-il pas piquant de voir sauvage, voyageant dans les campagnes, adopter le mê ordre que les pachydermes et les ruminants?

LES POCHES.

L'usage de la poche est bien loin d'être limité à l'espè humaine. Nous allons montrer que, parmi les hommes, l premières poches usitées sont des poches naturelles, et q les premières habitudes de notre espèce ont sur ce point u analogie frappante avec les habitudes des animaux.

La première destination de la poche est l'épargne de nourriture. L'oiseau met dans le jabot ce qu'il veut conserve Le ruminant introduit d'abord les herbages dans la *panse*,

1. *Huber*, Recherches sur les mœurs des fourmis.

les retire ensuite pour les mâcher. Le singe, sans avoir de jabot ni d'estomac multiple, emploie pourtant une méthode analogue : il met dans la bouche ce qu'il veut garder. Le rat-à-poche (*Geomys Bursarius*) du Canada, et en général tous les pseudostomides, mettent dans l'abat-joue les provisions qu'ils portent à leur trou.

Or, il y a quelque chose d'analogue chez les hommes. En voyageant parmi les îles de la Société, Ellis vit un canot venir près du brig où il avait pris passage: un chef sauvage lui vendit un homard pour un hameçon d'acier. En recevant l'hameçon, le Polynésien le passe à un jeune homme, qui n'ayant d'autre place pour le serrer le met vivement dans sa bouche [1]. Francis Buckland a fait la remarque que beaucoup d'hommes se servent de la bouche en guise de poche [2], exactement à la manière du singe et du rat-à-poche.

A Mangîha, dans l'archipel de la Société, un naturel ayant reçu en présent un couteau et plusieurs grains de verre, plaça le tout adroitement, dans l'énorme trou qu'il avait au lobe de l'oreille [3].

Les premières poches de l'homme sont donc uniquement celles de son corps [4]. Les premiers sacs artificiels qu'il porte avec lui sont probablement ceux qui se placent sur le bras ou sur la jambe. Les Nègres du Sennaar et du Dongola ont des pochettes de cuir attachées au bras gauche, qui leur servent à mettre l'argent et le tabac [5]. Or, cette position des poches rappelle involontairement celle des poches de l'abeille aux articles des pattes.

1. *Ellis*, Polynesian researches ; 2e éd., vol. III, p. 366.
2. *Fr. Buckland*, Curiosities of natural history ; vol. I, p. 407.
3. *Cook*, IIIrd Voyage ; 30 mars 1777.
4. Sur l'usage du rectum comme poche, parmi les Indiens du Mexique, voyez *Humboldt*, Essai sur la Nouvelle Espagne ; tome IV, p. 46.
5. *Sonnini*, Voyage en Egypte ; mai 1778.

MANIÈRE DE PORTER LES ENFANTS.

Si beaucoup d'animaux, parmi lesquels on peut citer les mammifères carnassiers, portent leur jeunes dans la gueule il y en a un plus grand nombre qui les prennent sur le dos Les oiseaux de proie exercent leurs petits à voler dans les hautes régions, et les reçoivent entre leurs épaules lorsqu'ils sont fatigués [1]. Mais l'habitude de porter les jeunes ne se réduit pas aux oiseaux voiliers. Dans toute la classe des oiseaux, les petits ont une tendance à monter sur le dos de la mère, quand elle se met à portée, et les invite pour ainsi dire par son attitude, à faire cet essai. On voit très-souvent les poussins, dans nos basses cours, monter sur le dos de la mère, quand elle se pose le ventre à terre. Il y en a qui restent dans cette position après que la poule s'est levée, et qui se laissent porter pendant quelques moments.

Mon frère me communique à ce sujet une observation bien intéressante. La poule d'un de ses voisins, trouvant dans son jardin une meilleure pâture, volait le matin au-dessus d'un ruisseau de quatre mètres de large, en emportant ses poussins sur le dos. Le soir, elle ramenait sa famille de la même manière. Elle ne transportait qu'un jeune ou deux à la fois ; les autres attendaient leur tour, comprenant selon toute apparence l'action de la mère. Mais pour l'ordinaire, lorsque les poulets sautent sur le dos de leur mère, cet acte n'a pas pour eux d'utilité ni de signification. N'est-il pas curieux pourtant de retrouver, dans des espèces qui ne savent voler qu'imparfaitement, un instinct qui est celui des oiseaux voiliers ? Ajoutons que la même habitude s'étend bien au-delà de la classe des oiseaux. Les reptiles portent souvent leurs jeunes sur le dos. Les petits crocodiles, en sortant de l'œuf, montent sur leur mère, qui traverse aussitôt la plage et les porte à l'eau. Parmi les mammifères, les femelles de paresseux (*Bradypus*) portent leur jeune sur le dos.

1. Plus loin, Part. II, sect. V, chap. 2.

L'action de prendre sur le dos, chez le parent, et celle d'y monter, chez les enfants, sont donc essentiellement des actes qui ont une origine d'instinct. On peut les rapprocher de l'instinct des marsupiaux, qui se greffent à la tétine. On voit, dans ce dernier cas, le germe d'une autre habitude. Parmi les quadrumanes nous observons, en effet, un double mode de porter. Les singes de l'Inde, dit Ward, portent leurs jeunes sous le ventre, où ils les soutiennent à l'aide d'un bras, pendant qu'ils marchent sur les branches des arbres [1]. C'est le premier modèle de la femme, portant l'enfant au sein ou dans les bras. D'autre part, les singes qu'Ulloa rencontra dans l'isthme de Darien, portaient leurs jeunes sur les épaules [2]; et Kolben dit dans sa relation du sud de l'Afrique qu'aussitôt que les babouins (*Cynocephalus porcarius*) sont poursuivis, les jeunes sautent sur le dos de leur mère, qui les emporte à la course [3]. Ce second mode nous représente la femme qui porte son enfant sur le dos.

Cette dernière habitude est répandue parmi la plupart des nations sauvages. Aux Nouvelles Hébrides, les femmes portaient leurs enfants dans un sac d'étoffe, suspendu au dos [4]. Les femmes des Esquimaux, qui ont de jeunes enfants, les prennent en voyage en les chargeant sur le dos [5]. Les Hottentots attachent deux peaux qui pendent des épaules et serrent l'enfant sur leur dos, entre ces deux peaux [6]. Les petits Houzouanas, une nation du sud de l'Afrique, montent derrière leur mère, comme les babouins. Les femmes de cette tribu

1. *Ward*, History of the hindoos ; part. I. ch. iij, sect. 3.

2. *Ulloa*, Viaje; 1735. — Pour passer à gué les rivières, ces singes formaient des chaînes de six ou huit qui se tenaient ensemble. C'est le moyen que l'homme emploie pour porter secours aux naufragés.

3. *Kolben*, History of the Cape of Good Hope.

4. *Bougainville*, Voyage de la Boudeuse ; 22 mai 1768. — *Cook*, IInd Voyage ; 23 juillet 1774.

5. *Henry Ellis*, Voyage to the North ; 1746.

6. *Kolben*, ubi supra.

ont deux protubérances graisseuses sur les fesses; l'enfant pose un pied sur chaque gibbosité, et se tient au cou, dans l'attitude d'un laquais derrière un carrosse [1].

En Chine, les femmes de la classe la plus pauvre, qui font une grande partie des travaux rudes, vont souvent à l'ouvrage avec de jeunes enfants. On en voit sur les canaux, livrées aux travaux de la rame, qui portent un enfant à la tétine et un autre lié sur le dos [2].

Il semble que dans les sociétés semi-policées de l'antiquité, les mères eussent deux modes de porter leurs enfants. Sur les monuments égyptiens, on voit que les femmes enveloppaient l'enfant dans un châle, et le suspendaient ainsi soit sur le dos, soit au côté [3]. Isaïe parle d'enfants portés sur les hanches [4], et sur le dos [5]; il parle de les balancer sur les genoux [6], et de les porter sur le sein de la mère [7]. On observe que c'est encore sur les hanches que les femmes hindoues portent leurs enfants [8].

On peut donc dire que la manière de porter les enfants, qui est déterminée à la fois par l'instinct et par les conditions morphologiques de l'espèce, offre deux grands types chez les quadrumanes et l'homme : le port à la mamelle et le port sur le dos. Ce dernier est le plus général. En outre, nous trouvons dans l'espèce humaine, mais seulement à titre d'habitude locale, c'est-à-dire limitée géographiquement, le port sur la hanche. Il est remarquable que parmi les peuples qui nous présentent ce dernier mode, les femmes ne portent pas seulement de cette manière les enfants, mais aussi les fardeaux

1. *Le Vaillant*, Voyage en Afrique ; 13 févr. 1784.
2. Account of the embassy of the lord Macartney ; 16 déc. 1793.
3. *Wilkinson*. Manners and customs of the ancient egyptians; vol. V, p. 416.
4. *Isaïe*, Cap. LX. v. 4; cap. LXVI, v. 12.
5. *Ibid.*, Cap. XLIX, v. 22.
6. *Ibid.*, Cap. LXVI, v. 12.
7. *Ibid.*, Cap. XLIX, v. 22.
8. *Ward*, History of the hindoos; part. III, chap. i, sect. 3.

usuels. Les femmes hindoues vont à l'eau avec une urne portée sur la hanche[1].

Rebecca mettait la cruche sur l'épaule[2]. La race africaine a une prédilection marquée pour poser les objets de transport sur la tête. Ce fait est même très-remarquable parmi la population noire ou brune d'Amérique, qui est née aux Etats-Unis. Je retrouve la même habitude chez les noirs des Antilles et elle s'étend à toute cette race dans le Nouveau Continent. Bruce enregistre le même fait en Abyssinie; les hommes, dit-il, portent les fardeaux sur la tête, mais les femmes les mettent sur l'épaule[3]. D'où l'on aurait quelque sujet de conclure que le transport des races, dans une région lointaine et bien différente, ne modifie pas sur-le-champ les habitudes les plus simples, parmi les descendants.

Beaucoup d'animaux prennent spontanément des charges dans les dents ou sur le dos. Il n'est personne qui n'ait vu nos chattes domestiques, portant leurs jeunes par la peau du cou. Parmi les mammifères, l'action de porter est généralement exercée par la mère sur sa progéniture. Les petites sarigues, lorsqu'elles ne vivent plus dans la poche, se serrent au moindre danger, auprès de leur mère, montent sur son dos, et entrelacent leur queue avec la sienne[4]. L'hippopotame femelle prend son jeune sur le dos, pour nager avec lui dans la rivière[5].

Si le mode de porter les fardeaux sur la tête est le mode primitif, il n'est pourtant pas exclusif. Le joug posé sur les épaules, avec deux cordes aux extrémités desquelles pendent les vases, constitue le premier progrès mécanique. Cet arrangement découle du plus simple emploi de nos organes ; nous y sommes amenés d'une manière si naturelle et pour ainsi

1. *Ward*, loc. cit.; append.
2. Genèse ; cap, XXIV, v. 45.
3. *Bruce*, Travels into Abyssinia ; 1770.
4. *Ch. Bell*, The hand ; ch. ij.
5. *Livingstone*, Missionary travels ; ch. xiij.

dire si involontaire, qu'on ne peut pas y voir un trait d'invention véritable. L'homme y vient partout, quand il se propose le même but. Il y vient sans effort, et réalise le même plan sous des formes d'une similitude frappante, qui démontrent que leur origine est dans l'unité de notre nature. C'est ainsi que Barth, durant son voyage en Afrique, retrouvait en Nigritie le joug à porter l'eau, tel que l'emploient ses compatriotes en Allemagne [1]. Les monuments égyptiens nous représentent aussi des hommes portant deux vases, suspendus par des cordons aux extrémités d'un fléau placé sur l'épaule [2]. En remplaçant les vases par des paniers, la gravure de Wilkinson a une analogie des plus étroites avec la paysanne de Fou-Tchô (Foo-Chow) dessinée par Scarth, le fléau sur l'épaule [3].

Je ne conteste pas que certaines habitudes très-anciennes n'aient pu se transmettre de peuple à peuple. Mais les recherches des archéologues nous prouvent que l'homme était arrivé à des résultats presque identiques dans des centres fort distants, qui n'avaient pas de communication entre eux, et dont les civilisations n'étaient même pas simultanées. Dans ces circonstances, n'est-il pas raisonnable de penser que les mêmes causes produisent séparément les mêmes effets ?

MANIÈRE D'ENDORMIR LES ENFANTS.

Nous avons vu tout à l'heure que l'habitude de bercer l'enfant sur les genoux, était déjà mentionnée il y a vingt-cinq siècles. Le balancement porte la plupart des êtres au sommeil. L'oiseau s'endort, bercé sur sa branche. Il y a plus : si l'on berce un poulet sur la main, on le voit bientôt mettre la

1. *Barth*, Travels in Africa ; vol. III, ch. lx.

2. *Wilkinson*, Manners and customs of the ancient egyptians ; vol. IV, p. 130, fig. 6.

3. *Fortune*, A residence among the Chinese ; p. 249.

tête sous son aile, et s'endormir[1]. Il était donc très-simple d'imiter le balancement naturel des branches. Nous lisons dans le voyage de Cabral, en 1500, que les naturels du Brésil avaient des hamacs où ils dormaient[2].

Si le balancement de l'enfant sur les genoux, si l'invention du berceau ou du hamac, étaient des choses très-simples, auxquelles l'homme arrivait facilement, l'idée d'endormir par le tapotage paraît beaucoup moins naturelle aux yeux de l'homme civilisé. Cette habitude aussi n'est pas générale. Cook l'a trouvée à Tongatabou, dans l'Archipel Fidgi. On l'appliquait surtout aux personnages principaux et aux adultes. C'étaient ordinairement des femmes qui étaient chargées de cette espèce de massage. Elles frappaient avec le poing, d'une manière continue, des coups assez forts sur les chairs. Une fois le sommeil produit, elles modéraient les coups, pour s'animer seulement quand le sujet donnait quelques signes de se réveiller. Les Anglais qui ont essayé de cette pratique, nous assurent qu'elle est loin d'être désagréable ni de manquer son but[3].

J'ajouterai que je suis témoin tous les jours de la même habitude, de la part des négresses des Antilles, lorsque leurs enfants sont au moment de se réveiller. Ces enfants sont couchés sur le ventre, et la mère les tapote doucement sur les fesses et sur le dos, dès qu'ils commencent à se remuer ou à faire entendre des cris légers. La méthode est efficace : elle ramène promptement la tranquillité et le sommeil. Elle n'est pas d'ailleurs absolument inconnue en Europe.

1. *Montagu*, Ornithological dictionary ; 2e éd., art. sleep of birds.
2. *Grynaeus*, Orbis novus; éd. 1555, p. 47.
3. *Cook*, IIIrd Voyage ; 30 juin 1777.

CHAPITRE IV.

HABITUDES RELATIVES A L'ASPECT DU CORPS.

TATOUAGE.

Quelque étrange que nous paraisse la coutume du tatouage, il ne faut pas moins reconnaître qu'elle est sinon générale au moins très-étendue, dans un certain état de société. Nous ne voyons pas un seul peuple civilisé perpétuer cette coutume ; mais nous voyons peu de peuples sauvages qui ne l'observent. En sorte que le tatouage est, comme les outils de pierre, la marque corrélative d'un certain état social. On peut même y reconnaître deux périodes : celle des coupures et des peintures par bandes détachées, qui marquent la phase la plus basse; puis celle des dessins complets et liés, qui ont quelque chose de plus artistique, et qui indiquent un plus haut degré d'avancement. Cette seconde phase, dans laquelle le corps se couvre de dessins, mène jusqu'à l'époque où le vêtement véritable vient prendre la place du tatouage. Et une fois que l'homme s'est couvert entièrement, les incisions et la peinture, sur le corps en général, perdent leur raison d'être.

Il est certain qu'il y avait dans l'antiquité des peuples qui se faisaient des coupures et des peintures. Les Budini de la Podolie se peignaient le corps en rouge et en bleu [1]. Les Daces se taillaient une marque dans le bras, qui paraît avoir été profonde [2]. Les Thraces se tatouaient pour se donner un signe de noblesse; ceux qui ne portaient pas de dessin passaient pour être nés dans l'abjection [3]. La coutume des incisions avait été répandue en Asie, puisque le Lévitique

1. *Hérodote*, Historia ; lib. IV, cap. 108.
2. *Pline*, Historia naturalis ; lib. VII, cap. 10.
3. *Hérodote*, Historia ; lib. V, cap. 6.

l'interdit aux Hébreux [1]. L'Europe a vu jusqu'à des temps relativement modernes, des tribus de sauvages tatoués. Les Pictes d'Ecosse, qui s'opposèrent au progrès des armées romaines, tiraient leur nom (*Picti*) des dessins ou peintures qui les couvraient [2].

De nos jours, l'aire géographique des peuples tatoués comprend l'Océanie, l'Australie, l'Afrique des nègres, quelques portions de l'Amérique centrale et de l'Amérique du Nord, avec des exemples sporadiques en Sibérie et chez les Arabes. L'usage même des masques ou dessins sur la peau passe rapidement, chez les différentes peuplades sauvages, à mesure qu'elles reçoivent l'influence de la civilisation ; et bientôt le tatouage ne sera plus qu'un simple souvenir.

Le premier moyen de tatouer, celui qui forme le premier échelon dans cette série d'altérations artificielles, consiste à faire des brûlures ou des coupures. Il semble que c'était au feu que les habitants de la côte des Mosquitos avaient recours, lorsqu'ils se marquaient sur le corps et sur les bras, à l'époque de la découverte [3]. Les Australiens de Port-Jackson se faisaient de simples coupures, laissant des cicatrices visibles, dans lesquelles la chair figurait de petites lignes en relief [4]. Mais plus avant, dans le nord-est de l'Australie, les indigènes employaient la peinture, bien que leur état social ne parût pas beaucoup supérieur. Cette peinture, toutefois, se réduisait à des bandes sur le corps et sur les membres, en blanc et en rouge, avec un cercle blanc autour de chaque œil, et des taches de couleur sur la figure [5]. Aux îles Sandwich, les Owihiens n'allaient pas non plus au-delà des lignes droites, qui se coupaient en équerre [6].

1. Leviticus ; cap. XIX, v. 28.
2. *Hérodien*, Vita Severi. — *Claudien*, De bello getico.
3. *Colomb*, IVme Voyage ; 17 août 1502.
4. *Philipps*, Settlement of Port-Jackson and Norfolk Island ; 2 mars 1788.
5. *Cook*, Ist Voyage ; 21 août 1770.
6. *Laharpe*, Abrégé de l'histoire des voyages ; tome XXIV, p. 133.

Les Tahitiens se faisaient sur le corps des étoiles, des losanges, des cercles, et quelquefois des représentations d'objets naturels. Souvent un cocotier, dont le tendon d'Achille représentait la tige, étalait son feuillage sur le mollet [1]. Plus haut sur le corps, il semble qu'ils ne prenaient pas tant de soin des figures : les cuisses et les reins paraissaient chargés fortement de bleu foncé [2]. Les Maoris de la Nouvelle-Zélande mettaient beaucoup plus d'art dans la manière de se tatouer. Ils traçaient des cercles sur le visage, et couvraient le corps « de volutes spirales extrêmement agréables à l'œil [3]. » Ces dessins étaient produits à l'aide de ponctures. Or, c'étaient aussi des ponctures qu'employaient, en Amérique, les Indiens de la Virginie [4] ; en Asie, les Tongouses, qui rendaient la marque indélébile en frottant les piqûres avec de la braise [5]; enfin en Europe les Pictes d'Écosse, qui donnaient la couleur en introduisant du pastel [6].

Les naturels de l'île de Pâques étaient entièrement couverts par les dessins et les couleurs[7]. Il en était à peu près de même aux îles Marquises, où les figures s'étendaient sur le corps presque tout entier. C'étaient des bandes larges, mêlées d'images d'animaux, qui justifiaient passablement la description de Schouten : « ils étaient marqués de serpents et de dragons, et d'autres figures ressemblant à des reptiles, qui sont des emblêmes significatifs de leur méchanceté [8]. »

Les Indiens de la côte nord-ouest de l'Amérique, vus par Vancouver sous le 36e parallèle, étaient tatoués à la manière de ceux des îles de la Mer du Sud [9]. En Afrique, le tatouage

1. *Ellis*, Polynesian researches ; 2e éd., vol. I, p. 265.
2. *Bougainville*, Voyage de la Boudeuse ; avril 1768.
3. *Cook*, Ist Voyage ; 31 mars 1770. — *Laharpe*, ubi supra.
4. *De Bry*, Virginia ; p. 111, tab. iij.
5. *John Bell*, Journey from St-Petersbourg to Pekin, éd. in-8° ; vol. I, p. 240.
6. *Hérodien*, Vita Severi.
7. *Cook*, IInd Voyage ; 12 mars 1774.
8. *Ellis*, Polynesian Researches ; 2e éd., vol. I, p. 264.
9. *Prichard*, Natural history of mankind ; vol. II, p. 394.

est pratiqué par un grand nombre de tribus noires. On l'observe chez les Caffres[1], dans l'intérieur[2], et surtout vers l'ouest, où il paraît atteindre son maximum sous l'équateur[3]. Des noirs qui avaient été importés de la côte de Guinée, au temps où la traite subsistait encore, et que j'ai vus dans leur vieil âge soit aux Etats-Unis soit aux Antilles, portaient des coupures au visage. Parmi les Caffres, les marques sont beaucoup plus abondantes sur les femmes que sur les hommes, et elles couvrent principalement la poitrine et les bras[4]. Or il est digne de remarque que les quelques tribus arabes des déserts de l'Egypte, qui sont encore adonnées à la pratique du tatouage, offrent un cas analogue : ce sont principalement les femmes qui sont marquées. Elles portent des lignes verticales sur le corps, et leurs ongles sont teints en rouge[5]. Il est probable que ces Arabes forment les seules tribus de la race blanche qui conservent la coutume de se tatouer. Il y a un siècle, les Mahrattes avaient encore quelques restes de cet usage : leurs femmes se faisaient une étoile sur le front[6].

A mesure que l'homme se couvre davantage par des vêtements, il cesse de colorer les parties de son corps qui sont habituellement cachées. Mais il lui reste la figure pour exercer l'art de se peindre et de se décorer. La peinture du visage est d'abord commune aux deux sexes ; mais elle finit, comme le tatouage du corps, par occuper seulement les femmes.

Les Australiens tatoués se frottaient la partie supérieure du visage avec de l'argile blanche[7]. A l'île Portland, dans l'archipel des Fidgi, les hommes laissaient la figure dans l'état naturel ; mais les femmes la peignaient en rouge[8]. Plu-

1. *Barrow*, Travels in Southern Africa; 5 sept. 1797.
2. *Livingstone*, Missionary travels; chap. XV.
3. *Du Chaillu*, Explorations in equatorial Africa ; ch. viij et xxv.
4. *Barrow*, ubi supra.
5. *Ledyard*, Travels in the interior of Africa; 19 août 1788.
6. *De Pages*, Voyage autour du monde par terre et par mer ; 13 nov. 1769.
7. *Philipps*, Settlement of Port-Jackson and Norfolk Island ; 20 janv. 1788.
8. *Cook*, Ist voyage ; 20 oct. 1769.

sieurs nations sauvages se servent dans le même but du jus coloré des fucus [1], à peu près comme on nous représente le satyre, barbouillé par le jus de raisin. Les Indiens de l'Amérique relèvent par une couche d'ocre rouge, la teinte cuivrée de leur peau. Ils s'en couvrent fortement les joues lorsqu'ils se préparent au combat. Des restes manifestes de ces usages passent chez les peuples civilisés. Les Romains attachaient une sorte d'importance à relever, par un enduit rouge, l'éclat du visage. Dans les grandes solennités ils frottaient de minium la face de Jupiter. Les triomphateurs s'enduisaient le corps de minium ; et Pline dit expressément que Camille en portait le jour de son triomphe [2]. Les marques que se font nos soldats et le fard employé par les beautés modernes sont les derniers témoins des coutumes des nations sauvages et barbares.

Jézabel, lorsqu'elle voulut paraître dans tous ses attraits, s'était peint le visage [3]. Dans les anciennes sociétés, les dames se coloraient les yeux en les frottant à l'entour avec la poudre noire du sulfure d'antimoine. Cette habitude était déjà fréquente parmi les anciens Égyptiens [4] ; nous la trouvons chez les Hébreux [5] ; et la peinture des paupières à l'antimoine était en vogue parmi les dames de la Grèce et de Rome [6].

Shaw nous a fait connaître comment les femmes maures, qui ont conservé cette vieille habitude, appliquent la poudre colorée. Elles la prennent sur un petit bâton, et se frottent les paupières comme on passe un dessin à l'estompe [7]. Aujourd'hui cette ancienne coutume règne encore depuis la Barba-

1. *Fée*, dans ses notes du Pline de Panckoucke ; tome XVIII, p. 430.
2. *Pline*, Historia naturalis ; lib. XXXIII, cap. 36.
3. Liber secundus Regum ; cap. IX, v. 30.
4. *Wilkinson*, Manners and customs of the ancient egyptians ; vol. III, p. 381.
5. *Jérémie*, cap. IV, v. 30. — *Ezéchiel ;* cap. XXIII, v. 40.
6. *Pline*, Historia naturalis ; lib. XI, cap. 56 et lib. XXXIII, cap. 34.
7. *Shaw*, Travels ; vol. I, p 382.

rie et l'Abyssinie [1] jusqu'aux extrémités de l'Inde [2], et elle n'a pas perdu ses dernières racines en Europe.

Il y a sans doute une raison, fondée dans le développement naturel de nos premières idées d'art, qui porte l'homme, de préférence, à la peinture des yeux. Car nous voyons le sauvages de l'Amérique prendre aussi un soin spécial de cette partie. Les Patagons, par exemple, entourent l'œil de cercles, qui sont de toute espèce de couleurs [3].

Il règne en Orient une autre pratique, qui a quelque analogie avec la précédente et qui est également une marque de l'état barbare, c'est la teinture des dents à l'aide du bétel. L'émail est enlevé, afin de mettre à nu le tissu osseux sur lequel mord la teinture. Il y a certaines préparations qu'il suffit d'appliquer une fois, dans la jeunesse, et qui fixent la couleur pour la vie [4].

Maintenant il reste à chercher quelles sont les analogies que les animaux nous offrent avec le tatouage total ou partiel. Comme la coutume de se tatouer précède celle de se vêtir, il ne s'agit pas de recourir aux espèces animales qui se font des vêtements. Mais beaucoup de pachydermes s'enduisent de boue volontairement. Les porcs, surtout parmi les espèces sauvages, se font une sorte d'armure générale d'argile pétrie, qui sèche sur eux au soleil. Les solipèdes se roulent sur la terre, et la preuve qu'ils ont le désir de faire adhérer la boue, c'est qu'ils choisissent, pour s'étendre, les endroits où le sol est le plus boueux. Ils trouvent évidemment un certain bien-être dans l'application sur le corps de cette espèce d'enduit. Leur action pourrait être comparée avec justesse peut-être à l'habitude des Hottentots, des Esquimaux et de beaucoup d'autres sauvages, de se graisser le corps.

1. *Bruce*, Travels into Abyssinia; mai 1772.
2. *De Pages*, Voyage autour du monde par terre et par mer ; 13 nov. 1769.
3. *Byron*, Loss of the Wager man of war ; 1764.
4. *Keate*, Shipwreck of cap. Wilson on the Pelew Islands ; 12 nov. 1783.

Les carnassiers qui se nourrissent de chair morte se roulent sur les cadavres qu'ils dépècent. Le chien se couche et se frotte sur les charognes. Je l'ai vu exécuter cette action lors même qu'il n'avait pas faim et qu'il ne touchait pas à la chair. Il cherche, pour se frotter, les parties tout à fait pourries, qui laissent un enduit sur son dos et ses flancs. Ce dépôt de matière putréfiée, dont l'odeur est forte, attire bientôt les mouches, et devient alors pour l'animal une source de tourment. Mais l'habitude n'en persiste pas moins chez les chiens âgés comme chez les jeunes.

Il est certain, comme on pouvait s'y attendre, qu'on ne trouve rien, dans ce tatouage de l'animal, qui porte, même au moindre degré, le caractère de l'art. Mais le fait matériel lui-même, l'acte de se couvrir volontairement la peau de substances étrangères, n'est pas sans avoir des analogies ou du moins des germes, dans les habitudes de quelques animaux.

HABITUDE DE SE RASER ET DE S'ÉPILER.

Il semblerait que l'homme primitif dût laisser croître sa chevelure et sa barbe, comme le lion garde sa crinière. Il va nu-tête, le bonnet ne paraissant que longtemps même après les vêtements de peau. Les cheveux du sauvage le protègent contre l'ardeur du soleil, et comme la crinière du lion ou du cheval, contre les griffes des bêtes de proie.

Cependant on voit les hommes des peuplades inférieures se raser, soit complétement, soit en partie. Quelquefois ils s'épilent sur certaines parties du corps. Ce sont là des altérations de la nature et nous avons beau, dans la civilisation, les rapporter au désir de propreté ou d'élégance, il n'en est pas moins certain que ce sont des souvenirs de la toilette du sauvage, et des pratiques qui sont nées à l'époque du tatouage, des punctures et des mutilations.

Lorsque Cabral toucha au Brésil, les femmes s'arrangeaient soigneusement les cheveux ; les hommes se rasaient sur le front jusqu'au sommet de la tête[1]. Les Castillans, en arrivant au Mexique, virent à Tlascala les premières boutiques de barbiers[2]. A Mexico il y avait des maisons, dit Cortez, où des artisans rasaient la tête[3]. Humboldt nous apprend qu'ils se servaient de rasoirs faits d'une pierre très-dure, l'obsidienne (*itztli* des Aztèques), que l'on tire du Cerro de las Navajas ou montagne des couteaux, dans le massif de Mexico[4].

Les naturels de l'Océanie se rasaient, ou plus exactement se faisaient raser pour la plupart. On citait comme un trait particulier que les Hawaïens des îles Sandwich laissaient croître leur barbe[5]. Cook, étant à Hapahî, dans l'archipel Fidgi, a eu l'occasion de voir à l'œuvre un barbier indigène. Il posait le poil sur une écaille, et grattait avec une autre écaille à bord tranchant[6]. On voit donc que l'art du barbier est essentiellement un art de l'état sauvage, qui n'attend pas même l'âge de bronze pour se manifester. Il ne faut pas par conséquent être étonné de lire que les anciens Égyptiens se servaient de peigne et se rasaient[7].

La coutume de s'épiler appartient également à un grand nombre de peuples ; mais elle n'a pas cependant un caractère tout à fait général dans un état social donné. Nous la trouvons aux îles Pelew, chez des sauvages[8]. Nous l'observons ensuite au Japon, dans une société qui passe de l'état barbare à celui de civilisation. Là, nous dit Thunberg, dans certaines provinces, les femmes mariées s'épilent les sourcils[9]. Quelque

1. *Cabral (Petrus Allares)*, dans *Grynœus*, orbis novus ; 25 avr. 1500.
2. *Prescott*, History of the conquest of Mexico ; bk. III, ch. 5.
3. *Lorenzana*, Historia de nueva España ; p. 102.
4. *Al. de Humboldt*, Essai sur la Nouvelle Espagne ; éd. in-8°, tome II, p. 112 et 158.
5. *Portlock* et *Dixon*, Voyage to King George' s sound ; 18 sep. 1788.
6. *Cook*, IIIrd Voyage ; 25 mai 1777.
7. *Wilkinson*, Manners and customs of the ancient egyptians ; vol. III, p. 380 et 357.
8. *Keate*, Shipwreck of Captain Wilson ; 12 août 1783.
9. *Thunberg*, Reise nach Japan ; 7 mars 1776.

chose de semblable se pratiquait à Rome. Parmi les indigènes des deux Amériques, c'était pour ainsi dire un trait de mœurs. Les Aztèques ne conservaient que de petites moustaches[1], et Cabral et ses compagnons ont vu, en 1500, que les naturels du Brésil s'épilaient[2].

Si l'on cherchait les analogies dans le règne animal, on verrait que beaucoup de quadrupèdes ont des places nues sur le corps, dans lesquelles le poil est usé par le frottement, ou arraché. Quand le ruminant ou le solipède éprouve une démangeaison sur le corps, il se frotte contre le tronc d'un arbre ou d'un arbuste, et souvent l'écorce rugueuse reste chargée non seulement de poils, mais de crins. C'est de là que les oiseaux tirent la plus grande partie du fil et de la bourre qu'ils emploient dans la construction de leurs nids. Il est évident toutefois que cette manière d'altérer le pelage, et de dénuder la peau dans certains endroits, n'est pas intentionnelle, ce qui la distingue profondément de l'action de l'homme qui se rase.

Il y a pourtant un exemple dans lequel on trouve une épilation volontaire : c'est celui de la femelle de la liparis dorée *(Liparis chrysorrhaea)*, qui s'arrache le poil du corps entier, pour en faire une pelote dans laquelle elle enveloppe ses œufs[3]. De plus, les oiseaux non seulement prennent soin de leurs plumes avec le bec, et arrachent celles qui ne tiennent que faiblement, mais ils ont beaucoup d'espèces qui se peignent. Les femelles des caprimulgides et des ardéides (engoulevents et hérons) ont le bord interne du doigt moyen dentelé en forme de peigne. Ces oiseaux se servent de cet instrument naturel, comme nous pourrions le faire des peignes que nous fabriquons. Ils passent ce doigt dentelé sur les plumes, principalement vers la région de la tête, et enlèvent

1. *Prescott*, History of the conquest of Mexico ; bk. III, ch. 9. — *Marsden*, History of Sumatra ; p. 39.

2. *Grynæus*, Orbis novus ; éd. 1555, p. 47.

3. *Lardner*, Museum of science and art; vol. VIII, p. 133.

si la vermine qui les ronge[1]. Il est bien vrai que tous les eaux ne sont pas munis du peigne naturel, tandis que la rmine attaque également ceux qui manquent de cet organe le. Mais cette circonstance a mille analogies dans la série imale, et ce n'est nullement une raison pour fermer les ıx à un fait réel.

MUTILATIONS.

De la pratique de s'épiler, et surtout de celle de se tatouer r des coupures qui laissent des cicatrices, jusqu'aux mulıtions proprement dites, la transition est simple à concevoir. passerai rapidement en revue les principales mutilations 'on trouve en usage parmi les divers peuples ; je les divise deux classes selon qu'on mutile les autres ou qu'on se ıtile soi-même.

Circoncision. — Parmi les opérations que l'individu bit sans être consulté, la circoncision est la plus ancienne toutes. Elle appartient essentiellement aux peuples de la emière civilisation dans le Levant. Il est difficile de dire jourd'hui comment ceux qui commencèrent cette pratique furent amenés. La première section artificielle que les mmes essayèrent fut probablement celle du cordon ombical. Cette opération si simple en elle-même, n'était pas pendant sans exiger quelques précautions. Une section tive, avant que les pulsations aient cessé dans le cordon, ivait l'enfant d'une partie du sang qui lui était destiné par nature [2]. Il semble que cette observation eût dû rendre

1. *Wilson*, American ornithology ; vol. VI. p. 97.

2. Dans les pays où il existe une « aristocratie de la peau, » on pratique pars ce moyen barbare de *blanchir* les enfants mulâtres, en faisant une section tive du cordon ombilical, et laissant couler une grande partie du sang. Le ıne sujet est affaibli, mais ses chairs sont pâlies. C'était ainsi que les bouchers Londres faisaient de fortes saignées aux veaux avant de les tuer, afin de blanir la viande — pratique qui fut arrêtée par l'intervention de la Société pour protection des animaux.

les premiers hommes timides, dans l'exécution d'autres vivisections. Mais le barbare, d'autre part, fait très-peu de cas d'une vie humaine. Il expérimente sans crainte et sans remord, et quand une expérimentation a réussi, il n'y a point de raison pour s'abstenir de la répéter.

Que la circoncision parte d'une fausse idée de propreté, ou d'une simple bizarrerie de coutume (comme on est tenté de le conclure lorsqu'on remarque que cet usage est seulement local), il n'en est pas moins certain que cette pratique s'est perpétuée pendant une longue suite de siècles.

Dans une antiquité de quarante siècles, nous trouvons la circoncision répandue de longue main dans le Levant. Cette pratique n'était nullement confinée au peuple juif[1], le peuple *recutitorum ... judaeorum* de Martial[2]. Chez les Égyptiens, c'était une coutume nationale; et nul n'était initié aux mystères sans se soumettre d'abord à l'opération[3], comme dans les admissions modernes de l'église islamite. La coutume remontait à une antiquité qui se perdait dans la nuit des temps. On voit des hommes circoncis sur des monuments de la haute et de la basse Égypte, qui sont fort antérieurs à l'époque de Joseph[4]. Les Phéniciens et les Éthiopiens pratiquaient également la circoncision des enfants mâles[5]. Diodore fait remonter cet usage jusqu'aux Troglodytes[6].

Depuis que l'islamisme a fait passer la circoncision parmi les rites religieux, cette mutilation s'est naturellement étendue dans l'aire géographique de la foi mahométane. Mais ce n'est pas sans intérêt que nous observons combien cet usage s'est répandu, dans le sud-est de l'Afrique, au delà des limites de cette religion, et par conséquent indépendamment

1. Genesis; cap. XVII. v. 12. — Leviticus; cap. XII, v. 3.
2. *Martial*, Epigrammata; lib. VII, ep. 30.
3. *Clément d'Alexandrie*, Stromata ; lib. I.
4. *Wilkinson*, Manners and customs of the ancient egyptians; vol. V, p. 318.
5. *Hérodote*, Historia ; lib. II, cap. 37 et 104.
6. *Diodore de Sicile*, Bibliotheca historica ; lib. III, cap. 31.

de sa propagande. Cette circonstance vient appuyer l'idée que la circoncision était une pratique éthiopienne, comme on peut l'inférer des données d'Hérodote et de Diodore. On s'expliquerait ainsi comment elle subsiste aujourd'hui chez les Caffres, qui sont encore païens, et pour qui cet usage, dépourvu de toute signification religieuse, n'est plus qu'une tradition muette du passé[1].

S'il est vrai que la circoncision n'est qu'une pratique simplement locale, qui a eu sa source en Ethiopie, et qui a encore son centre dans l'Abyssinie[2], d'où elle s'étend sur l'Afrique orientale, les pays du Levant, et toute la zône du monde mahométan, il est curieux toutefois de la retrouver sur un point isolé de la Polynésie. Les Tahitiens fendaient le prépuce avec un os de raie[3]. C'est ainsi qu'on trouve presque toujours des exemples sporadiques des pratiques en apparence les plus capricieuses et les plus géographiquement circonscrites, tant l'esprit humain, dans ses développements, coule (si j'ose m'exprimer ainsi) par les mêmes canaux.

Castration. — L'idée de châtrer était moins bizarre que celle de circoncire; le résultat était plus sensible et plus important. Aussi cette coutume n'était-elle limitée ni à une seule race d'hommes, ni à un seul continent. Elle ne se perpétue toutefois que durant la période barbare, en sorte qu'il faut y voir un simple usage temporaire, qui n'a heureusement rien de général.

Les Grecs attribuaient aux Mèdes l'invention de faire des eunuques[4]; mais il est vraisemblable que la castration remontait plus loin. Du temps d'Hérodote les esclaves châtrés avaient une grande valeur parmi les barbares[5], et les princes

1. *Le Vaillant*, Voyage en Afrique; déc. 1781.
2. *Bruce*, Travels into Abyssinia; 24 janv. 1770.
3. *Ellis*, Polynesian researches; 2e éd., vol. I, p. 259.
4. *Ségur*, Histoire universelle; tome I, p. 180. — *Hérodote*, Historia; lib. VI, cap. 9 et 32.
5. *Hérodote*, ibid.; lib. VIII, cap. 105.

d'Asie employaient à leur cour des eunuques noirs [1]. La castration était donc répandue, dans l'antiquité, en Asie et en Afrique. Après la découverte du cap de Bonne-Espérance, les voyageurs modernes la trouvèrent jusqu'à l'extrémité du continent. Les Hottentots la pratiquaient d'une manière partielle, qui s'accorde bien avec les mœurs d'un peuple sauvage, et qui nous montre que cette opération, chez les hommes grossiers et primitifs, est indépendante des idées de jalousie, de sérail, et de rits religieux. « A l'âge de huit ou neuf ans, nous dit Kolben, le jeune Hottentot est privé du testicule gauche... Cette pratique cruelle contribue, assure-t-on, à son agilité ; et cette persuasion se combine avec une autre idée non moins absurde, celle que la naissance d'enfants jumeaux serait la conséquence de l'omission [2] ».

C'est encore en Afrique et en Orient, surtout dans l'étendue des pays mahométans, où les femmes sont tenues renfermées, que la pratique de châtrer s'est perpétuée. « L'abolition de cette pratique dans le monde islamite, dit le docteur Barth, devrait être le premier objet des gouvernements chrétiens et des missionnaires, non-seulement à cause de l'état abject et contre-nature auquel elle réduit des êtres humains, mais aussi à cause du caractère terrible de l'opération même : dans ces contrées, c'est à peine s'il survit une personne sur dix, parmi ceux qui la subissent [3] ».

Dans le code pénal des peuples barbares et farouches, la castration joue souvent un rôle important. En Égypte c'était la punition du viol [4]. Un édit de Justinien comminait la même peine contre les Sodomistes. Les codes noirs des États à esclaves de l'Amérique, qui ne sont abrogés que depuis quelques années, imposaient le même châtiment aux esclaves pour

1. *Jérémie*; Cap. XXXVIII, v. 7.
2. *Kolben*, History of the Cape of Good Hope.
3. *Barth*, Travels in Africa ; vol. II, ch. xxx.
4. *Diodore de Sicile*, Bibliotheca historica ; lib. I, cap. 78.

la simple tentative de viol sur une femme libre[1]. En Europe, Geoffroy, père d'Henri II d'Angleterre, ordonna de châtrer, pour une offense politique, un évêque de Normandie et tout son chapitre, et se fit apporter les testicules dans un plat profond[2].

Il n'y a pas bien longtemps qu'on entendait chanter des *castras* dans les églises romaines, et qu'un édit du pape a mis un terme à la pratique de la castration dans les domaines pontificaux. La fameuse église de Notre-Dame de Lorette, au pied des Apennins, a été longtemps renommée pour les eunuques qu'elle comptait parmi ses chapelains[3].

Pour achever de montrer le caractère sporadique de l'usage de châtrer, j'ajouterai qu'en faisant la découverte des îles Sous-le-Vent, Colomb trouvait à St-Martin des hommes que les Caraïbes avaient faits eunuques, afin d'augmenter, disait-on, leur embonpoint[4].

Si l'homme s'occupe de châtrer ses semblables, ainsi que divers animaux, tels que le taureau, le cheval et le coq, on ne trouve pas d'exemple analogue parmi les mammifères. Il n'est pas vrai, comme Juvénal l'imaginait[5], que le castor se fasse eunuque au moyen de ses propres dents. Mais, chez les insectes, le développement imparfait des femelles ouvrières, qui restent impropres à la génération, présente un rapport lointain avec la coutume de faire des eunuques. Dans ces femelles, les organes de la génération s'atrophient, lorsqu'elles grandissent. Or il est prouvé que cet effet dépend du régime auquel les ouvrières qui élèvent ces jeunes soumet-

1. Revised code, acts concerning slaves; Richmond, 1803.

2. *Fitzstephen*, cité par *Hume*, History of England.

3. *John Moore*, View of society and manners in Italy. — En Phrygie, les prêtres de Cybèle étaient châtrés.

4. *Colomb*, IIme Voyage; 10 nov. 1493.

5. *Juvénal*, Satyra XII, v. 34. — Il est bon d'ailleurs de remarquer que la castration ne consiste pas dans l'opération extrêmement périlleuse de retrancher le scrotum, mais dans le procédé un peu plus doux d'extraire les testicules par des incisions.

tent la nouvelle génération. Il est prouvé qu'en changeant à temps ce régime, les abeilles peuvent faire de ces jeunes ouvrières de véritables femelles complètes ou reines[1]. Mais c'est ici une influence prolongée de l'alimentation et des habitudes, ce n'est point l'effet d'une opération.

Amputation du doigt. — Passons maintenant aux mutilations que l'individu pratique sur lui-même. Je parlerai plus tard des blessures que l'homme s'inflige et du désordre dans lequel il se jette pour marquer son deuil, après la mort d'une personne à laquelle il tenait par des liens étroits. Je me bornerai ici aux mutilations qu'il exécute de plein gré, dans son propre intérêt tel qu'il le comprend.

Quand les naturels de l'archipel Fidgi se sentent malades, ils offrent à leur Dieu la première phalange du doigt auriculaire; puis s'ils sont encore malades plus tard, ils se coupent un morceau de l'autre petit doigt. Cook trouvait que les neuf dixièmes d'entre eux étaient ainsi mutilés, tantôt à une seule main, tantôt aux deux[2]. Sur la côte orientale de l'Australie, les femmes même, dès l'âge de cinq ou six ans, manquaient souvent des deux premières phalanges du petit doigt de la main gauche[3]. Un compilateur de voyages, en rapportant cette circonstance, ajoute la note suivante : « Un voyageur digne de foi nous informe qu'une tribu des Hottentots, près de la rivière Orange, manque de la première phalange du petit doigt. Mais ce peuple a une raison pour cet usage : c'est le remède employé contre une maladie particulière à laquelle il est sujet[4]. »

Nous ignorons la raison que les indigènes de la Nouvelle Galles du Sud pouvaient alléguer pour se retrancher une phalange. Mais d'Urville nous a fait connaître comment se pra-

1. *Huber*, Observations sur les abeilles ; tome II, p. 445.
2. *Cook*, IInd Voyage, 3 oct. 1773 ; IIIrd Voyage, 15 juil. 1777.
3. *Philipps*, Settlement of Port-Jackson and Norfolk island ; 2 mars 1788.
4. *Mavor*, An historical account of the most celebrated voyages.

que l'opération. On lie le doigt jusqu'à ce qu'il tombe [1]. Il st curieux d'observer que quelques Indiens de l'Amérique e privent également du petit doigt [2]. Ne pourrais-je pas ajouer enfin que l'Européen lui-même n'est pas sans participer e la même habitude, sous une forme un peu moins barbare? 'où nous vient l'usage de serrer le petit doigt dans l'espoir tout-à-fait illusoire) d'arrêter le hoquet ou les hémorrhagies asales?

C'est à l'usage d'offrir une phalange du doigt à la divinité, que se rattache l'offrande moins barbare de la chevelure. Au apport d'Arrien, les anciens habitants de l'Inde consacraient eurs cheveux aux Dieux[3]. Les Égyptiens, selon Diodore, faisaient non seulement des offrandes semblables, mais ils se coupaient les cheveux et les portaient dans les temples après a guérison de leurs enfants[4]. Les Grecs offraient leur chevelure, en signe de gratitude, après avoir échappé à une forte maladie [5]. Les marins en danger de naufrage faisaient le vœu de présenter leurs cheveux au Dieu qui les protégerait[6]. C'est ainsi que les usages s'adoucissent dans leurs formes, sans perdre cependant leurs caractères. Aujourd'hui nous ne consacrons plus que des ex-voto, qui ne nous coûtent ni sacrifice ni douleur.

DÉFORMATIONS.

C'est une coutume singulière parmi certains peuples, mais bien avérée, que celle de déformer le crâne ou la figure des enfants. Il semble que l'homme se fasse un idéal de beauté physique, auquel il prétend réduire ses descendants, comme

1. *D'Urville*, Voyage pittoresque autour du monde ; tome I, p. 406.
2. Recherches philosophiques sur les Américains ; tome II, p. 253.
3. *Arrien*, Expeditio Alexandri.
4. *Diodore de Sicile*, Bibliotheca historica ; lib. I.
5. *Artémidore*, Oneirocritica ; lib. I, cap. 23.
6. *Petronius Arbiter*, Satyricon ; cap. 63.

s'il n'avait qu'à les placer dans un moule. Il entreprend de les faire croître dans une forme donnée, comme ce champignon de Tartarie (l'*Aspidium barometz*), chanté par Erasmus Darwin [1], qui se moule exactement dans le vase où on le fait pousser.

L'habitude de déformer les enfants n'est pas universelle dans l'état sauvage ; elle est, au contraire, essentiellement locale et limitée. On a mis en doute si le crâne humain de l'époque quaternaire, trouvé dans la grotte de Neanderthal près Cologne, qui affecte une forme si particulière, n'avait pas été altéré artificiellement. Mais s'il est impossible de parler avec assurance des habitudes que les tribus anté-historiques pouvaient avoir à cet égard, nous avons de fortes raisons de croire que la compression de la tête des enfants était pratiquée, dans l'antiquité, par différentes nations de l'est de l'Europe et du centre de l'Asie. Des témoignages positifs nous apprennent qu'au moyen-âge, les Huns comprimaient le crâne de leurs enfants [2]. En Amérique, la nation des Têtes-Plates de la Colombie, a été longtemps célèbre pour son attachement à la même pratique. La tête de l'enfant était serrée, à l'aide de cordes, entre deux planches minces, dont l'une était appliquée à l'occiput et l'autre au front. Cet instrument de torture restait en place pendant cinq ou six mois ; après quoi l'on supposait que les os avaient pris la forme, et la tête, en effet, ne revenait plus au type naturel. Elle gardait toute sa vie une forme élargie et presque hideuse ; la déformation n'avait pas pourtant d'influence marquée sur le développement intellectuel [3].

Il y avait ailleurs d'autres pratiques analogues. Les Indiens de l'Orégon tiraient et faisaient croître dans des proportions

1. *Er. Darwin*, Botanic Garden ; vol. II, cant. V.

2 *Retzius*, dans les Proceedings of the Academy of Philadelphia ; 1855.

3. Natural history review, n° 2. — *Prichard*, Natural history of mankind ; 3e éd., vol. IV. — C'est aux efforts des missionnaires qu'on doit la suppression de cette coutume cruelle.

démesurées les lobes des oreilles. Les Chinois abaissent les orteils des femmes de la classe aisée, et les soumettent à une pression qui les empêche de se développer. Ajouterai-je que nos populations civilisées ne sont peut-être pas à l'abri de tout reproche sur le même sujet. Combien de matrones pincent encore le nez de l'enfant qui vient de naître ! Et pour qu'on ne doute point qu'il s'agit en cela d'un reste de sauvagerie, il est bon de dire que les naturels de la Polynésie, (et peut-être beaucoup d'autres sauvages) façonnent également dans les doigts le nez de l'enfant qui voit le jour. Seulement ils ont une autre idée de la beauté : ils ne pincent pas le nez, ils l'écrasent. Cook a assisté, dans une des îles de la Société, à une représentation dramatique, dans laquelle les acteurs feignaient un accouchement. Aussitôt l'enfant venu au monde, une des personnes présentes s'était avancée pour le prendre, et avait fait le geste de lui aplatir le nez, en poussant de la main [1].

—

CHAPITRE V.

REMARQUES GÉNÉRALES SUR LES HABITUDES.

En terminant notre revue des principales habitudes par l'examen de certaines coutumes primitives, nous avons anticipé quelque peu sur des phénomènes d'un ordre différent. Toutefois la transition était à la fois si insensible et naturelle, que nous n'avons pas cru devoir nous arrêter. Comment séparer par exemple la peinture au pastel dans la chair vive, qu'il suffit d'appliquer une fois, de la peinture délébile qu'il faut renouveler sans cesse ? Ces actions n'ont-elles pas un seul et même caractère ?

Une habitude se transforme en coutume quand le fait, au lieu d'être répété par le même individu, l'est par les autres

1. *Cook*, IInd Voyage ; 27 mai 1774.

individus d'un groupe ou d'une espèce. Mais la transition est à peu près insensible, car le nombre des répétitions peut aller constamment en diminuant. Ainsi, le sauvage se colore le visage tous les jours ; il se repeint le corps de loin en loin; il se retranche de temps à autre une phalange ; mais une seule opération suffit pour les piqûres. Cependant il serait bien difficile de tracer, entre la nature de ces différentes actions, une ligne de démarcation vraiment philosophique.

On remarquera toutefois que les phénomènes que nous avons considérés vers la fin de la section qui précède, dépendent plus directement de sentiments, d'idées volontaires, et même de caprices, tandis que ceux par lesquels nous avons commencé avaient clairement leur origine dans l'instinct. Mais dans l'un et l'autre cas il y a une prédisposition, soit physique, soit mentale, ou encore physique et mentale à la fois, qui détermine l'être dans ses préférences.

Si nous prenons en particulier les habitudes les plus simples, nous trouvons que dans ce cas l'instinct est la cause. Si l'herbivore prend l'habitude de mâcher sa nourriture, le carnassier celle de broyer les os, c'est l'instinct qui les y pousse. Mais la manière d'exécuter ces actions dépend de toute l'harmonie de l'organisme. De même les différentes allures, telles que la marche, le trot, le petit galop, la course, le saut, sont réglées, et pour ainsi dire dictées par les conditions organiques.

Ainsi les animaux qui comme le lion, le tigre, le chien, ont l'échine longue et flexible, courent avec les quatre jambes tendues — toutes les quatre à un certain moment restant en l'air ensemble. Ce sont aussi les seuls chez lesquels l'amble soit une allure naturelle, parce que l'amble consiste à mouvoir en même temps les deux jambes d'un même côté, et que par conséquent cette allure exige une grande souplesse de la colonne vertébrale. Au contraire, le cheval, l'âne, le bœuf n'ont pour allures naturelles que celles dans lesquelles les jambes de côté différent demeurent en l'air simultanément, et deux seulement étendues à la fois [1]. Le cheval sauvage ne connaît que la marche, le petit galop et la course; il ne trotte point. Or la marche s'exécute en quatre temps, chaque jambe se levant à son tour, mais d'une manière croisée, c'est-à-dire en passant successivement d'une jambe du côté droit à une jambe du côté gauche, et réciproquement. Le petit galop se divise en trois temps, deux des jambes de côtés opposés se mouvant ensemble, tandis que les deux autres se meuvent successivement. La course au grand galop est en quatre temps comme la marche, mais les jambes se lèvent dans un autre ordre. Le trot est naturel au bœuf sauvage, qui trotte rudement, en levant très-haut les pieds. C'est une allure en deux temps, les deux jambes qui forment l'extrémité de chaque diagonale se levant et s'abaissant simultanément. On voit donc que chaque animal a des habitudes parfaitement définies, jusque dans ses plus simples mouvements. Si l'instinct est la cause de ces mouvements, l'habitude est la manière d'obéir à l'instinct, selon les convenances déterminées par l'organisme.

Mais en poursuivant cette étude, on découvre bientôt un fait plein d'intérêt. C'est que sans modification apparente des organes, les habitudes peuvent grandement varier suivant la nature, le sexe, l'idiosyncrasie des individus. Chaque cheval a sa manière propre de jeter les jambes en galopant. Dans un grand nombre d'espèces animales, le mâle et la femelle ne s'y prennent pas de la même manière pour exécuter des actions semblables. Les éleveurs de pintades (*Numidae melagris*) ont mis cette circonstance à profit pour distinguer les sexes de ces oiseaux, qu'il est très-difficile d'assigner d'après les signes extérieurs. Quand les pintades sont au perchoir, si l'on saisit une femelle elle ne jette qu'un petit cri ; mais si

1. On voit par là quelle est l'erreur des dessinateurs qui représentent des chevaux à la course avec les quatre jambes étendues. En fait, chez le cheval, deux jambes au moins sont toujours repliées sous le corps, dans toutes les allures, à un moment donné.

l'on s'empare d'un mâle il se plaint haut et pendant longtemps.

Il y a donc, dans certaines habitudes, quelque chose de plus que la convenance créée par la construction organique. Il y a quelque chose qui dépend du caractère de l'être. Nous saisissons ainsi la transition entre les actes purement instinctifs et physiques, et ceux qui doivent leur origine à la spontanéité mentale de l'individu. Nous pénétrons dans le domaine des phénomènes mentaux proprement dits, qui font l'objet des deux parties suivantes.

FIN DE LA PREMIÈRE PARTIE.

NOTE SUR LES POUVOIRS MUSCULAIRES DE L'HOMME.

— Voir page 326. —

Le lecteur ne sera peut-être pas fâché de trouver ici un aperçu rapide des faits d'après lesquels nous croyons être en droit de conclure que les hommes distingués par la plus grande force musculaire, sortent des peuples civilisés.

D'abord, pour la force des doigts, nul n'a jamais égalé peut-être l'Anglais Thomas Thopham, dont Desaguliers a écrit la notice vers le milieu du dernier siècle. Il faisait un rouleau d'une forte assiette d'étain, comme si elle n'eût été qu'une simple feuille de plomb; il écrasait entre deux doigts une tête de pipe en porcelaine. Il en cassait une autre entre les tendons supérieurs du mollet et les muscles de la cuisse, sans bouger le genou, mais par la seule action des tendons. Il levait une immense table avec les dents. Il frappait à coups redoublés, sur son bras nu, une verge de fer d'un pouce de diamètre jusqu'à ce qu'elle commençât à plier; l'appuyant ensuite sur la nuque, et tirant avec les deux mains, il s'en faisait un collier, et la redressait pour l'ôter. Il levait enfin avec les mains, une pierre de trois cent quatre-vingt kilogrammes, ajustée dans une charpente, afin qu'il lui fût possible de la saisir [1].

Milon de Crotône, dont la fin tragique a exercé plus d'une fois le ciseau du sculpteur, ne sortait pas des peuples barbares. Bien qu'il ait échoué dans sa dernière entreprise, ses exploits de force musculaire sont prodigieux. Il s'était habitué à porter chaque jour un veau à la distance de plusieurs stades (plusieurs cinquièmes de kilomètre); et l'on prétend qu'il le portait encore quand l'animal était devenu taureau [2]. Firmus de Séleucie, qui fut exécuté par l'empereur Aurélien

1. *Desaguliers*, dans les Philosophical transactions ; 1746.
2. *Quintilien*, Institutiones oratoricæ; lib. I, cap. 9.

pour avoir épousé la cause de Zénobie, se mettait sur la poitrine une enclume, sur laquelle les assistants battaient et forgeaient. Il formait une voûte avec son corps, nous dit-on, en posant les pieds et les épaules contre des supports[1].

Nous touchons ici à la combinaison de l'art et de la force. Les os du pelvis forment une véritable voûte, et en donnant à l'arc des culées solides, l'effet produit n'est plus celui de l'action musculaire, mais celui de la résistance mécanique du système osseux. L'Anglais Joyce, né dans le Kent, en 1703, trouva les principales positions dans lesquelles la voûte de Firmus peut être mise en usage, soit horizontalement, soit verticalement; et l'Allemand Eckeberg en donna bientôt d'excellentes illustrations pratiques[2]. Formant la voûte horizontale, il supportait une enclume sur laquelle deux forgerons coupaient une barre de fer; ou bien il faisait placer debout sur son corps deux hommes qu'on voyait monter et descendre par le mouvement de sa respiration. S'attachant ensuite une sorte de ceinture de gymnase, dont l'anneau venait un peu au-dessus du nombril, il fixait une corde à cet anneau et debout sur un échafaud il tenait suspendue à la corde une pierre immense ou une pièce de canon. Assis sur une planche inclinée, les pieds appuyés contre deux pieux, il faisait atteler à cette même corde deux chevaux vigoureux, qui ne pouvaient pas plus l'entraîner qu'ils n'eussent pu déplacer les pieux eux-mêmes. La voûte du pelvis formait en effet un système unique; et ce tour de force apparent, que chacun est capable de répéter, n'était pas un haut fait de force musculaire. Tant que les fémurs et les os des jambes n'étaient pas écrasés dans leur longueur, la résistance ne pouvait pas être vaincue. Or ces os sont capables de porter dans le sens des axes, 2,000 à 2,200 kilogrammes. Ils résistaient donc sans danger à deux chevaux, qui ne pou-

1. *Vopiscus*, Vita Firmi.
2. *Desaguliers*, Ubi supra.

vaient guère élever la pression à plus de 1,200 à 1,400 kilogrammes.

La force de résistance des os n'est pas seulement remarquable en elle-même; il est intéressant d'observer qu'elle l'emporte partout sur le pouvoir des muscles qui font mouvoir ces os. S'il en était autrement, nos grands efforts conduiraient à des fractures continuelles. Mais par une admirable subordination, les muscles cèdent avant que les os correspondants se rompent. Le bras, par exemple, ne peut lever horizontalement un poids qui serait suffisant pour casser l'humérus en travers. C'est une relation de résistances, dont partout la nature tient compte.

Nous ne possédons pas de renseignements suffisants pour décider si toutes les races humaines possèdent les mêmes pouvoirs musculaires, dans des conditions identiques de climat et d'alimentation. Les esclaves noirs d'Amérique sont doués d'une vigueur remarquable. Les hommes de peine de la race blanche reconnaissent que les nègres remuent plus aisément les fardeaux. Pendant mon séjour au Texas, il y avait à Indianola un esclave employé à transborder le coton, qui levait les balles pesant chacune plus de deux cents kilogrammes et les plaçait à lui tout seul sur les chariots [1]. Cet exemple n'est d'ailleurs qu'un fait particulier, entre un grand nombre d'autres du même genre. Mais il s'agit là de nègres qui vivent de la vie de la civilisation. On ne cite rien de semblable des sauvages.

1. Il faut considérer qu'il s'agit ici non pas d'un tour de force momentané, mais d'un travail régulier, continué pendant une partie au moins de la journée.

TABLE DES MATIÈRES.

Printed in Dunstable, United Kingdom

91219932R00211